U0313232

大气科学前沿译丛

雷达气象学：
原理与实践

Radar Meteorology
Principles and Practice

弗雷德里克·法布里（Frédéric Fabry） 著

苏德斌 肖辉 译

CAMBRIDGE

 气象出版社
China Meteorological Press

图书在版编目(CIP)数据

雷达气象学 : 原理与实践 = Radar Meteorology Principles and Practice /(加)弗雷德里克·法布里 著 ; 苏德斌, 肖辉译. --北京 : 气象出版社, 2021.6

ISBN 978-7-5029-7478-7

Ⅰ.①雷… Ⅱ.①弗… ②苏… ③肖… Ⅲ.①雷达气象学 Ⅳ.①P406

中国版本图书馆 CIP 数据核字(2021)第 125254 号

北京版权局著作权合同登记:图字 01-2021-1013 号

雷达气象学:原理与实践

Leida Qixiangxue:Yuanli yu Shijian

出版发行:气象出版社

地　　址:北京市海淀区中关村南大街 46 号　　邮政编码:100081

电　　话:010-68407112(总编室)　010-68408042(发行部)

网　　址:http://www.qxcbs.com　　E - m a i l:qxcbs@cma.gov.cn

责任编辑:黄红丽　　　　　　　　　　终　审:吴晓鹏

特邀编辑:周黎明

责任校对:张硕杰　　　　　　　　　　责任技编:赵相宁

封面设计:楠竹文化

印　　刷:天津新华印务有限公司

开　　本:710 mm×1000 mm　1/16　　印　张:16

字　　数:341 千字

版　　次:2021 年 6 月第 1 版　　　　印　次:2021 年 6 月第 1 次印刷

定　　价:150.00 元

本书如存在文字不清、漏印以及缺页、倒页、脱页等,请与本社发行部联系调换。

内容简介及作者简介

雷达是气象学中用于监测风和降水的关键仪器,并且已经成为短期天气预报的主要工具。这本实用教科书介绍了雷达测量及其气象学解释所涉及的基本概念。

本书首先提供了雷达的基本背景理论,引导学生和实践者正确解释雷达反射率、多普勒速度及双偏振图像;然后探讨了其业务应用,例如如何利用雷达图像分析和预报对流及大尺度天气系统;最后概述了当前的研究课题,包括利用地面和星载雷达、信号处理和数据同化研究云和降水。

本书包含了大量全彩插图及案例研究,以及多种形式的补充电子材料,使用练习题和动画时间序列来帮助表述复杂的概念。本书对于学习雷达气象学等相关课程(如降水微物理和动力学)的本科生和研究生来说是非常宝贵的资源,同时也为研究人员、气象和水文学专业人员提供有用的参考。

弗雷德里克·法布里(Frédéric Fabry),博士,加拿大蒙特利尔麦吉尔大学教授,在麦吉尔大学教授雷达、气象和环境课程,兼任马歇尔雷达站站长。其研究领域涉及雷达气象学的各个方面,从信号处理等技术领域到雷达在水文及数值天气模拟中的应用,也包括传统的雷达气象学研究如融化层降水特征研究等。因其发展了使用地面目标估计大气折射率技术,2004年被授予加拿大气象和海洋学会主席奖。

译者前言

雷达气象学作为一门学科对其开展研究可以追溯到第二次世界大战期间的1940年，为了排除气象目标对军事雷达侦察的干扰，需要对大气目标物特征进行研究。与此同时，此类研究也极大地激发了气象学家利用雷达探测大气目标，特别是云和降水目标特性的兴趣。然而，雷达气象学能够得到迅速发展则得益于现代电子、计算机及信息技术日新月异的成就以及大气科学的发展，同时也正是雷达在大气科学中的应用派生出中尺度气象学，并进一步加深了气象学和诸多相关领域对大气科学相关理论的深刻理解。

从 20 世纪 80 年代以来，国内出版的雷达气象学教材主要有南京大学葛文忠教授等著的《雷达探测大气和海洋》及南京气象学院（南京信息工程大学）张培昌教授等著的《雷达气象学》。此外，还有多种出版物介绍了天气雷达原理及相关应用，这些教材或出版物对气象雷达探测的基本原理、信号处理方法及雷达气象学的相关理论及应用从不同的角度进行了较为系统的介绍。

2016 年，本译著主要牵头人成都信息工程大学苏德斌教授，在访问美国科罗拉多州立大学期间以及与国内外同行交流雷达气象学相关科研进展的过程中，深感我国大学教育及研究生教育的课程似乎还缺少一些内容，虽然具体是什么内容还不够清晰，但大致如一些新的理论及应用未能在教材中得到充分展示，教材的理论性较强，但缺少生动实例的描述等等。待有幸读到加拿大麦吉尔大学弗雷德里克·法布里（Frédéric Fabry）教授 2015 年在剑桥大学出版社出版的专著 *Radar Meteorology：Principles and Practice*（《雷达气象学：原理与实践》）时，顿感了然。此书内容清新，风格独特，既简明清晰地描述了雷达气象学的相关理论，又通过其启发式的解译深入浅出地描绘了课程知识在业务应用场景中存在的关键性问题，而最为重要的是将大气物理学的相关理论与雷达探测的原理及其产品进行了很好衔接，是一本不可多得的教材，自觉非常适合于研究生教学，同时也适用于大气探测学科本科生在未能全面学习大气科学相关理论内容的前提下，尽快将雷达气象学与大气科学的动力学、热力学理论，特别是云和降水物理理论的学习联系起来。恰好成都信息工程大学大气探测学院需要为研究生开设一门雷达气象学课程，因此萌生了翻译此书的想法。在与 Fabry 教授取得联系并得到他大力支持的前提下，开始牵头组织此专著的翻译。

同时，翻译 *Radar Meteorology：Principles and Practice* 一书也得益于与天气雷达系统产品研发生产厂商成都中电锦江信息产业有限公司（国营第七八四厂）的深度合作交流。该公司始建于 1954 年,为中国电子信息产业集团有限公司(CEC)下属二级全资国有企业,是专业从事地面雷达等电子系统工程产品研发、生产、经营的电子信息行业高科技企业和国内地面雷达行业电子骨干企业,也是我国多种型号天气雷达的主要供应商。自 20 世纪 60 年代成功研制我国第一台业务天气雷达以来,该公司先后参与我国第一代、第二代台风监测网建设,完成多项技术创新,研制和生产新一代多普勒天气雷达网(CINRAD)的 SC 和 CD 型号布网多普勒天气雷达。"十一五"以来,公司立项研制跨平台、跨领域雷达,其毫米波云雾雷达获中国民用航空局空管办颁发首张许可证;研制的天气雷达具有当今国际先进水平,拥有相控阵、全固态、真空管双线偏振和多普勒等多种体制天气雷达产品的研发和生产能力,可实现气象、水文等的立体探测。在与该公司的合作交流过程中,公司负责人及产品研发人员对雷达系统及产品研发过程中涉及的雷达气象学相关原理及应用的国内外最新进展表达出强烈兴趣并对该书的翻译出版给予经费支持。

本书内容共分 13 章,涉及气象学与雷达、天气雷达测量基础、雷达反射率及其产品、反射率形态、多普勒速度信息、双偏振的附加值、对流风暴监视、大尺度系统监测、雷达估测降水、临近预报、雷达的其他测量与反演、云雷达和空基雷达、雷达究竟能测量什么以及一个附录:雷达气象学的数学和统计。本书可作为大气科学相关专业的研究生教材,也可作为从事气象、大气物理、云降水物理、大气探测等研究领域科研、技术人员的参考用书。

本专著翻译主要由成都信息工程大学教授苏德斌(翻译此书原版前言、第 1—4 章、第 10—13 章及附录)和中国科学院大气物理研究所研究员、中国科学院大学岗位教授肖辉(翻译第 5—9 章)负责。此外,中国科学院大气物理研究所孙跃、罗丽、于田甜等博士生参与了本书部分章节的初步翻译或翻译文字编辑工作;成都信息工程大学赖晨、王晓艺、刘月琳、李雅婷、冯启祯、李一凡、王鑫、冯小真等研究生参与了部分章节译稿的试读并提出建议。全书的校译由苏德斌教授、肖辉研究员负责完成,并邀请中国科学院寒区旱区与工程研究所王致君研究员审阅全文并提出意见。

感谢国家自然科学基金"双线偏振天气雷达冰雹云早期识别方法研究"(项目编号 41375039)、"基于 X 波段双偏振雷达参量的强对流云雨滴谱参数反演与验证研究"(项目编号 41575037)、国家重点研发计划重点专项之课题"空中水资源特征和降水转化机制研究"(课题编号 2016YFE0201900-02)的项目经费和参译人员对本书翻译和出版给予的支持。

由于翻译过程中诸多工作、事宜干扰,完整译稿的提交一再推延,但实际翻译、推敲仍显不足,翻译中的不当之处或错误真诚欢迎读者和专家批评指正。

苏德斌

2020 年 12 月

原版前言

"雷达气象学"是大气科学中的一个奇特专业。与天气学或云物理学相反,它的重点从一开始就是在仪器上。雷达使我们能够观察和理解许多以前未知的现象。我们能够用这一奇妙的工具做什么,吸引了一个充满活力的研究人员群体,他们的共同点是使用或开发气象雷达。雷达这一工具是该群体的核心。因此,当雷达气象学家们会面时,许多人在谈论科学问题之前经常谈论的是仪器的特性,例如频率、波束宽度和发射功率。早期有影响力的教科书反映了这种状况,许多现有的入门教材都遵循同样的模式:它们往往非常注重雷达。即使没有详细描述雷达及其工作原理,这些教科书也不是很注重应用,而我们使用雷达的原因是可以利用其进行观测并开展从气象学研究到短期预报的工作。对于另外一个面向技术的专业,卫星气象学已经设法将自己从传统中解放出来:可以找到关于如何使用卫星图像的教科书,以及更多关注辐射传输的传统书籍。但不知何故,对雷达气象学的介绍却未能如此。

然而,普通的天气雷达用户已经发生改变。雷达在许多国家是一种业务化的工具。它为预报员提供了探测快速发展风暴的最佳方式,也是评估天气是否按预期发展的决定性工具。同时,21 世纪的研究人员有一个不同的侧重点:虽然努力改善和更好地理解雷达数据仍然是权威专家们的主要目标,但重点已转向气象学以及如何充分利用雷达提供的丰富信息。介绍雷达气象学的传统书籍以及依赖于它们的课程逐渐脱离了这种不断变化的状况。更进一步,历史上雷达气象学重点对仪器以及测量中的物理学原理的关注使得该主题难以教授,非专业人士会感觉非常枯燥,这让人非常遗憾,尽管雷达可以神奇地用于表达和理解天气现象,并可以加强对其他课程,特别是针对降水微物理和动力学中气象概念的学习方面。结果就是,许多大学或专业课程经常缺乏关于将雷达用于气象学研究的适当介绍,而目前在业务和研究中又要使用雷达,这是一种不合逻辑的结果。在学习雷达气象学前后所经历的挫败感(包括对那些不愿意从事雷达研究工作的人),促使我写下这本入门书籍。

坦率地说,有一个很好的理由可以解释为什么许多教科书强调雷达测量基本原理中较技术性的一面:只有在彻底了解了雷达究竟可以测量什么以及它是如何测量的之后,我们才可以解释所观测的图像以及这些图像有什么问题。雷达图像完好无损,没有任何不需要的元素,而且明确无误的日子尚未到来。因此,人们仍然必须了解如何进行测量,什么会破坏测量,以及如何从可疑的观测中识别出什么是正确的。

本书还是必须首先充分描述雷达探测能力的基本原理，以便读者能够理解数据的性质和特性以及它们如何被污染。随后的章节就可以集中讨论雷达数据的使用，从业务使用开始，逐步转向研究应用。

本书以一个附录结束全文，该附录介绍了雷达数据分析和处理中使用的关键数学和统计概念。根据课程的级别和重点，可以有几种方法使用它。第3章之后，在完整的研究生课程背景下，或者在需要的基础上作为一个子节，附录可以作为一个部分进行阅读，因为在正文中提到了这些部分。如果课程的重点是雷达的业务用途，也可以跳过。

本书章节可以根据个人的兴趣和关注的重点以不同的顺序阅读。作为入门的课程，从头到尾的学习方法很适合以气象学为重点的未来研究人员。对在业务上如何使用雷达数据感兴趣的读者应该关注第1—8章，如果前面的章节激发了你的好奇心，那么请继续阅读到第12章。更为传统的雷达气象学是从仪器和理论开始，主题顺序是第1—3章、附录A、第13章，然后是第4—12章，可能会跳过第7章和第8章。

由于许多人的贡献，本书成为可能。Tony Banister、Don Burgess 和 WenChau Lee 提供了背景文件。图像和数据由 Wayne Angevine、Aldo Bellon、William Brown、George Bryan、Guy Delrieu、Marielle Gosset、Robin Hogan、Robert Houze、Paul Joe、Sigrún Karlsdóttir、Jennifer Kay、Alamelu Kilambi、Pavlos Kollias、Witold Krajewski、Matthew Kumjian、Paul Markowski、Véronique Meunier、Kenji Nakamura、Rita Roberts、Steve Rutledge、Alan Seed、Matthias Steiner、Madalina Surcel、Pierre Tabary、Roger Wakimoto 和 Isztar Zawadzki 提供。还有美国气象学会、剑桥大学出版社、爱思唯尔、加拿大环境部、工程技术学院、英泰科技、美国国家航空与航天局、美国国家气候数据中心、美国国家海洋大气局、领先感知公司（Prosensing）、施普林格出版社、赛力克斯公司、美国大气研究大学联合会和威利公司。Alexandra Anderson-Frey、Aldo Bellon、Alexandra Cournoyer、Véronique Meunier 和 Pierre Vaillancourt 为手稿提供了宝贵的帮助和反馈，而与 Isztar Zawadzki 的定期讨论形成了几个章节的内容。剑桥大学出版社的 Emma Kiddle、Rosina Piovani、Jonathan Ratcliffe 和 Zoë Pruce 指导了本书的出版。最后要感谢我的家人，他们推动我参与这个漫长的项目并支持我在撰写本书期间不能陪伴他们，以及其他一直在问我"你什么时候完成你的书？"的人：我终于能够给他们一个答案。

目　录

符号列表

a (1)generic coefficient of a power-law relationship 幂律关系通用系数

(2)real part of a generic complex number, Appendix A. 5 通用复数实部, 附录 A. 5

$a_{1,2,j}$ real parts of the complex numbers z_1, z_2, z_j 复数 z_1, z_2, z_j 的实部

a_e radius of the Earth 地球半径

A amplitude of the radar signal 雷达信号振幅

A_{HH} signal amplitude obtained when transmitting and receiving at horizontal polarization, also known as the copolar amplitude at horizontal polarization 水平偏振发射和接收时获得的信号振幅, 也称为水平共极振幅

A_{HV} signal amplitude obtained when transmitting at horizontal polarization and receiving at vertical polarization 水平偏振发射垂直偏振接收时获得的信号振幅

A_{VH} signal amplitude obtained when transmitting at vertical polarization and receiving at horizontal polarization, also known as the cross-polar amplitude of the signal 垂直偏振发射水平偏振接收时获得的信号振幅, 也称为信号的交叉偏振振幅

A_{VV} signal amplitude obtained when transmitting and receiving at vertical polarization, also known as the copolar amplitude at vertical polarization 垂直偏振发射和接收时获得的信号振幅, 也称为垂直偏振共极振幅

b (1)generic exponent of a power-law relationship 幂律关系通用指数

(2)imaginary part of a generic complex number, Appendix A. 5 通用复数虚部, 附录 A. 5

$b_{1,2,j}$ imaginary parts of the complex numbers z_1, z_2, z_j 复数 z_1, z_2, z_j 的虚部

B bandwidth of the receiver 接收机带宽

c speed of light 光速

c_j complex weights to bases functions of a Fourier series, Eq. (A. 37) Fourier 级数基函数的复数权重,公式(A. 37)

c_p specific heat capacity of air at constant pressure 空气定压比热容

c_s speed of sound, Eq. (5. 3) 声速,公式(5. 3)

c_v specific heat capacity of air at constant volume 空气定容比热容

$\text{cov}_{X,Y}$ covariance between the samples X and Y, Eq. (A. 13) 样本 X 和 Y 之间的协方差,公式(A. 13)

$\text{cov}_{X,Y}[l]$ covariance between the samples X and Y at lag l, Eqs. (A. 15) and (A. 24) 样本 X 和 Y 滞后 l 时的协方差,公式(A. 15)和(A. 24)

C_n^2 refractive index structure parameter, Eq. (2. 9) 折射率结构参数,公式(2. 9)

dBZ reflectivity factors in units of decibels, Eq. (3. 5) 反射率因子,单位为分贝,公式(3. 5)

D diameter of hydrometeor or target 水凝物或目标物直径

D_a diameter of a parabolic reflector 抛物面反射器直径

e partial pressure of water vapor 水汽分压

$E(\lambda)$ Flux of energy at wavelength λ 波长为 λ 的能量通量

E_ω Power spectrum value at wavenumber ω, Eq. (A. 41) 波数为 ω 的功率谱值,公式(A. 41)

f transmit frequency of the radar 雷达发射频率

$f()$ function 函数

f_{IF} intermediate frequency, or frequency of the radar return signal after mixing 中频,或雷达回波信号混频后的频率

f_j value of a generic discrete function at sample j, Eq. (A. 40) 样本 j 的通用离散函数值,公式(a. 40)

f_{LO} frequency of the internal local oscillator 内部本振频率

f_{lobes} fraction of the integral of the gain belonging to the sidelobes 旁瓣增益积分分数

f_r pulse repetition frequency, Eq. (2. 14) and Fig. 2. 14 脉冲重复频率,公式(2. 14)和图 2. 14

$F(\omega)$ component of a Fourier transform at wavenumber ω, Eq. (A. 39) 波数为 ω 的傅里叶变换分量,公式(A. 39)

$F()$	Fourier transform operation, Eq. (A. 39) 傅里叶变换运算,公式(A. 39)
F_ω	component of a discrete Fourier transform at wavenumber ω, Eq. (A. 40) 波数为 ω 的离散傅里叶变换分量,公式(A. 40)
g	acceleration of Earth's gravity 地球重力加速度
G	gain(or directivity) of the antenna, Eqs. (13. 1) and (13. 2) 天线增益(或方向性),公式(13. 1)和(13. 2)
H_0	scale height 标高
H_j	sample j of the received signal time series at horizontal polarization 水平偏振接收信号时间序列的样本 j
i	$\sqrt{-1}$
$\boldsymbol{i}$	unit vector in the x (east-west) direction, pointing east x(东—西)方向的单位矢量,指向东为正
I	component of the received signal in phase with the reference signal, Eq. (A. 22) 接收信号与参考信号同相的分量,公式(A. 22)
I_j	component of the sample j of the received signal time series in phase with the reference signal 接收信号时间序列与参考信号同相的样本 j 的分量
I_{S_j}	component of the sample j of the received signal time series originating from targets in phase with the reference signal 来自目标的接收信号时间序列与参考信号同相的样本 j 的分量
j, j_1, j_2	indices of series of values 序列值下标
$\boldsymbol{j}$	unit vector in the y (north-south) direction, pointing north y(南—北)方向单位矢量,指向北方
k	(1)Boltzmann constant, Eq. (13. 3)only 玻尔兹曼常数,仅公式(13. 3) (2)index to drop or target number 对应于水滴或目标物数目的编号
$\boldsymbol{k}$	unit vector in the z (up-down) direction, pointing up z(上-下)方向上的单位矢量,指向上为正
k_e	multiplier to Earth radius for the k_e Earth radius approximation, Eq. (2. 13) 地球半径近似乘积因子,公式(2. 13)
$\|K\|^2$	dielectric constant of the scatterers, Eq. (3. 3), Table 3. 1 散射体介电常数,公式(3. 3),表 3. 1
K_{dp}	specific differential propagation phase delay 比差分传播相位延迟
$\|K_w\|^2$	dielectric constant of liquid water 液态水介电常数

l_p longitude of the radar pulse, Eq. (A. 1b)   雷达脉冲经度，公式(A. 1b)

l lag, or offset in sample number   滞后，或样本数偏移

l_{rad} longitude of radar   雷达经度

L (1)generic horizontal distance   通用水平距离

      (2) interval over which a function f is assumed periodic, Appendix A. 5   周期性函数 f 的区间，附录 A. 5

LDR   linear depolarization ratio, Section 6.2.2   线性退偏振比，6.2.2 节

L_p latitude of the radar pulse, Eq. (A. 1a)   雷达脉冲纬度，公式(A. 1a)

L_{rad} latitude of radar   雷达纬度

M number of measurements in a sample   样本测量次数

M_s number of measurements or subsamples in a sample   样本测量次数或子样本数

M_λ number of wavelengths over which a measurement of I and Q is made I、Q 测量的波长数

n refractive index of air, Eq. (2.8)   空气折射率，公式(2.8)

$n(\lambda)$ complex refractive index of a target   目标的复折射率

n_1, n_2 refractive index of medium 1 and 2, Fig. 2.9   介质 1 和 2 的折射率，图 2.9

n_p number of transmit pulses   发射脉冲数

N (1)refractivity of air, Section 2.3.1   空气折射率模数，2.3.1 节

      (2) Fraction of the received signal originating from noise, Appendix A. 5   来自噪声的接收信号分数，附录 A. 5

$N(D)$ number of scatterers of diameter D per unit volume   单位体积中直径为 D 的散射体数

$N_f(D)$ number of scatterers of diameter D per unit volume after the growth process, Eq. (9.2)   生长过程后单位体积中直径为 D 的散射体数，公式(9.2)

$N_i(D)$ initial number of scatterers of diameter D per unit volume before the growth process   生长过程前单位体积中直径为 D 的初始散射体数

N_0 number of scatterers of diameter 0 per unit volume in the context of an exponential drop size distribution   指数滴谱分布时单位体积中直径为 0 时散射粒子数(译者注：粒子直径范围为 $0 \sim \delta D$)

$p()$ probability function   概率函数

P air pressure   气压

P_d power from the direct echo in the context of the mirror image technique, Fig. 12. 6   基于镜像技术的直接回波功率, 图 12. 6

P_g power from the ground or sea surface in the context of the mirror image technique, Fig. 12. 6   基于镜像技术的地面或海面回波功率, 图 12. 6

P_{HH} signal power received at horizontal polarization given a transmission at horizontal polarization   水平偏振发射时接收的水平偏振信号功率

P_m power from the mirror image in the context of the mirror image technique, Fig. 12. 6   基于镜像技术的来自镜像的回波功率, 图 12. 6

P_N noise power, Eq. (13. 3)   噪声功率, 公式(13. 3)

P_r returned or received power, Eq. (3. 2)   返回或接收的功率, 公式(3. 2)

$\overline{P_r}$ average returned or received power   返回或接收的平均功率

P_t power of the transmit pulse   发射脉冲功率

P_{VV} signal power received at vertical polarization given a transmission at vertical polarization   垂直偏振发射时接收的垂直偏振信号功率

q exponent of the power spectrum of atmospheric patterns, Section A. 4. 4   大气模式功率谱指数, A. 4. 4 节

Q component of the received signal in quadrature with the reference signal, Eq. (A. 24)   与参考信号正交的接收信号分量, 公式(A. 24)

Q_j component of the sample j of the received signal time series in quadrature with the reference signal   与参考信号正交的接收信号时间序列样本 j 的分量

Q_{S_j} component of the sample j of the received signal time series originating from targets in quadrature with the reference signal   与参考信号正交的目标接收信号时间序列样本 j 的分量

r radar range   到雷达的距离

r_d radar range when used within an integral as the variable of integration   在积分中用作积分变量的到雷达的距离

$r_{1,2,3,4}$ radar range of targets 1, 2, 3, and 4, Eq. (2. 14) and Fig. 2. 14   目标 1、2、3 和 4 到雷达的距离, 公式(2. 14)和图 2. 14

r_{max} maximum unambiguous range, Eq. (2. 15)   最大不模糊距离, 公式(2. 15)

r_v mixing ratio of water vapor   水汽混合比

R rainfall rate, Eq. (3. 7)   降雨率, 公式(3. 7)

R' gas constant of air   空气气体常数

s unit length   单位长度

$\boldsymbol{s}$ unit vector perpendicular to the radar phase fronts   垂直于雷达相前(波阵面)的单位矢量

S fraction of the received signal originating from targets("signal")   目标接收信号的分数("信号")

SDR   simultaneous transmit and receive(STAR)differential ratio, Section 6.2.5   同时发送和接收(STAR)差分比,6.2.5 节

S_j signal fraction of the sample j of the received signal time series   接收信号时间序列样本 j 的信号分数

t time   时间

t_0 time when the transmit pulse was fired, Eq. (2.14) and Fig. 2.14   发射脉冲发出的时间,公式(2.14)和图 2.14

$t_{1,2,3,4}$ time when the echo from targets 1,2,3, and 4 is received, Eq. (2.14) and Fig. 2.14   接收到目标 1、2、3 和 4 回波的时间,公式(2.14)和图 2.14

t_{travel} time required for the radar pulse to reach the target and come back   雷达脉冲到达目标并返回所需的时间

T temperature   温度

T_A noise temperature of the antenna, Eq. (13.3)   天线噪声温度,公式(13.3)

T_{co} noise temperature of the cosmic microwave background   宇宙微波背景噪声温度

T_d dew point temperature   露点温度

T_v virtual temperature, Eq. (5.3)   虚温,公式(5.3)

u east-west horizontal wind component   东西向水平风分量

u_s east-west wind components at the surface   地面东西风分量

v north-south horizontal wind component   南北向水平风分量

v_{DOP} Doppler velocity of the target, Eqs. (5.2) and (A.8)   目标多普勒速度,公式(5.2)和(A.8)

v_{max} Nyquist velocity, Eq. (5.8) Nyquist   速度,公式(5.8)

v_s north-south wind components at the surface   地面南北风分量

v_{sr} speed of propagation of the source region   源区传播速度

$\boldsymbol{v}$ three-dimensional wind   三维风

$v_{S\text{-}R}$ storm-relative wind   风暴相对风

v_t three-dimensional velocity of targets   目标三维速度

V integer value representing how a field value at one point is encoded in radar archive files   表示雷达归档文件中某一点的场值编码方式的整数值

V_j sample j of the received signal time series at vertical polarization   垂直偏振接收信号时间序列的样本 j

w vertical wind component, or updraft velocity   垂直风分量,或上升气流速度

w_f reflectivity-weighted average terminal fall speed of hydrometeors with respect to still air   相对于静止空气的水凝物反射率加权平均下落末速度

$w_r(D)$ terminal fall speed of a raindrop of diameter D with respect to still air   直径为 D 的雨滴相对于静止空气的下落末速度

w_s vertical air velocity at the surface, Eq. (11.2)   地表空气垂直风速,公式(11.2)

W_a weighting function with respect to the beam axis describing the angular beam pattern of the radar measurement, Eq. (A.5)   与表示雷达测量波束方向图的波束轴相关的权重函数,公式(A.5)

W_r weighting functions for each cell in range   每个单元的距离权重函数

W_t weighting functions for each cell in time, Eq. (13.6)   每个单元的时间权重函数,公式(13.6)

x east-west distance   东西距离

X generic variable or sample   通用变量或样本

y north-south distance   南北距离

Y generic variable or sample   通用变量或样本

z (1) height (everywhere but in Section A.5)   高度(除 A.5 节外的所有地方)
   (2) generic complex number (Section A.5 only)   通用复数(仅 A.5 节)

$z_{1,2,j}$ generic complex numbers indexed 1, 2, and j 索引为 1、2 和 j 的通用复数

z_{rad} altitude of radar   雷达高度

z_s mean sea-level altitude of the surface terrain   地表地形平均海平面高度

Z radar reflectivity factor, Eq. (3.1)   雷达反射率因子,公式(3.1)

Z_{dr}	differential reflectivity　差分反射率
Z_e	equivalent radar reflectivity factor, Eq. (3.4)　等效雷达反射率因子,公式(3.4)
Z_H	radar reflectivity factor at horizontal polarization　水平偏振雷达反射率因子
Z_V	radar reflectivity factor at vertical polarization　垂直偏振雷达反射率因子
$\alpha(s)$	absorptivity of a medium at location s along a path, Fig. 2.12　沿一个路径 s 位置处的介质吸收率,图 2.12
α_1	angle of incidence from the normal to the interface between the two mediums, Fig. 2.9　从法线到两种介质之间界面的入射角,图 2.9
α_2	angle of exit from the same normal to the interface between the two mediums, Fig. 2.9　从同一法线到两种介质之间界面的出射角,图 2.9
β	volume scattering coefficient, Eq. (2.2)　体积散射系数,公式(2.2)
β_D	slope of an exponential drop size distribution　指数滴谱分布的斜率
γ	size parameter, Eq. (2.3)　尺度参数,公式(2.3)
δ_{co}	differential backscattering phase delay, Eq. (6.1)　差分后向散射相位延迟,公式(6.1)
$\delta\theta$	elevation angle deviation with respect to the beam axis　相对于波束轴线的仰角偏差
$\delta\phi$	azimuth angle deviation with respect to the beam axis　相对于波束轴线的方位角偏差
$\Delta\varphi$	change in the phase of a target between successive transmit pulses, Eq. (5.7)　连续发射脉冲之间目标相位的变化,公式(5.7)
$\Delta\phi$	azimuth interval over which pulses are averaged to make a radial　方位角间隔,在该间隔上脉冲被平均以形成径向
Δr	range interval over which echoes are averaged to make a final range gate　距离间隔,在该间隔内回波被平均以形成最终距离库
ε	ratio of the gas constants of air and water vapor　空气和水汽气体常数之比
ζ	(1) vertical vorticity, everywhere but in Section A.5　垂直涡度,除 A.5 节以外的任何地方
	(2) generic complex number, Section A.5 only　通用复数,仅适用于 A.5 节

$\zeta_{1,2,j}$	generic complex numbers indexed 1,2,and j 下标为 1、2 和 j 的通用复数
η	radar reflectivity 雷达反射率
θ	elevation angle,or angle pointed by the radar with respect to the horizon 仰角,或雷达指向相对于地平线的角度
θ'	angle with respect to the horizon of the beam as it propagates, Eq. (A. 4b) 传播时波束相对于水平面的角度,公式(A. 4b)
$\bar{\theta}$	average or center elevation angle 平均或者中心仰角
θ_d	elevation angle when used within an integral as the integration variable 在积分中用作积分变量的仰角
θ_j	elevation pointed by the antenna when each transmit pulse j was fired 当发射每个发射脉冲 j 时天线指向的仰角
θ_{beam}	half-power beamwidth of the radar,Eq. (2. 11) 雷达半功率波束宽度,公式(2. 11)
θ_{lobes}	half-power width of the sidelobe envelope in elevation 仰角旁瓣包络的半功率宽度
λ	wavelength,Eq. (2. 17) 波长,公式(2. 17)
μ	mean of a generic population 一般总体的均值
ξ_s	scattering efficiency factor,Eq. (2. 4) 散射效率因子,公式(2. 4)
ρ	air density 空气密度
$\rho_{X,Y}$	linear correlation coefficient between two time series X and Y,Eqs. (A. 14) and (A. 27) 两个时间序列 X 和 Y 之间的线性相关系数,公式(A. 14) 和(A. 27)
$\rho_{X,Y}[l]$	linear correlation coefficient between two time series X and Y at lag l 两个时间序列 X 和 Y 在滞后 l 时的线性相关系数
ρ_{co},ρ_{HV}	copolar correlation coefficient 共极相关系数
ρ_i	density of ice 冰的密度
ρ_s	density of snow(air-ice mixture) 雪的密度(空气-冰混合物)
σ	standard deviation of a generic population 一般总体的标准差
σ_b	backscattering cross-section,Eqs. (2. 6) and(2. 7) 后向散射截面,公式(2. 6)和(2. 7)
σ_s	standard deviation of a sample,e. g. ,Eqs. (A. 10) and (A. 28) 样本的标准差,如公式(A. 10)和(A. 28)

σ_v	spectrum width of the Doppler velocity distribution, Eq. (A. 32)	多普勒速度分布的谱宽,公式(A.32)
τ	transmit pulse duration	发射脉冲持续时间
τ_{indep}	time to independence of successive radar measurements, Section 2.4.2	连续雷达测量的独立时间,2.4.2节
T	transmittance of the atmosphere along the path, Eq. (13.4)	沿路径的大气透射率,公式(13.4)
φ	phase of a target, Eq. (5.1)	目标相位,公式(5.1)
$\varphi_{1,2,3,4}$	phase of targets 1, 2, 3, and 4, Eq. (2.16) and Fig. 2.14	目标1、2、3和4的相位,公式(2.16)和图2.14
φ_{HH}	copolar phase of echoes or signal at horizontal polarization	水平偏振回波或信号的共极相位
φ_{HV}	cross-polar phase of echoes or signal when the radar transmits at horizontal polarization but receives at vertical polarization	雷达发射水平偏振接收垂直偏振时的回波或信号交叉极化相位
φ_{s_j}	phase of the fraction of the signal originating from targets for sample j	样本j中目标的部分信号相位
φ_{VH}	cross-polar phase of echoes or signal when the radar transmits at vertical polarization but receives at horizontal polarization	雷达发射垂直偏振接收水平偏振时的回波或信号交叉极化相位
φ_{VV}	copolar phase of echoes or signal at vertical polarization	垂直偏振回波或信号的共极相位
φ_z	argument of a complex number	复数的辐角
ω	wavenumber	波数
ϕ	azimuth angle, or clockwise angle with respect to the north direction pointed by the radar	方位角,相对于雷达指向正北方向的顺时针角度
ϕ'	angle with respect to the local north of the beam as it propagates, Eq. (A.2)	波束传播时相对于其本地正北的角度,公式(A.2)
$\overline{\phi}$	average or center azimuth	平均或中心方位
ϕ_d	azimuth angle when used within an integral as the integration variable	用作积分中的积分变量的方位角
ϕ_j	azimuth pointed by the antenna when each transmit pulse j was fired	发射每个发射脉冲j时天线指向的方位角

ϕ_{lobes} half-power widths of the sidelobe envelope in azimuth   方位角旁瓣包络的半功率宽度

Φ_{dp} two-way differential propagation phase   双程差分传播相位

Ψ_0 phase difference at range zero   距离为 0 时的相位差

Ψ_{dp} differential phase shift between horizontally and vertically polarized returns,Eq.(6.1)   水平和垂直偏振回波之间的差分相移,公式(6.1)

缩略词列表

AMS American Meteorological Society　美国气象学会

AP anomalous propagation　异常传播

ARM Atmospheric Radiation Measurement(facility)　大气辐射测量(设施)

BWER bounded weak echo region　有界弱回波区

CALIPSO Cloud-Aerosol Lidar and Infrared Pathfinder Satellite Observation(satellite)　云-气溶胶激光及红外探路者卫星观测(卫星)

CAPE convective available potential energy　对流有效位能

CAPPI constant altitude plan position indicator(radar product)　等高平面位置显示(雷达产品)

CEDRIC Custom Editing and Display of Reduced Information in Cartesian space(software)　笛卡尔空间中的精简信息定制编辑和显示(软件)

CIN convective inhibition(energy)　对流抑制(能量)

DAAC Distributed Active Archive Center　分布式主动存档中心

DART Data Assimilation Research Testbed　数据同化研究试验平台

DSD drop size distribution　水滴大小分布

EarthCARE Earth Clouds,Aerosols and Radiation Explorer　地球云,气溶胶和辐射探测器

EL equilibrium level　平衡水平

EM electromagnetic(waves)　电磁(波)

EOSDIS NASA Earth Observing System Data and Information System NASA　地球观测系统数据和信息系统

GHRC Global Hydrology Resource Center　全球水文资源中心

GNSS Global Navigation Satellite System　全球导航卫星系统

GPM Global Precipitation Measurement(satellite mission)　全球降水测量(卫星任务)

HTI height-time indicator(radar product)　高度-时间显示(雷达产品)

IET The Institution of Engineering and Technology 工程技术研究所

JAXA Japanese Aerospace Exploration Agency 日本航空航天局

KFTG identifier code for the Colorado Front Range radar 科罗拉多前区雷达标识码

KGWX identifier code for the Columbus Air Force Base radar, Mississippi 密西西比州哥伦布空军基地雷达标识码

KICT identifier code for the Wichita radar, Kansas 堪萨斯州威奇托雷达标识码

KSRX identifier code for the Fort Smith radar, Arkansas 阿肯色州史密斯堡雷达标识码

LCL liquid condensation level 液体凝结高度

LFC level of free convection 自由对流高度

MAPLE McGill algorithm for prediction by Lagrangian extrapolation 拉格朗日外推 McGill 预测算法

MST mesosphere-stratosphere-troposphere(radars) 中层-平流层-对流层(雷达)

NASA National Aeronautic and Space Administration(USA) 国家航空航天局(美国)

NCAR National Center for Atmospheric Research(Boulder, CO, USA) 国家大气研究中心(美国科罗拉多州博尔德)

NOAA National Oceanic and Atmospheric Administration(USA) 国家海洋大气局(美国)

NWS National Weather Service(USA) 国家天气局(美国)

PANT positive away, negative toward(sign convention for Doppler velocity) 正值向外,负值向内(多普勒速度符号约定)

PPI plan position indicator(radar product) 平面位置显示(雷达产品)

PRF pulse repetition frequency 脉冲重复频率

Radar radio detection and ranging 无线电探测和测距

RASS radio acoustic sounding system 无线电声波探测系统

RHI range-height indicator 距离高度显示

SPC Storm Prediction Center 风暴预报中心

TDWR Terminal Doppler Weather Radar 机场多普勒天气雷达

TRMM Tropical Rainfall Measuring Mission 热带雨量测量任务

TVS tornado vortex signature 龙卷涡旋信号

UCAR University Corporation for Atmospheric Research(Boulder, CO, USA) 大气研究大学联盟(美国科罗拉多州博尔德)

UHF ultra-high frequencies　特高频

US United States　美国

UTC universal time coordinate　协调世界时（世界时）

VAD velocity-azimuth display(radar product)　速度-方位显示（雷达产品）

VIL vertically integrated liquid(radar product)　垂直积分液态水（雷达产品）

WDTB Weather Decision Training Branch of NOAA　NOAA 天气决策培训部

WER weak echo region　弱回波区

WSR-88D Model number of the current operational weather surveillance radar used in the United States　美国当前业务使用的天气监视雷达型号

Z-R reflectivity to rainfall(relationship or equation)　反射率转换为降雨（的关系或方程）

第 1 章　气象学和雷达

如果你生活在一个富裕的国家,很可能会有一部或多部雷达定时监测着你所处位置的大气。作为气象部门业务应用的工具,雷达加入到温度计、无线电探空仪及卫星成像仪的行列,已经成为气象学的一种标准化仪器。雷达图像得到了广泛发布并被经常使用:在许多国家,显示天气雷达图像的网页是最受关注、访问频度最高的政府网站之一。同时,天气雷达也是用于研究、理解天气现象,特别是云和降水过程的关键性设备。因此,雷达已成为气象学必不可少的工具。但这一切是怎样发生的? 并且为什么会发生呢?

1.1　一切是如何开始的

这一年是 1940 年。第二次世界大战鏖战正酣。由于入侵的飞机和潜艇可能击沉护航舰队,出于探测这些目标的强烈需求,需要对已发明十年之久的雷达进行改进。当时,雷达发射长波无线电波并接收从目标返回的回波,军事人员可以在足够远的距离外探测敌方目标,并能够对威胁作出反应。但是那时候,雷达是巨大的设备,更像是现代广播电台的发射天线,其角分辨率也很差。一项新的技术,即磁控管技术的发展,为此问题提供了一个解决方案,允许雷达使用更短的波长即微波,来完成相同的任务。结果是:雷达装置可以变得更小,且易于移动并可安装在飞机上。第二年,基于磁控管的雷达探测到大量未知来源的回波斑块,人们很快意识到这些回波是由降水引起的。

出于战争保密需要,这类结果被禁止发布。幸运的是,由于战略上需要天气预报,二战期间大多数气象服务成为军队的一部分。气象人员显示出这些图像后,马上意识到其所具有的价值。军队内部很快形成小规模的研究小组,开始研究如何进一步挖掘这些信息。

要了解雷达作为一种气象工具在历史上的重要性,就必须知晓二战当时的观测系统状况。那时候还没有卫星,但是地面和高空观测是定期进行的。这个观测网使得人们可以描绘大尺度或者天气尺度(水平尺度大于 200 km)的天气系统,在陆地上能很好地探测和跟踪温带气旋和反气旋,但在大洋上还做不到。另一方面,气象站的观测者们可以描述局地尺度(水平尺度小于 10 km)的天气。但是没有办法探测并研究发生在这两个尺度之间的天气现象。雷达弥补了这个缺陷,而中尺度首次被定义为只能由这种仪器进行研究的尺度。战后,雷达被用于研究,以观察和了解雷暴及其生命史,很多关于对流风暴的知识都来自于雷达观测。研究还着重于了解云和降水的机制,这一新兴的工具能够提供什么信息?以及如何改进天气雷达?由此诞生了"雷达气象学"。

同时,由于雷达能够快速监测发展中的天气事件,比如雷暴,以及跟踪降水系统的移动速度和移动方向,也使得其实时业务运行变得非常有趣。20 世纪 50 年代初期,部署了专门设计用于天气监测和预报的雷达(图 1.1)。美国的第一个天气雷达网是在 20 世纪 50 年代后期建立的,其主要目标之一是提供飓风预警。

图 1.1　以前和现在的天气雷达。左图:CPS-9 雷达,最早专门设计用于监视天气的雷达之一。该设施是 1954 年到 1968 年期间蒙特利尔(Montreal)地区的业务雷达(维罗尼克·默尼耶 Véronique Meunier 提供照片)。右图:蒙特利尔目前的雷达设施

1.2　为什么现在还在用雷达

自从那个时代以来,情况发生了很大变化。例如,在气象学中更多的遥感设备得到开发和应用,特别是基于卫星的成像仪器,可以获得全球大部分地区的数据。但与此同时,用于天气监测的雷达也发生了相当大的变化(图 1.1),包括利用多普勒效应获得风的信息的能力,以及通过发射和接收多个偏振波来推断回波的类型。雷达现在仍在气象学中得到应用,而且可能比以往任何时候都多。那么这是为什么呢?

(1)雷达仍然是监测降水发生和移动的最佳工具,并且人们确实关心降水的情况。一个关于公众如何使用和评价天气预报的调查显示,降水时间、概率、位置、类型和强度的预报与最高温度的预报一样被认为是天气预报最为重要的组成部分(Lazo 等,2009)。雷达在短时间内提供了关于这些细节的最佳信息(0～6 h),仅

此一项就解释了公众为何如此频繁地查阅雷达图像的原因。

（2）调查中没有提到的同样重要或者更为关键的事实是，雷达仍然是探测或推断许多恶劣天气条件存在的最佳工具，这类天气包括强雷暴、冰雹和龙卷。之所以能够做到这一点，是因为它是一种可以在三个维度（x，y，z）获得天气随时间变化相关信息的少有的仪器之一。雷达可以看到大多数电磁辐射不能穿透的风暴内部，可以利用回波的反射率、多普勒速度和偏振信息来评估其严重程度。总的来说，雷达与卫星成像仪一道，为我们提供了用来证实先前发布的预报是否正确，以及是否需要进行订正的终极手段。

（3）我们可以瞬间得到雷达探测的信息，因此这些信息可以立即得到应用。

现在许多国家的雷达网以天气监视或夜以继日地监测天气事件为唯一任务（图1.2）。事实上，目前恶劣天气警报的发布往往都是基于雷达观测的。直到最近，雷达有限的最大探测范围（水平尺度几百千米）限制了其在大尺度天气系统中的应用。对于这种情况，地球静止卫星成像仪通常可以提供更加完整的图像，虽然其所显示的是云而非降水图像。不过，得益于通信基础设施的日益提速，现在可以根据多部雷达实时组合图像和信息，从而获得比以前范围大得多的有效降水信息。因此，对雷达在气象学中的应用，特别是在大片陆地上进行扩展具有很大的空间，而对岛屿国家来说相对要差一些（图1.3）。

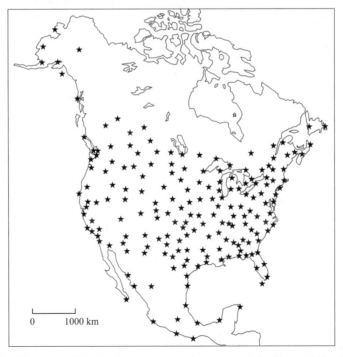

图 1.2　北美天气监视雷达网，始于 2015 年。专门用于机场航站的天气雷达如美国的机场多普勒天气雷达（TDWR）以及电视台等非政府组织自有的雷达不在其中

(a) 卫星成像仪获得的中尺度天气事件   (b) 雷达获得的中尺度天气事件

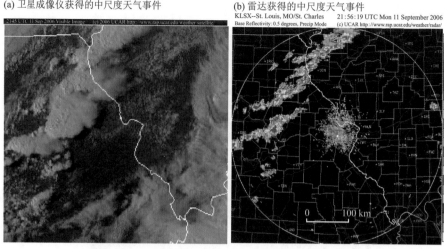

(c) 雷达观测网获得的天气尺度事件

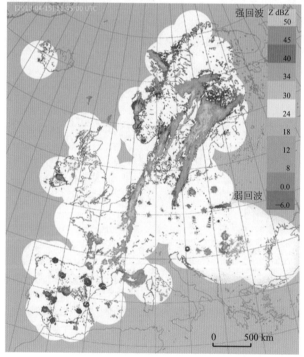

图 1.3　雷达所传递的中尺度和天气尺度系统信息图示。上排图像中,由卫星可见光成像仪(a)及雷达(b)获得的两幅图像对比了中尺度天气事件(© 2006 UCAR,许可使用)。底部图像显示了多部雷达的组合图像(c;美国气象学会(AMS)转载许可,Huuskonen 等,2014;版权许可中心许可)。对于天气尺度事件,单部雷达显示通常直径最多为 500 km,不能提供完整的天气系统图像,但可以通过组合多部雷达实现。中尺度情况下,雷达通常比卫星成像更为实用,可以确定对流活动的强度和位置

业务化雷达还有一些其他形式。除了用于天气监视的扫描形式的雷达,还有风廓线雷达,其主要用于获取雷达上空的风(有时还有温度)随高度及时间变化的信息。风廓线雷达开始的时候专用于高层大气研究,现已成为气象学家可用气象装备的重要成员,用以补充无线电探空信息的不足。现在许多国家利用天气雷达监视当前天气的状况,为预报模式的初始化提供数据。最后,还有很多研究型雷达,因为各种应用需求设计了这些雷达,其大小、形状及运行模式也各不相同。

1.3　理解雷达观测

雷达可以穿透风暴并测定其严重程度和降水强度,使其成为气象业务、研究人员及水文工作者可以选用的工具。同时,雷达也是一个复杂的工具,遥感有其局限性,必须理解它们才能最大程度地了解观测结果。虽然对气象学家使用的雷达数据进行质量控制已经取得了相当大的进展,但雷达数据处理器还是无法完全消除许多虚假的观测结果。虽然使用雷达数据无需雷达的详细技术知识,但对遥感测量过程和局限性概念的理解对于理解其为何如此以及数据中可能出现的问题是必不可少的。这样的理解将有助于我们最为明智地使用信息。

如图 1.4 所示,对雷达数据的正确理解需要多领域的基础知识,包括雷达操作、

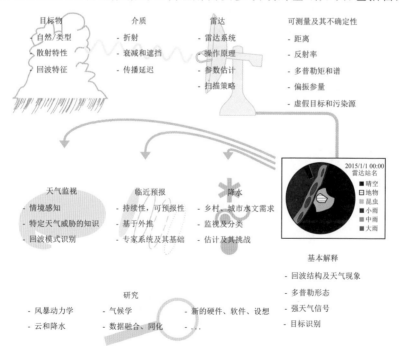

图 1.4　雷达气象学概念图。说明雷达提供的数据是什么,解释这些数据的重要性以及
这些信息在气象学中的应用

5

传播、散射和测量及其不确定性等。历史上,气象雷达观测的这些技术内容一直是雷达气象学课程的核心。但应该牢记在心,使用雷达如此之多的原因是因为其具有使我们了解天气现象的洞察力。因此,如果不能理解由该仪器观察到的气象现象,也不能理解收集这些信息对于气象和水文应用的价值,我们就不可能充分利用这些雷达资料。这就是为什么本书不仅展示了雷达能观察到的现象,同时也提供形成雷达图像的大气过程的背景信息,以及如何在气象和水文应用中使用这些信息。

本书分为三个部分。第一部分介绍雷达基本原理和图像:我们测量什么量? 如何识别不同类型的目标或者不同的信号? 其推断的依据是什么? 第二部分讲解雷达数据的关键应用,从业务应用开始,如监视对流和大尺度系统、降水估计和短期预报,逐步过渡到更具研究价值的问题,包括反演、云及气候应用以及雷达真正测量什么这样的复杂问题。为了支持更为技术性的讨论,本书最后还提供了一个附录,描述了雷达气象学中使用的数学和统计学概念。

1.4 补充阅读

有关雷达气象学早期的更多信息,请读者参考 Fleming(1996)的著作。该书包含了许多与雷达有关的历史记录,其中有一章是关于雷达气象学的起源,其余章节描述了其他一些气象活动(例如雷达应用于广播电视节目),在这些活动中雷达发挥的作用。要对雷达气象学的历史进行最为彻底的讨论,Atlas(1990)的著作是一个好的选择:它包含了截止到1990年雷达气象学知识的汇编,其前面的章节主要讨论了雷达在各个机构的最早应用以及历史上雷达对各个气象学专业方向的影响。

第 2 章 天气雷达测量基础

2.1 雷达:一种主动遥感传感器

我们依靠各种感知机制收集周围世界的信息。有些机制,如触觉或味觉,是基于实地感知的:传感器必须与一个对象直接接触,以收集有关它的信息。其他如视觉,则使用遥感机制,即传感器可以远离物体一些距离。要让遥感器件工作,信息必须在物体和传感器之间传播。大多数遥感器件依靠声波(声音)探测或电磁(EM)波(光、热、无线电波等等)探测来收集信息。

虽然遥感应用非常多样化,但数据采集的原理和过程是极为相似的。大多数遥感器件主要选择指定方向测量一定波长范围内接收的能量随时间的变化。这种能量是通过观察物体发射或反射而来。

雷达(radar)是无线电探测和测距(radio detection and ranging)的缩写,指的是一种仪器,其用无线电或微波频率发出一个强的信号,然后侦听回波,回波是信号从被称为目标的物体反射回来的(要记住雷达首先是一种军事仪器)。因为雷达照射目标——就像照相机和闪光灯一样,而不像我们的眼睛依靠太阳那样的外部光源,因此也被称为主动遥感器。

由于对能源的需要,像雷达这样的主动遥感器往往比被动遥感器,如卫星成像仪,更为复杂。但额外的复杂度也有好处。因为我们知道发射的是什么以及什么时候发射。主动遥感器与被动传感器相比可以进行额外的测量:信号发射和回波接收之间的时间间隔是多少? 接收信号与发射信号相比有多强? 信号的频率或极化是否发生了改变? 这些关键信息给我们提供了关于所研究对象以及传感器和观测对象之间介质的更多线索。根据这些测量,并且给定一个模型或我们心中期望观测得到的图像,就可以解释测量的属性,进一步获得物体的尺寸、组成和距离等信息。所有的遥感器都依赖于探测和解释系统的结合。正如我们使用眼睛和大脑来了解观察到的场景一样,人工传感器使用仪器和数据处理软件作为探测-解释系统。最后一步至关重要,但是并没有得到很好的认识:无论传感器复杂程度如何,它受限于解释其获得信息所依赖的假设以及其在数据处理系统中如何实现。正如我们的眼-脑系统可以被欺骗(光学错觉就是证据),基于雷达的系统也是如此。

那么,雷达是怎么工作的呢?

(1)雷达首先产生一个很强的微波信号。产生信号的任务由雷达发射机完成。

(2)雷达将该信号集中在一个方向,从位于该特定方向的目标获取信息,这是天线扮演的角色。

（3）雷达从目标接收（非常）微弱的回波,返回信号的强度是发射信号的一小部分。通过天线,信号的接收成为可能,天线将回波信号聚焦返回雷达系统和接收机中。

（4）雷达从接收到的信号中提取尽可能多的原始数据,例如,目标距离、回波强度和速度。信号处理器执行这一任务。

（5）雷达处理原始数据获取气象信息。由"雷达产品生成"硬件和软件处理大量数据,生成气象学家感兴趣的信息。

（6）使用"雷达产品显示系统"显示和发布信息。

值得注意的是,包含在最后两项功能中的模块物理上来说可能在雷达站,也可能不在雷达站;因此,其是否作为雷达系统的一部分见仁见智。然而,它们的存在对于利用所获得的信息必不可少。要快速了解雷达系统是什么样子,请查阅补充电子材料[①] e02.1。

在简要介绍雷达之后,让我们把注意力转移到我们打算用雷达干什么,即:收集有关大气的信息。

2.2　微波和大气

我们通常凭直觉了解可见光波长大气的许多性质。比如,我们知道干燥的大气在大多数情况下都是透明的,除了一些蓝色光线的散射会导致白天蓝色的天空。我们也知道,云以及较少量的降水,在可见光谱频段对所有波长都能产生散射,形成白色的云和浅灰色的降水痕迹。然而,这些特性随波长会发生很大变化。因此,大气和微波之间的相互作用与可见光波长涉及的辐射有很大不同。此外,物理和工程方面的考虑决定了什么样的信息可以通过微波主动遥感获得,它们以复杂的方式互相关联。为了理解遥感是如何在微波波长上工作的,我们必须摆脱一些先入为主的偏见,尝试从雷达系统的角度来观察这个世界。

2.2.1　无线电波和微波大气窗口

在物体和传感器之间传输信息,两者之间的介质必须允许信息通过。大气对电磁波的透明度主要取决于这些波的波长。图 2.1 说明了晴朗和多云大气中天顶处各种电磁波的直接透射率。大气只对电磁波谱的有限区域透明,称为大气窗口。这些窗口包括可见光、近红外和热红外的狭窄区域,以及微波的较长波段和无线电波的较短波段（从 1 cm 到几十米）的大窗口。雷达在后者区域运行,而基于激光的系统称为激光雷达,其工作在红外、可见光和紫外波长区域。有趣的是,更长的微波和无线电波也能在云和大多数风暴中传播而不会被严重衰减。这种罕见的全天候大气

[①]　补充电子材料见原版书封底链接,下同;电子材料如有需要请联系 huanghl@cma.gov.cn。

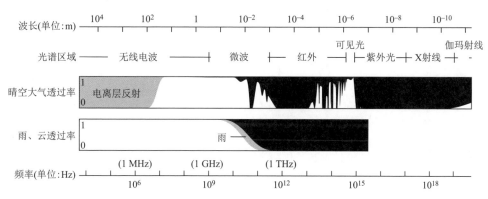

图 2.1 从无线电波到伽马射线的电磁波谱,以及晴空大气、雨和云的直接天顶透射率随
波长的变化。高透射率的光谱区域(所有白色区域)是大气窗口

窗口使雷达能够看穿风暴,并且覆盖比地面光学遥感更广泛的区域。

无线电波和微波大气窗口波长覆盖四个数量级,雷达在整个范围内工作。相比之下,热红外和可见光波长"只"相隔 1.3 个数量级。这种差异大到足以从根本上改变可以观察到的大气属性和用于观测它们的仪器。基于这一发现,我们这么理解是正确的,即:在无线电波窗口一端工作观测大气的雷达与在另一端工作的雷达差异很大,并且会观察到非常不同的属性。

2.2.2 散射机制

散射可以被宽泛地定义为被称为散射体的粒子或物体的入射辐射的再次辐射。当在折射率为 n_1 的介质中传播的电磁波遇到折射率为 n_2 的介质时,就会发生部分反射。大气中折射率的变化可以很清晰,也可能很模糊。清晰的边界发生在两个不同物体之间的界面上。大气和水之间的空气-水边界是清晰边界的例子。如果介质的性质逐渐改变,则在同一介质中就会出现模糊的边界。一个例子是空气-空气边界,特定密度和湿度的空气其折射率可能与附近不同密度和湿度的空气块略有不同。

在大气中,散射体的大小差异很大,从气体分子($\sim 10^{-10}$ m)到不同温度和湿度的空气层(几米)。根据它们的大小和入射电磁波的波长,散射体将与该电磁辐射产生不同的作用,并且散射可见光很好的物体在微波波长下可能不起作用,反之亦然。因为这对于理解雷达所观察到的内容至关重要,我们将进一步进行研究。

2.2.2.1 边界清晰的目标

大多数情况下,任何时刻雷达对大气体积进行采样,可以同时观察到如雨滴等多个目标。此时,我们感兴趣的是通过介质单位长度 s 后入射辐射被散射的部分。该量值被称为体积散射系数 β。不考虑衰减时,由于散射造成波长 λ 的能量通量 E 的变化可表示为:

$$\frac{\mathrm{d}E(\lambda)}{E(\lambda)} = -\beta \mathrm{d}s \tag{2.1}$$

对具有单位折射率的介质中直径为 D 的球形散射体,体积散射系数为:

$$\beta = \frac{\pi}{4} \int_0^\infty N(D)D^2 \xi_s(n(\lambda),D,\lambda)\mathrm{d}D \tag{2.2}$$

式中,$N(D)\mathrm{d}D$ 是单位直径间隔直径为 D 的散射体个数(译者注:$N(D)$ 为单位体积内直径在 D 和 $D+\mathrm{d}D$ 之间的粒子个数,单位如:"个$/(\mathrm{m}^3 \cdot \mathrm{mm})$"),$\xi_s(n(\lambda),D,\lambda)$ 是散射效率因子,$n(\lambda)$ 是散射体的复折射率。因此,散射强度就是雷达波束路径上散射体横截面积($\int N(D)D^2\pi/4\mathrm{d}D$),以及给定散射体大小与折射率的每个散射体散射辐射效率的函数。

效率这个术语很复杂,但有一些相对简单的表达式。当散射体周长 πD 与波长 λ 相当时,会出现一个关键的转折点。我们定义尺度参数 γ 为这两个量的比值,即:

$$\gamma = \frac{\pi D}{\lambda} \tag{2.3}$$

对于比波长小得多的散射粒子($|n(\lambda)\gamma| < 1$),$\xi_s(n(\lambda),D,\lambda)$ 可以近似表示为:

$$\xi_s(n(\lambda),D,\lambda) = \frac{8}{3}\gamma^4 \int_0^\infty \left| \frac{n^2(\lambda)-1}{n^2(\lambda)+1} \right|^2 \tag{2.4}$$

发生在这个区域的散射常称之为瑞利(Rayleigh)散射或者瑞利区的散射。对于比波长小得多的粒子,式(2.2)变为:

$$\beta = \frac{2\pi^5}{3\lambda^4} \left| \frac{n^2(\lambda)-1}{n^2(\lambda)+1} \right|^2 \int_0^\infty N(D)D^6 \mathrm{d}D \tag{2.5}$$

如果 $n(\lambda)$ 没有大的变化,可以看出,在这样的条件下,散射正比于粒子尺寸的六次方除以波长的四次方。例如,在可见光波段,空气分子大小比波长 λ 要小得多,因此,空气分子对较短波长(蓝色)的散射要比对较长波长(红色)的散射强得多,使得天空呈现蓝色。对于雷达波长(λ 通常为几厘米量级),大多数大气目标表现为瑞利散射。因此,使用较短波长的雷达会增加降水粒子的散射,这就是为什么在二战期间只有当雷达波长缩短的时候在雷达上才可以见到降水。这也是天气雷达趋向于以大气窗口允许的最短波长工作的原因之一。此外,散射正比于 D^6,显然较大物体比较小物体散射比重更大,回波强度由雷达波束照射到的较大粒子主导。

对于散射体远大于波长的情况,$\xi_s(n,D,\lambda)$ 失去了对波长和粒子直径的直接依赖,仅取决于折射率 $n(\lambda)$。在这种情况下,如 $n(\lambda)$ 依然没有大的变化,从式(2.2)可见,散射独立于 λ 且与每个粒子的截面面积成正比。在可见光波段,β 相对于波长的相对独立性使云呈现白色。因为这一区域描述了发生在可见光波段的大部分散射,因此也被称为光学散射区或者非选择性散射区。

在此两个区域之间,根据辐射波长的具体数值和粒子大小,会发生相长干涉和相消干涉,$\xi_s(n,D,\lambda)$ 波动很大。这个区域被称为米散射区或共振散射区。

方程(2.5)适用于总散射。但散射方向图不是各向同性的,在一个方向和另一方向上的散射能量可能有很大差异。对于雷达测量，人们通常只关心返回到雷达的散射，或后向散射。因此，重要的是所谓的单目标后向散射截面 σ_b 以及表示单位体积内 σ_b 总和的雷达反射率 η。单目标后向散射截面 σ_b 表示与目标物一样返回相同的功率到雷达时，一个完美的球形各向同性散射粒子在光学散射区应具有的截面面积。它们可近似表示为：

$$\eta = \int_0^\infty N(\sigma_b)\sigma_b\,\mathrm{d}\sigma_b = \frac{\pi^5}{\lambda^4}\left|\frac{n^2(\lambda)-1}{n^2(\lambda)+1}\right|^2\int_0^\infty N(D)D^6\,\mathrm{d}D \tag{2.6}$$

和

$$\eta = \int_0^\infty N(\sigma_b)\sigma_b\,\mathrm{d}\sigma_b = \frac{\pi}{4}\left|\frac{n(\lambda)-1}{n(\lambda)+1}\right|^2\int_0^\infty N(D)D^2\,\mathrm{d}D \tag{2.7}$$

两式分别对应于瑞利区和光学区。图 2.2 描述了在瑞利散射、米散射及光学散射区中，后向散射截面如何随目标尺寸而变化。

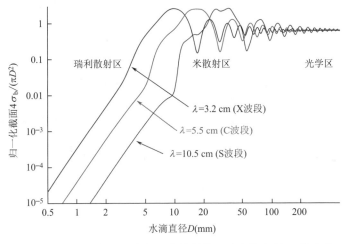

图 2.2　三种波长球形水滴归一化散射截面随水滴直径 D 的变化。
可以很清楚地分辨出不同的散射区域

2.2.2.2　模糊折射率变化

模糊折射率变化造成的反射在概念上表示起来更为复杂。要正确理解它，首先必须从概念上考虑大气中的混合是如何进行的。风和湍流本质上是将空气区域"伸展""折叠"成越来越小的尺度，正如湍流自身从大的漩涡发展出小的漩涡；混合的最后阶段发生在毫米尺度，通过扩散，黏性使湍流破碎。其最终结果是，人们可以观察到小到几毫米的所有尺度上空气性质（如温度和湿度）的变化（图 2.3）。

带电粒子会与电磁波相互作用，因此空气的折射率 n 不是严格为 1，1 是真空中的折射率。在远离电离层的低层大气中，在微波频率段 n 可以近似为：

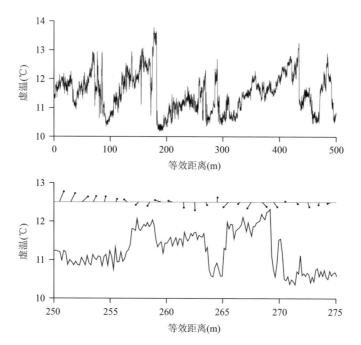

图 2.3　热力学变量精细尺度变化图。上图:地面 10 m 虚温超声观测随时间的变化,时间乘以风速后换算为等效距离。下图:25 m 区间的放大图,最大值为 1.2 m/s 的相对风速扰动矢量绘制在温度图的上方。在探测的所有尺度上都可以观察到明显的虚温变化。该图中使用的数据是在雪面通量试验(Flux Over Snow Surfaces)期间 2003 年 4 月 1 日收集的(Mahrt 和 Vickers,2005),由美国国家大气研究中心的 Steve Oncley 提供

$$n = 1 + 10^{-6}\left(\frac{0.766P}{T} + \frac{3.73 \times 10^3 e}{T^2}\right) \qquad (2.8)$$

式中,P 和 e 分别为空气压力和水汽分压(用 Pa 表示),T 是 K 氏温度。由于折射率取决于温度和湿度,所以它在大气中的所有尺度上都具有可变性。波长为 $\lambda/2$ 结构的回波会发生相长干涉,使得即使在折射率变化非常小的情况下也可测量得到。这是在没有云或降水的情况下发生的,因此这一过程所产生的回波被称为"晴空回波"。

我们来考虑一下在距离 r 和 $r + L$ 处的折射率 n。充分发展的湍流确定了折射率及其梯度的空间变化,研究表明,均方折射率变化 $\overline{[n(r)-n(r+L)]^2}$,也被称为折射率结构函数,适用于 1 cm 到 10 m 量级之间的距离 L(Tatarskii,1971):

$$\overline{[n(r)-n(r+L)]^2} = C_n^2 L^{2/3} \qquad (2.9)$$

式中,C_n^2 为折射率结构参数。根据该参数及给定结构函数(2.9)与 $L^{2/3}$ 的关系,可以确定折射率变化的雷达反射率为:

$$\eta \approx 0.38 C_n^2 \lambda^{-1/3} \qquad (2.10)$$

因此晴空回波的反射率与波长有弱的相关性,而与此对照,瑞利区后向散射与

波长相关性则较强(式(2.6))。这种差异解释了为什么波长较短的雷达能更好地观测诸如降水之类的小目标,而波长较长的雷达更容易看到晴空回波。

图 2.4 说明了导致辐射散射的过程与散射体大小和辐射波长的关系。在传统的雷达波段,从空气分子到大的水凝物粒子,大多数目标都是瑞利散射。由于这些目标的回波与其大小的六次方成正比,主导可见光波长散射的非常小的目标(如空气分子和云)基本上不可见,而冰雹、雨滴和雪花将最容易探测到。而且,随着波长的增加,降水目标的回波将迅速减少,从而使来自于折射率梯度的相对较弱的回波变得可以探测。

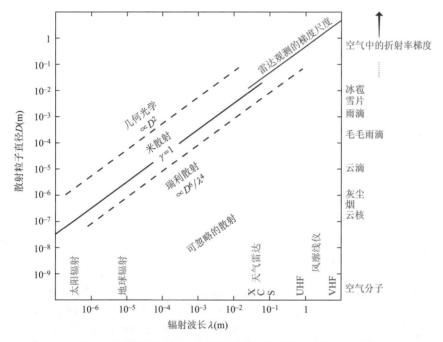

图 2.4　散射区和散射过程与辐射波长及散射粒子尺寸的关系

2.2.3　雷达的类型

用于大气遥感的雷达的类型和特性取决于遥感物理以及雷达应用在什么领域。决定雷达探测能力的关键参数是波长:它不仅决定了其对不同目标散射强度的影响,进而确定可以观测到什么,而且也影响了各种雷达技术上的问题。其他需要考虑的最重要的因素是雷达的波束宽度。雷达的角分辨率取决于天线的大小和所使用的波长。如果我们考虑一个直径为 D_a 的抛物面反射体天线,这是一种典型的微波雷达天线设计,该雷达的角波束宽度(单位为弧度)为:

$$\theta_{\text{beam}} \approx 1.22 \frac{\lambda}{D_a} \tag{2.11}$$

　　这意味着,如果选择较长的波长,要得到相同的角分辨率就需要较大的天线直径 D_a。例如,由式(2.11),为了使用 1°波束宽度(标准的天气监视雷达角分辨率)观察风暴的细节,则需要一个直径约为 70λ 的天线。对于 5 cm 波长,对应的合理尺寸为 3.5 m,而在 30 cm 波长,直径必须达到 22.5 m。因此从必要性上来说,波长较长的雷达一般都有较大的天线。较大的天线也有助于提高灵敏度,而具有大天线且在长波长工作的系统能够观察到对于其他系统不可测的晴空回波信号。但短波长雷达对于小的目标能够很容易达到较高的分辨率和灵敏度。因此,不同波长的雷达有不同的优点和缺点,也使它们适合于不同的应用。

　　由于上面提到的原因,通常长波长($\lambda > 20$ cm)的窄波束雷达是不切实际的,特别是如果希望天线能够移动。然而,来自折射率梯度的相对较弱的回波可以在对流层及其上方观察到,因此有可能在所有天气条件下获得这些信息。特别是,可以利用多普勒效应测量风速和风向。

　　利用这种优势,设计了一类特殊的雷达,采用位于地面的大型天线阵列来测量传感器上方风随高度的变化(图 2.5)。这种雷达被称为风廓线仪(译者注:或称风廓线雷达)。风廓线仪根据其波长有几种类型:除非存在降水,短波长风廓线仪($\lambda \approx 30$ cm)限于在边界层内观测,而波长逐渐增大的风廓线仪(从 75 cm 到 6 m 以上)可以在逐渐增加的高度上进行有效的观测,最后称为"中层-平流层-对流层"(MST)雷达(Hocking,2011)。某些风廓线仪还带有可以发声的喇叭,声波波长接近 $\lambda/2$。风廓线仪可以检测出声波并测量其速度。由于声速是(虚)温度的函数,因此可以从该信息导出温度廓线。后者被称为无线电声学探测系统(radio acoustic sounding system),或 RASS。

图 2.5　位于日本长崎(Shigaraki,Japan)的中高层大气(MU)雷达,是一个由天线阵列组成的大型 MST 风廓线雷达

当把波长减小到几厘米时,直径为几米的大天线可以有良好的角分辨率。但这些雷达一般不会受到衰减的严重影响,因为我们仍很好地处于微波大气窗口,并且可以获得远至几百千米的数据。同时,折射率梯度回波已变得非常弱,主要回波就是降水尺寸的水凝物粒子这样最大的瑞利目标(图 2.4)。因此,这类雷达通常用于天气监视,大多数国家气象雷达网使用 5 cm 或 10 cm 波长雷达(图 2.6)。在这两个波长之间做选择一般是基于财政考虑、过去特定系统的经验、气候条件以及强降水引起的衰减问题的重要性等。至于比较短的波长(例如 3 cm),我们可以找到用于研究的移动雷达:这种雷达设计得足够小,可以在道路上移动,因为衰减比较严重,所以牺牲了远距离扫描覆盖能力,但是可以更靠近感兴趣的风暴而获取高分辨率图像(图 2.7,左图;补充电子材料 e02.2)。

图 2.6 天气监视雷达的例子。从左上方开始顺时针方向:丹佛(美国)地区 WSR-88D (KFTG)外景;天线罩内部 KFTG 天线和底座;纽约洛克菲勒大厦顶部的电视台自有雷达;巴西圣保罗州的扫描雷达系统;科罗拉多州 S-POL 可移动研究雷达

如果我们继续将波长降到 1 cm 及以下,对于天气监视的应用,雷达穿透降水的能力会受到很大限制。并且因为降水粒子大小的目标,如雪花和雨滴成为米散射粒子,其回波就没有那么强且更难解释,而较小的粒子如云滴和冰晶则成为关注的主要目标。同时,这些雷达系统的灵敏度很高,可以做得非常紧凑(图 2.7,右图)。因

图 2.7　左图:等待风暴的俄克拉何马州移动研究雷达。右图:部署在船上的短波长云
　　　　雷达(云雷达照片由 Prosensing 公司友情提供)

此,它们通常用于短距离探测或一些特殊的应用,这些应用需要非常高的灵敏度(用于云的探测)、非常高的分辨率(用于研究)或者小型化的雷达系统(星载雷达)。

2.2.4　雷达波段的命名规范

　　微波波谱被细分为波段。第二次世界大战期间,这些波段被赋予"字母命名",部分原因是为了使得对雷达项目可能的间谍活动复杂化。受过培训的专家在战争结束后一直使用这种命名惯例,至少在民用雷达领域是这样,并且一直沿用到今天。图 2.8 说明了与这些雷达波段相关的波长,以及微波和无线电电磁波谱的其他用途。由于频率分配规则,天气雷达通常局限于大约 10 个窄的波段,每个波段之间的距离大约是邻近波段波长的两倍。这意味着,大多数天气监视雷达要么在 S 波段($\lambda \approx 10.5$ cm),如美国的 WSR-88D 雷达,要么在 C 波段($\lambda \approx 5.5$ cm),为许多欧洲国家所采用。偶尔,短的探测距离和低成本的雷达工作在 X 波段($\lambda \approx 3.2$ cm)。较短波长的波段主要用于研究或者星载雷达。

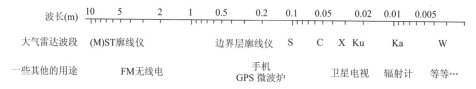

图 2.8　气象使用的雷达波段命名约定和波长。最常用的波段用粗体表示

　　因此,雷达的种类繁多,取决于微波频率的测量原理,所观测目标的性质和类型,以及预期的应用。风廓线仪和天气雷达有不同但互补的作用,前者根据折射率梯度回波探测风随高度的变化,而后者通常追踪与风暴相关的降水粒子目标。除了这些业务上使用的雷达系统外,还有许多专门的雷达补充其中的不足,其所有的功能均基于相同的原理。

2.3　大气中的传播

大气不仅为雷达提供了目标物,而且也充当了雷达波传播的介质。当其在大气中传播时,电磁波会发生折射和衰减现象。

2.3.1　折射

当介质(空气)的折射率 n 发生变化时,雷达波在其中传播会发生折射或改变其方向。大多数入门的物理教科书告诉我们,大气中折射率 n 基本上为1,即真空中的折射率值。实际上,如式(2.8)所示,n 依赖于压力、温度和湿度。在近海平面处,n 约为 1.0003,或者比1多出 300 ppm[①]。当 n 确实接近1时,地面和深度空间之间的空气折射率的逐渐变化将显著地弯曲雷达波的轨迹。

考虑下面的例子。介质的折射率在 n_1 和 n_2 之间突然发生变化,Snell 定律告诉我们,$n_1\sin\alpha_1 = n_2\sin\alpha_2$,其中 α_1 是入射光与两种介质之间界面法向之间的入射角,α_2 为出射光线与同一法向之间的出射角(图 2.9)。如果 α_2 大于等于 90°(译者注:此处原文为"如果 $\sin\alpha_2$ 大于1"有误,原文为:"If the computation of $\sin(\alpha_2)$ leads to a number greater than 1"),就会发生全反射而非折射。雷达以 0.5°仰角扫描时,可以很容易地计算出只需要 40 ppm 的平行于地面的显著折射率梯度就足以发生全反射:这是因为 $\sin\alpha_1 = \sin 89.5°$,等于 0.999962,这个数已经非常接近1。

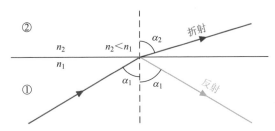

图 2.9　两种介质①、②之间长的折射率边界的几何反射(黑色)和折射(灰色)
(给定辐射来自于左下方介质①)

大多数情况下,n 随高度逐渐变化。我们设折射率 $N = 10^6(n-1)$,对应于式(2.8)圆括号中的量。平均而言,在自由对流层,N 随高度增加呈指数下降,即 $N = N_0\exp(-z/H_0)$,其中 N_0 为地面的折射率,而 H_0 为大气折射率的标高(或指数递减距离),取值在 6～9 km 之间。近地面处,dN/dz 变化很大,尤其是在夜间和发生对流的时候,通常这时候低层温度和湿度廓线变化最大。给定 dn/dz 值,可以发现(Bean 和 Dutton,1966)雷达波束会折向较高的 n,其曲率半径为 r,有:

---

① 1 ppm = 1×10^{-6},下同

$$\frac{1}{r} = -\frac{1}{n}\frac{\mathrm{d}n}{\mathrm{d}z}\cos\theta' \qquad (2.12)$$

式中,θ'是传播方向与水平面的夹角(图 2.10,左)(译者注:图 2.10 中未标注 θ')。因此该曲率在波束近水平时为最大值。对于典型的 $\mathrm{d}n/\mathrm{d}z$ 值,雷达波束通常向地面轻微弯曲回来,但与地球半径相比具有更大的曲率半径。

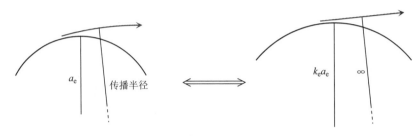

图 2.10　简化雷达波束轨迹计算的放大地球半径近似图解

　　计算波束高度随距离的变化是很有挑战性的,因为我们试图测量弯曲的波束与弯曲的地球表面之间的距离。为了简化计算,可以假设该问题等价于雷达波在行星上以直线方式传播,从而"拉直"波束的轨迹,其等效半径为 $k_e a_e$,其中 a_e 为地球半径,即在近地面 1 km 以内,$\mathrm{d}n/\mathrm{d}z$ 平均约为 -40×10^{-6} km^{-1}。将其用于式(2.13),在低仰角($\cos\theta'\approx1$)时,得到 $k_e\approx4/3$。这种"4/3 地球半径近似"通常用于计算无线电波在地面附近的传播,例如微波链路。在雷达气象学中,利用该近似可计算正常传播条件下雷达波束在何处碰到地面,因此在该处应观测到地物回波(详见附录 A.1)。在大气中更高层,平均而言,$\mathrm{d}n/\mathrm{d}z$ 随高度升高而降低,所以波束曲率也随之减小。因此,4/3 地球半径近似趋于略低估波束高度,尽管该差异只是波束宽度的一小部分。

$$\underbrace{\frac{1}{a_e}}_{\text{地球曲率}} - \underbrace{\left(-\frac{1}{n}\frac{\mathrm{d}n}{\mathrm{d}z}\cos\theta'\right)}_{\text{波束曲率}} = \underbrace{\frac{1}{k_e a_e}}_{\text{修正的地球曲率}} - \underbrace{0}_{\text{直线波束}} \qquad (2.13)$$

　　当 $\mathrm{d}n/\mathrm{d}z$ 接近正常值时($\mathrm{d}n/\mathrm{d}z$ 在 -40×10^{-6} km^{-1} 附近,或者 $\mathrm{d}N/\mathrm{d}z$ 在 -40 km^{-1} 附近),就具备了正常的传播条件。异常传播发生在 $\mathrm{d}n/\mathrm{d}z$ 明显偏离正常值的情况下,比如当 $\mathrm{d}n/\mathrm{d}z>0$ 或 $\mathrm{d}n/\mathrm{d}z<-80\times10^{-6}$ km^{-1} 时。有时,n 的下降率小于平均值。在这种情况下,将出现亚折射条件,意味着雷达波束曲率减小,导致波束高度高于预期。亚折射条件出现时,温度随高度降低的速度比正常情况快,并且/或者水汽比正常的情况随高度减小(或者增加)得慢。气象上,这些条件是很难获得的,亚折射极少有很强的情况。因此,其结果较为和缓。

　　在其他情况下,n 的下降率大于平均值。此时,可以观测到超折射现象,雷达波束曲率增强,并且波束比预期得要低。超折射是指温度随高度降低(或增加)比正常值要慢,并且/或者水汽随高度降低比正常值快。夜间逆温、锋面、风暴出流及暖空气流经冷的水面都会引起雷达和无线电波的超折射。当 n 下降异常迅速，以至于 dn/dz 变得比负的地球曲率（$-1/a_e$）或者 -157×10^{-6} km^{-1} 更小时，会发生一种特殊的超折射。当此发生时，波束的曲率半径比地球表面的曲率更小，波束会折回地面。如果这一层大气的 dn/dz 有比较高的负值且有足够的厚度和/或其高度足够低，就会发生雷达波的"捕获"现象，很大一部分雷达波束不能穿透该层。

地表附近超折射条件的后果之一是，大于正常水平的雷达波束将击中地面。雷达显示器上将出现比平时更多的地面目标（补充电子材料 e02.3），这些不寻常的地面目标被称为异常传播（anomalous propagation）回波，通常缩写为 anoprop，或简写为 AP（图 2.11）。

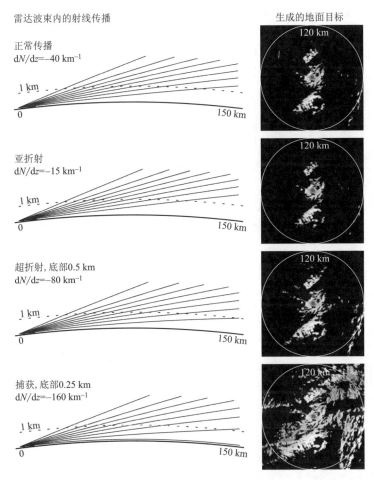

图 2.11　左图：不同传播条件下（正常、亚折射、近地面超折射和近地面捕获）雷达波束（1°波束宽度，0.5°仰角）中的一些元素或射线的轨迹。右图：以雷达为中心 240 km×240 km 区域内的地面回波形态模拟图，本例采用加拿大蒙特利尔（Montreal, Canada）麦吉尔（McGill）雷达

2.3.2　衰减

除了折射,微波还存在衰减现象。衰减是决定微波大气窗口在较短波长终止的主要因素(图2.1)。大气导致微波衰减的原因很多(图2.12)。氧和水汽吸收一些微波,特别是在某些波段(H_2O是1.3 cm,O_2是5 mm)。液态云和降水引起的衰减随频率的增加而稳定增加。除了最为极端的情况,频率低于3 GHz(波长大于10 cm)时衰减很小,且容易修正。随着频率增加,就需要更加关注。例如,波长为3 cm时,在一个宽度为5~10 km雷暴单体后面的回波要比没有上述单体弱95%(图2.12和2.13)。波长越短,衰减越大,这不仅缩短了其最大测量范围也限制了其在降水监测中的应用。衰减的最后一个原因是湿的天线罩(通常用于遮盖天线的高尔夫球状圆顶,如图2.6)。当水膜覆盖天线罩,就可能导致大的衰减,尤其是在较短的波长(补充电子材料e02.4)。因此,当试图定量地使用雷达数据时,衰减可能是一个严重的限制。补充电子材料e02.5提供了关于衰减的更多定量信息。

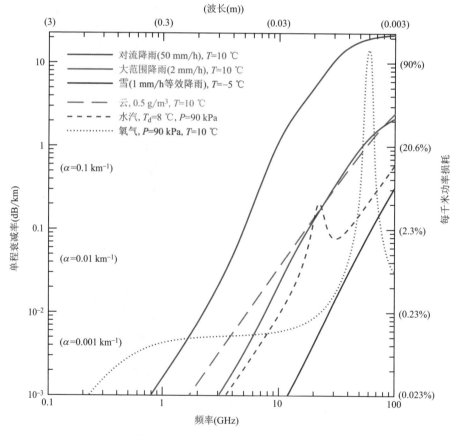

图2.12　不同气体和水凝物粒子单程衰减率或吸收率 α 随频率的变化

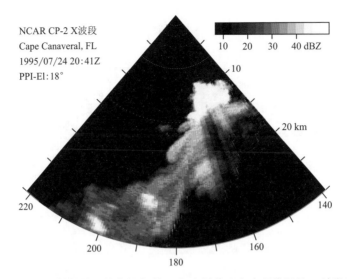

图 2.13　佛罗里达州雷暴反射率的扇形显示,由图像上方尖顶位置的 X 波段雷达观测(较为明亮的颜色表示较强回波)。直径 5 km 的主单体很强,导致其背后面的(译者注:离开雷达远端)回波强度明显减小

2.4　基本雷达测量

现在首先来看看如何解释返回信号中包含的信息。

2.4.1　定时、测距和径向速度

我们重点关注雷达如何测量不同距离处单个目标的强度和径向速度。图 2.14 用一个复杂的图示将所有信息集中起来。充分理解如何实现这些功能最好的方法是阅读下面几句话并仔细查看图 2.14 的相关部分。雷达发射一个脉冲,天线以某个方位、仰角指向一个特定方向。即使天线在运动,在雷达脉冲到达目标并返回接收机的短时间内可以认为其指向保持恒定。图 2.14a 所示雷达波束照射不同大小的四个点目标,目标位置与雷达的距离从 r_1 到 r_4 不等。这些目标朝着不同的方向移动,两个接近雷达,一个向远处运动,还有一个是静止的。

现在我们来考虑雷达脉冲随着时间如何在距离上传播(图 2.14b)。从时间 t_0 开始,雷达发射高频微波短脉冲 τ。该脉冲由垂直条纹区域表示,以光在空气中的速度 c/n 在大气中传播。当脉冲到达四个目标,其能量的一小部分将被反射回来,并在 t_0 后的某一时刻到达雷达。每个目标的回波用水平条纹表示。这样就可以通过下式利用每个回波到达的时间 t_1 到 t_4 来推断每个目标的距离 r_1 到 r_4:

$$r_i = \frac{c(t_i - t_0)}{2n} \tag{2.14}$$

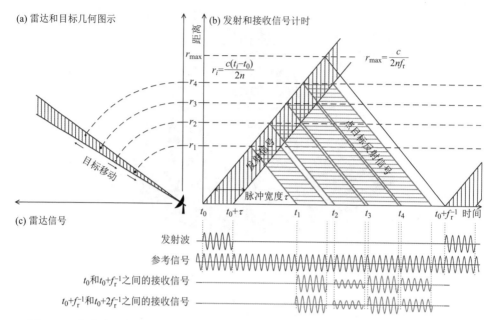

(a) 雷达和目标几何图示

(b) 发射和接收信号计时

$r_i = \dfrac{c(t_i - t_0)}{2n}$

$r_{max} = \dfrac{c}{2nf_r}$

目标移动

脉冲宽度 τ

t_0 $t_0+\tau$ t_1 t_2 t_3 t_4 $t_0+f_r^{-1}$ 时间

(c) 雷达信号

发射波

参考信号

t_0 和 $t_0+f_r^{-1}$ 之间的接收信号

$t_0+f_r^{-1}$ 和 $t_0+2f_r^{-1}$ 之间的接收信号

图 2.14　单个点目标雷达回波特征和计时图解。(a)雷达位于原点时的几何图示,波束轴用垂直条纹表示,四个点目标,两个最近的目标向雷达靠近,最远的目标离开雷达;(b)脉冲宽度为 τ 的发射脉冲(垂直条纹)和从每个点目标来的反射信号(水平条纹)的时间-距离图;(c)发射波图,用以计算目标相位的基准信号及来自于两个连续雷达脉冲的接收信号随时间(或距离)的变化。Fabry 和 Keeler(2003),© 版权 2003 AMS

经过一段时间 f_r^{-1},雷达会发射一个新的脉冲。频率 f_r 被称为脉冲重复频率。脉冲重复频率决定了雷达可观测目标的最大不模糊距离,因为无法区分从该距离以外到达的回波,这些回波不是来自于近距离的回波,而是由上(译者注:原文表达有误)一个脉冲引起的。不模糊距离可表示为:

$$r_{max} = \frac{c}{2nf_r} \tag{2.15}$$

最后,我们重点看下雷达测得的信号(图 2.14c)。如前所述,雷达周期性地发出短脉冲微波(图 2.14c"发射波"线)。每个目标的回波由发射波的一个副本组成,其到达时间由目标的距离决定。从每个目标来的接收信号幅度取决于目标的大小、性质以及目标相对于波束中心的位置。如果我们比较一下回波与发射波基准信号之间的相位差 φ_i,可以得到:

$$\varphi_i = 2\pi f(t_0 - t_i) = \frac{-4\pi f n}{c} r_i \tag{2.16}$$

相位差 φ_i 称为雷达回波的相位。如果发射频率 f 和大气折射率 n 是恒定的,则从一个发射脉冲到下一个脉冲信号相位的变化就直接由目标距离的变化引起。

这就构成了雷达测量目标径向速度能力的基础。通过下式,雷达发射频率也决定了雷达脉冲在大气中的波长 λ:

$$\lambda = \frac{c}{nf} \qquad (2.17)$$

2.4.2　分散目标的雷达回波

对于降水,在任何给定的瞬间,我们都可以在雷达照射的采样体积内发现几十亿个目标。来自于每一个目标的回波结合起来,成为雷达接收到的信号。

图 2.15 和补充电子材料 e02.6 说明了这个过程。图 2.15 中,可以看到三幅图。第一幅显示发射波,另外两幅显示在两个不同时刻 t_1 和 t_2 返回雷达的信号。发射的单频雷达脉冲❶照射一个体积空间(两幅底部插图中的矩形区域)。体积空间中的每一个目标用各种尺寸的圆盘表示,它们将波的一部分返回接收机,返回信号的幅度和相位取决于目标的大小和位置;❷所有目标的回波将相互干扰并相互结合;❸结果将导致一个单一的回波返回接收机。这个回波具有两个主要特性,即振幅 A❹ 和相对于发射波的相位 φ❺。雷达回波也可以表示为一个复数$(A \exp(i\varphi)) = (I + iQ)$,其中 i 是 −1 的平方根,并用矢量表示❺。如果目标随时间移动(注意它们在 t_2 和 t_1 之间的位置变化),其单个回波的相位将会改变。同时,较强目标的回波幅度要更大一些。

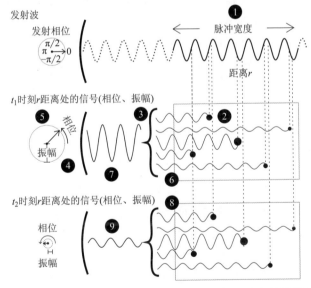

图 2.15　特定距离观测天气雷达信号产生过程图。上图:雷达发射波照射的体积空间,接收回波与之对应。中间图:采样体积内每个目标都散射一个回波,与其他回波信号相结合,形成雷达在 t_1 时刻观测到的信号。底图:与中间图相同,但是在 t_1 后不久的 t_2 时刻(细节见文字描述及补充电子材料 e02.6)(译者注:原文图中有误,最后一行左侧 t_1 应为 t_2)。Fabry 和 Keeler(2003),© 版权 2003 AMS

从这些目标的振幅和相位的测量出发，可以导出天气雷达的基本测量量即反射率和多普勒速度。信号幅度与返回功率 P_r（$P_r = A^2/2$）的平方根相关，且目标的后向散射截面式(2.6)和雷达反射率都可以从 P_r 中得到。测量的相位 φ 是每个目标回波组合的结果，对气象目标意义不大；而其变化率取决于在接近或远离雷达的采样体积中观测到的目标组合得有多快。

因为从所有目标接收到的信号都是波的形式(图 2.15)，它将随所有单个目标回波如何组合而变化。如果多个目标的回波相互增长❻，则所产生的信号就强❼；如果其相互削弱❽，产生的信号就弱❾。当目标物之间发生相互运动、进出采样空间，雷达信号幅度会随时间起伏。雷达从此空间接收到的信号由相长和相消干扰所主导。这种回波起伏发生的速率取决于采样体积内的目标物彼此之间相互运动调整的速度，而非其绝对速度。

由于回波起伏，任何一次反射率测量可能都与平均反射率相似性很小，平均反射率是通过对所有目标位置的组合信号进行平均得到（Marshall 和 Hitschfeld，1953）。但随着测量的增加，回波幅度会随着目标在采样范围内的重新调整随时间演变。独立时间被定义为目标之间产生足够相对运动需要的时间，在统计上，新的目标反射率测量将独立于前一个测量。根据 $\tau_{indep} = \lambda/(4\pi^{1/2}\sigma_V)$，独立时间将随波长 λ 增加而增加，随速度分布 σ_V 的宽度增加而减少。对于微波天气监视雷达及在脉冲体积内的正常切变和湍流，S 波段(10.5 cm 波长)雷达约为 10 ms。由于降水雷达回波的波动性，为获得较好的平均反射率估计，需要得到许多独立的估计。目前，这一事实是决定雷达指向同一方向时间的主要制约因素：必须等待足够长的时间才能获得足够数量的独立测量，以达到所需的反射率精度。由于这些回波的波动，雷达必须在特定方向上连续观察一段时间(几十到几百毫秒)，然后才能获得良好的反射率测量结果。

2.5 天气监视

雷达波可以在大气中远距离传播，雷达几乎能即时提供信息。这就是雷达在天气监视以及气象研究中起重要作用的原因。大气现象具有典型的三维特征，虽然其垂直尺度通常比其水平尺度要小得多。这一事实，再考虑到地球的球形特征就限制了地基雷达可以观察天气的距离(图 2.16)。此外，在单一仰角和方位角获得的信息显然不足以恰当地测量大气现象的类型和强度。因此，适宜的天气监视要求雷达使用尽可能完整进行大气采样的扫描策略。但是天气现象可以迅速移动和发展。因此，雷达使用的扫描策略始终是数据准确性、覆盖率和时间分辨率之间权衡的结果。

一般来说，扫描策略由一系列的三种基本扫描组成。第一种是天线以固定仰角进行方位扫描(图 2.17，左侧)。由此扫描产生的原始图像被称为平面位置指示器，或称为 PPI。此外，PPI 这个术语也被用来指扫描本身，而不仅仅是指其显示器。

图 2.16　垂直剖面与雷达测量几何尺度的关系。波束宽度 1°、仰角 0.5°的波束照射对流层。当波束到达 250 km 处时,将在对流层顶部采样一个大的体积;在此范围之外,雷达很快就看不见下面的天气了

PPI 常用于水平分辨率优先于垂直分辨率的情形。第二种扫描方式是指天线在固定方位上扫描(图 2.17,中间)。由此种扫描生成的原图被称之为距离-高度显示,或者RHI。RHI 主要用于研究性系统,此时需要更高的垂直分辨率。最后一种"扫描"是一段时间内天线仰角和方位保持不变。这些距离-时间显示主要用于有限扫描能力的雷达如风廓线仪,或者用于获取很高距离和/或时间分辨率数据的雷达。当仰角为天顶或天底时,也被称为高度-时间显示(HTI,图 2.17,右侧)。

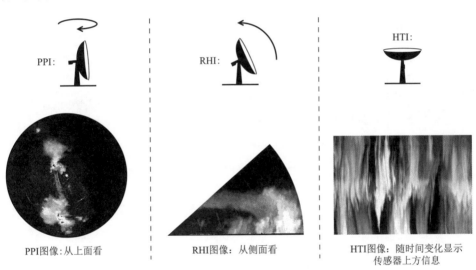

图 2.17　三种基本雷达扫描图:PPI(左),RHI(中)及 HTI(右)

典型的天气雷达通常使用一系列 PPI 进行大气扫描。图 2.18 显示了一种在风暴发生条件下美国的 WSR-88D 雷达所使用的扫描策略。目前还没有标准的方法来确定如何选择最佳扫描仰角。然而,可以使用一些基本原则。例如,低仰角的扫描覆盖最大区域,因此包含的信息最多。此外,如果地球的曲率影响被忽略,可以证明要在某一高度的远端和近端获得相同的测量,角度必须间隔使得 $\tan\theta$ 呈几何增长。最后,天气监视雷达可以扫描的角度数量有实际的限制:由于恶劣天气可能迅速发展,一个完整的测量周期不应超过 5～10 min。因此,角度的数目将很少超过 25 个,最大仰角一般小于 40°。因此,天气监视雷达常常对其上方的天气视而不见,而此未被探测的区域被称为"静锥区"。

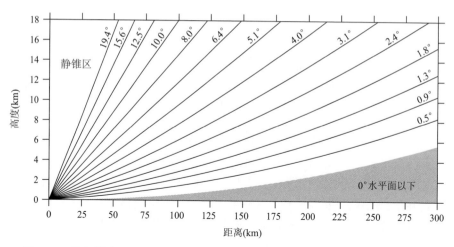

图 2.18　体扫模式 VCP12 14 个仰角波束高度随距离的变化,用于美国 WSR-88D
雷达扫描体积覆盖模式♯12

　　正如我们在本章中所看到的,雷达可以观测到什么,是由散射和传播物理、设备指标和扫描策略综合决定的。要了解更多关于雷达的内容及其如何工作,你需要等到第 13 章。目前,我们提出了雷达所需的最低物理和技术考虑,以理解从它们可以获得什么信息。现在可以将注意力转向数据处理和问题解释。

第3章 雷达反射率及产品

天气雷达在扫描过程中接收基于自然球坐标系的回波信号,这些信号需要转换成具有气象意义的产品才能使用。雷达产品可以被描述为在某个特定投影面上的气象量场。本章讨论产品的场及投影。历史上,气象产品是设计出来给预报员使用的,但雷达导出信息越来越多地为其他算法所使用,比如结合其他数据源的数值模式算法。

使用雷达数据能够制作生成多种气象场的图形、图像。本章重点关注基于回波信号强度的产品。为方便应用,强度信号必须转换成具有气象意义的量,比如降雨率。这可以通过雷达方程来实现。

3.1 雷达方程

在对目标物性质进行一些合理假设后,可以对给定距离接收的平均功率 $P_r(r)$ 进行定量解释。在第 2 章中,我们看到绝大多数降水目标物粒子尺度远远小于常用的雷达波长,因此其表现为瑞利散射粒子。对于这样的目标物,定义一个单位体积的雷达反射率因子 Z 会比较方便:

$$Z = \int_0^\infty N(D) D^6 \mathrm{d}D \tag{3.1}$$

式中,$N(D)$ 表示单位体积内直径为 D 的水凝物粒子数量。雷达反射率因子是我们希望使用气象雷达获取的目标物性质之一。由于一些历史原因,同时为了避免频繁使用大的负指数观测量,Z 就用一个非标准单位 $\mathrm{mm^6/m^3}$ 来表示。$1\ \mathrm{m^3}$ 中有 1 个直径为 $1\ \mathrm{mm}$ 的粒子时,反射率因子为 $1\ \mathrm{mm^6/m^3}$,而 3 个直径为 $2\ \mathrm{mm}$ 的粒子,其综合的反射率因子为 3×2^6 或者 $192\ \mathrm{mm^6/m^3}$。

使用雷达方程可以从观测量得到雷达反射率因子的信息。根据使用的假设条件的不同,雷达方程会有些差异,存在多种不同的表达形式。一种比较便利的采用抛物面天线的雷达方程版本可写为:

$$P_r = \underbrace{\frac{1.22^2 \times 0.55^2 \times 10^{-18} \pi^7 c}{1024 \log_e 2}}_{\text{常数}} \underbrace{\frac{P_t \tau D_a^2}{\lambda^4}}_{\text{雷达参数}} \underbrace{\frac{T(0,r)^2}{r^2}}_{\text{路径}} \underbrace{\parallel K \parallel^2 Z}_{\text{目标性质}} \tag{3.2}$$

式中,P_t 是发射脉冲功率,τ 是脉冲持续时间,D_a 是天线直径,T 是沿从雷达(距离为 0)到采样体积(距离为 r)之间路径的大气透射率。$\parallel K \parallel^2$ 是散射粒子介电常数,其与水凝物的复折射指数 $n(\lambda)$ 的关系如下:

$$\parallel K \parallel ^2 = \left\Vert \frac{n(\lambda)^2 - 1}{n(\lambda)^2 + 2} \right\Vert \tag{3.3}$$

式(3.2)中,除 Z 的单位采用 mm^6/m^3 之外,其他所有参量都采用国际单位制。如果有兴趣,请参见式(3.2)的推导过程,其在补充电子材料 e03.1 中进行了解释。式(3.2)成立的条件是:所有粒子都具有相同的介电常数;粒子形状为球形;服从瑞利散射;在采样体积中随机分布,且其平均密度保持不变。如公式所示,方程有四项:常数项;雷达参数项(雷达参数包括发射功率,脉冲长度,天线尺寸以及波长);到目标物的路径性质项(部分遮挡,衰减和距离);最后一项依赖于目标性质(介电常数及反射率因子)。如给定雷达参数并对路径效应有很好了解,就可以从雷达接收的回波强度获得雷达反射率因子 Z 的定量信息。

由式(3.2)可知雷达能够探测到的最弱回波是距离的函数。例如:对于距离 r_1 处的目标物反射率 Z_1,其接收到的功率与距离为 $r_2 = 2r_1$,反射率 $Z_2 = 4Z_1$ 的目标相同。因为这个原因,雷达的最小可测信号通常表示为在特定参考距离处特定的反射率。

3.2 等效反射率因子

如果已知目标物介电常数 $\parallel K \parallel^2$(注:原文为 $\parallel K^2 \parallel$,有误),可由式(3.2)得到 Z。但实际情况是:我们不总能确知目标物的组成;目标物甚至可能由好几种物质混合而成。表3.1列出了雷达观测得到的一些气象目标介电常数。液态水与固态冰之间介电常数变化可达5倍。因此,对于类似的反射率因子,液态水目标的雷达接收功率将是固态冰相目标的5倍。当目标物是雪的时候情况将变得更加复杂,因为雪是冰晶和空气的混合物,并且对雪花外缘如何构成依然存在争议。这里,我们选取雪花的外缘定义为包含雪花中所有冰的最小凸球体。雪花的典型密度值在 50 和 100 kg/m^3 之间,其中包含了大量空气,介电常数小于纯冰。但是,由于雪花比较大,其反射率也比同样质量的实心冰粒子大得多(回忆式(3.1)定义的雷达反射率因子,其正比于 D^6)。综合这两种效应,我们发现雪花反射的雷达能量要比同样质量的实心冰粒子稍微多一些。

表 3.1 不同目标的介电常数

目标类型	介电常数 $\parallel K \parallel^2$
液态水(云滴,毛毛雨,雨)	0.93
实心冰($\rho_i = 920 \text{ kg}/\text{m}^3$)	0.176
密度为 ρ_s 的空气与冰的混合物(雪) $\rho_s < 200 \text{ kg}/\text{m}^3$	$\approx 0.205(\rho_s/\rho_i)^2$

由于目标物属性的不确定性，或者说其是否能够满足瑞利散射条件的不确定性，我们定义一个新的物理量，称之为等效反射率因子 Z_e 使得：

$$P_r = \underbrace{\frac{1.22^2 \times 0.55^2 \times 10^{-18} \pi^7 c}{1024 \log_e 2}}_{\text{常数}} \underbrace{\frac{P_t \tau D_a^2}{\lambda^4}}_{\text{雷达参数}} \underbrace{\frac{T(0,r)^2}{r^2}}_{\text{路径}} \underbrace{\| K_w \|^2 Z_e}_{\text{目标性质}} \tag{3.4}$$

式中，$\| K_w \|^2$ 为液态水的介电常数（0.93）。如果电磁波衰减可以忽略，或者衰减的部分进行了订正，那么雷达观测的就是这个等效反射率因子 Z_e。注意，如果目标物都由液态水构成，且与雷达波长相比粒子尺度很小，则 $Z_e = Z$。

目标的（等效）反射率因子范围可跨多个数量级。例如：液态云典型的反射率因子为 $0.01 \ \text{mm}^6/\text{m}^3$，而雷暴的冰雹核心区域，反射率因子可超过 $10^6 \ \text{mm}^6/\text{m}^3$。为方便起见，我们一般将反射率因子表示为 mm^6/m^3 的分贝单位（dB，或者强度数量级的十分之一），即：

$$\text{dBZ} = 10 \log_{10} Z \tag{3.5}$$

经过这样的转换，该雷暴的反射率因子值为 $10 \ \log_{10} 10^6 = 60 \ \text{dBZ}$，而液态云的反射率因子值为 $10 \ \log_{10} 0.01 = -20 \ \text{dBZ}$。需要注意的是，负的 dBZ 取值不代表反射率因子是负数，而仅表示反射率因子小于 $1 \ \text{mm}^6/\text{m}^3$（参看说明框 3.1）。大多数雷达显示称之为"反射率"的量都是从式（3.2）和式（3.4）导出的等效反射率因子，采用 dBZ 单位进行强度分级（图 3.1）。要快速适应雷达显示的 dBZ 含义，一种比较好的方法是使用表 3.2 提供的参考值。

说明框 3.1　雷达气象学的反射率单位

雷达气象学文献中使用的单位和符号很容易混淆。首先，雷达反射率因子 Z 以及类似的量使用不常用的单位 mm^6/mm^3。然而，我们一般不用线性单位的 Z（或者 mm^6/mm^3）表示反射率，而采用"dBZ"，或者 $10 \ \log_{10}(Z/(1 \ \text{mm}^6/\text{mm}^3))$。当我们在后面的章节中引入双偏振参量的时候这种情况将会变得更加复杂。其中一个新的偏振参量叫"差分反射率" Z_{dr}，当使用对数单位时，其仅是两个反射率测量值的差值，但是严格来说它是线性单位反射率的一个比值。尽管如此，我们用 dB 显示和表达这个量。当我们在公式中使用这些符号的时候，混淆的可能性变得很实际：我们应该使用线性单位呢还是 dB 值？一些作者尝试解决这个问题，用小写符号（如 z）表示线型值，而用大写符号（如 Z）来表示 dB 值。这种方法受到气象学家和传统主义者（而我本人则两者都是）的抵制，因为我们已经习惯于在方程中使用 Z 表示线性量，并且 z 在气象学中通常用于表示高度，这样做反而更糊涂了。因此，从这里开始，以后出现的 Z 和其他基于反射率的参量我都会用线性单位。请注意，其他人可能不使用类似的表达方式。同时，需要时刻注意是否反射率值应使用线性或对数单位进行处理。参考附录 A.2 以了解对此问题的更为细致的讨论。

3.3 反射率因子与降雨率

考虑如下两个方程式中的反射率 Z 及降雨率 R:

$$Z = \int_0^\infty N(D)D^6 dD \tag{3.6}$$

$$R = \frac{\pi}{6} \int_0^\infty N(D)D^3 w_r(D) dD \tag{3.7}$$

此两式中,$N(D)$ 表示单位体积雨滴尺度间隔的雨滴数,也称之为雨滴尺度分布,$w_r(D)$ 是直径为 D 的雨滴的下落速度。雨滴尺度分布随降雨率变化,且依赖于影响降水增长的过程。因此,不存在将 Z 和 R 相关联的数学函数。例如,容易看出,一个 2 mm 直径的雨滴,以 7 m/s 的速度下落,其反射率因子与直径为 1 mm,下落速度为 4 m/s 的 64 个雨滴具有相近的反射率因子,然而,这两种情况的降雨率明显不同。由于 Z 值与 D^6 成正比,反射率因子主要由较大的目标物粒子决定,而相对不受较小粒子的影响,即使小雨滴对降水的贡献很大。

表 3.2   不同目标的等效雷达反射率因子典型取值

目标类型	Z_e(dBZ)
小毛毛雨;昆虫	0
中毛毛雨;一些雨滴;小雪;迁徙的鸟类	10
小雨或中雪,典型的大范围降水(1 mm/h)	25
中雨,强的大范围降水(5 mm/h)	35
对流阵性降水造成的暴雨(20 mm/h)	45
冰雹或强暴雨,雷暴峰值	55
中等到大冰雹	>60

平均而言,粒子尺度分布会随反射率及降水强度的变化发生系统性变化(图 3.2)。这一事实使得我们可以导出 Z-R 关系,用来将反射率因子转换为降水率。例如,Marshall 和 Palmer(1948)通过他们建立的雨滴尺度分布拟合得到指数函数:

$$N(D) = 8000 e^{(-4.1R^{-2.1}D)} \tag{3.8}$$

式中,$N(D)$ 的单位为 m^{-3}/mm,R 的单位为 mm/h,D 的单位为 mm。利用雨滴下落速度为粒子直径的函数(如 Gunn 和 Kinzer,1949),可以得到:

$$Z = 300R^{1.5} \tag{3.9}$$

Joss 和 Waldvogel(1970)根据他们的雨滴谱数据也得到了这个关系式。Z-R 关系式存在多种形式,其中的大部分采用形如 $Z = aR^b$ 的指数关系,但是 a、b 系数不

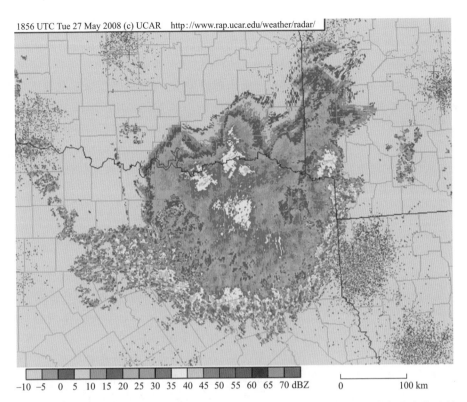

图 3.1　综合美国俄克拉何马—得克萨斯—阿肯色州边界地区几部雷达数据生成的反射率拼图。图中可见一个"笑脸对流复合体"。© 2008 UCAR，许可使用

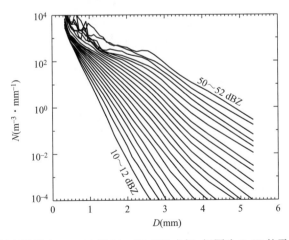

图 3.2　反射率因子在 10～12 至 50～52 dBZ 之间，间隔为 2 dB 的平均粒子尺度分布。由加拿大蒙特利尔 5 a 观测数据计算得到。获 Lee 和 Zawadzki(2005b)
AMS 转载许可；通过版权许可中心批准

同。其差异取决于动力及微物理过程对降水形成的影响,因此,一个地区与另一地区之间会有一些变化。比如:由暖云过程形成的降水如毛毛雨或者浅层阵雨产生较小的雨滴。因此,在一些以暖云降水为主的区域如沿海地区或热带地区,采用的气候统计 Z-R 关系中,对应的 a 值较小(因为雨滴较小,对于相同的降雨率观测到的反射率较弱)。其他 Z-R 关系的例子包括很有影响力的 Marshall-Palmer Z-R 关系 $Z = 200R^{1.6}$,该式最早于 19 世纪 50 年代由公式(3.8)导出,但进行了调整以更好地适应当时可用的观测系统。而 WSR-88D 缺省的 $Z = 300R^{1.4}$,其指数较小,这样的形式更适用于大部分深对流降水情况。本书第 9 章中,为使用雷达恰当地估计降水,我们将再次讨论 Z-R 关系以及粒子尺度分布。

3.4　雷达产品

如果想要解释其中的信息,就必须将雷达获取的数据显示出来。天气监测雷达获取的是随时间变化的三维空间数据,要在二维的显示器上显示,因此需要对数据进行处理和变换。此外,为提取更多的信息,需要对诸如反射率等数据进行更多的处理。这些处理得到的结果就是为我们所熟知的雷达产品。

在本书第 2 章中,可以看到最为常见的天气监测雷达扫描策略是在方位或 PPI 上进行多个扫描,每个扫描在不同的仰角进行。因此,最简单的产品就是反射率或者多普勒速度在某个特定仰角层上的 PPI 显示。PPI 显示的缺点是,随距离变化观测高度存在系统性的变化:距离雷达近处,回波所在高度接近地面,而距离雷达远处的回波则来自于大气较高位置。一种弥补的方法是构建一个相同高度的 PPI 或称之为 CAPPI(图 3.3)。CAPPI 是从所有仰角层数据中选择一些信息以生成表示特定高度或者海拔高度的图像。除了能够避免观测高度随距离的变化,CAPPI 自然也可以减少一些地物回波(图 3.4)。但是 CAPPI 不能解决随距离增加产生的波束展宽问题,而且如果其高度位置被设定在零度(0 ℃)层高度附近,由于此处雪融化转变为雨导致不同寻常的强回波,有时候会引起误解。有些国家比其他国家更喜欢采用 CAPPI 产品,部分是历史原因,部分是由于 CAPPI 需要大量仰角层(至少十二层)数据以保证所需高度数据偏差很小。而那些不采用 CAPPI 的国家只从很少几个仰角层获取数据。

天气雷达一个非常大的优势就是其进行三维空间观测的能力。因此可以设计出很多产品以提取相关信息。其中最有用的两个产品描述如下。

(1)垂直剖面(图 3.5):使用所有仰角层数据,可以沿用户选择的路径制作垂直剖面。垂直剖面产品非常有用,能够为我们提供一个或者一系列风暴的垂直结构图像。风暴核心高度能发展到什么高度?风暴是垂直发展还是倾斜发展?在高空有强中心或者在低层没有回波?融化层高度有多高?所有这些问题的答案都可以从制作的垂直剖面或者 RHI 获得。

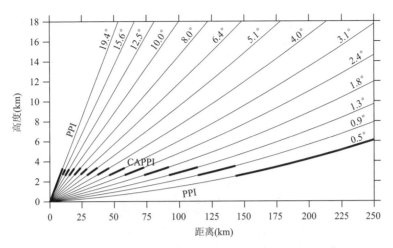

图 3.3 生成简单 3 km 高度 CAPPI 的示意图。细线表示可用的 PPI,粗线突出显示了制作 CAPPI 所使用的各仰角数据。对每个像素通过两个仰角层数据插值可以制作更为精细的 CAPPI 产品

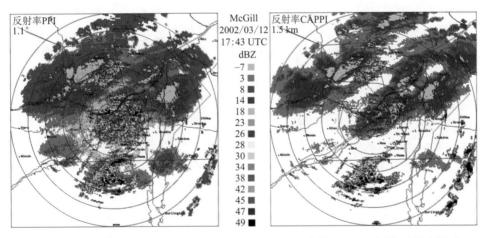

图 3.4 相同降雪事件的 1.1°仰角 PPI(左图)和 1.5 km 高度 CAPPI(右图)反射率图,未采用地物滤除。两张图中:有纹理结构同时比较强的回波由地物目标产生,较为均匀的弱回波由降雪产生。注意左边 PPI 图:①靠近雷达处较强的地物目标回波,②靠近雷达处较强的降雪回波,③与右边 CAPPI 相比远处降雪回波较弱。所有这些都是由于 PPI 随距离增加观测高度发生变化使然。距离圈间隔为 20 km

　　(2)垂直积分液态水(VIL,图 3.6):VIL 产品利用反射率数据估计垂直方向凝结的降水总量。VIL 表示为有多少 kg/m² 或者多少 mm 的水(1 m² 面积上深度为 1 mm 的水的质量为 1 kg)。这个产品用于定量地快速、有效识别出强降水单体(Clark 和 Greene,1972),还可以半定量地用于对针对冰雹尺寸或大风潜势等的许多其他强天气产品。

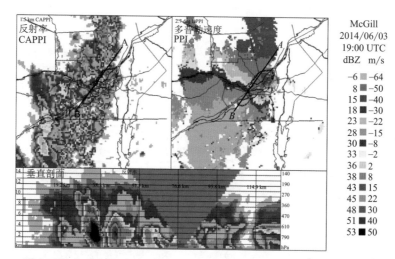

图 3.5　图中下部为垂直剖面产品实例,上部为关联信息。左上是反射率 CAPPI,右上是多普勒速度 PPI,可以从其中心附近找到一条从 A(东北)到 B(西南)的路径,在此路径上生成剖面图。两张平面图下方是实际的反射率垂直剖面,A 点在图像左侧,B 点在图像右侧。图中提供了两种垂直坐标尺度:左侧为高度(单位 km),右侧为气压(单位 hPa)。在用户选取的长度为 125 km 的直线上制作垂直剖面,表明左边的风暴单体发展到 12 km 高度,右侧有较弱降水

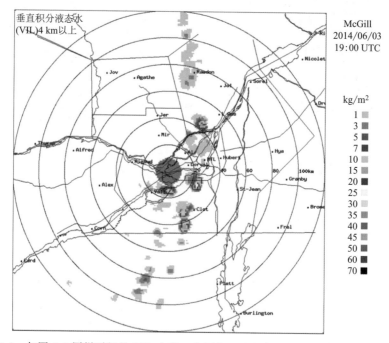

图 3.6　与图 3.5 同样时间的 VIL 产品。此例中显示出从 4 km 到大气顶的累积含水量。图中可见该层次位于东部的单体可降水达 30 mm

　　扫描雷达以每隔几分钟的特定时间隔收集数据。随时间变化的信息可以有很多使用方法。历史数据可以简单地通过动画形式显示(补充电子材料 e03.2),或者通过将信息合成到一张图像上如历史风暴路径。对历史图像也可以进行进一步的处理,比如生成过去 1~24 h 的累积降水(图 3.7)。最后,当前和过去的风暴位置信息可以用来发布很多物理量的超短期预报产品,如:风暴路径、累积降水量及降水概率,等等。这些仅仅是使用雷达数据的一些产品的例子,而想象力是唯一的制约因素。我们会在后面的章节看到这些雷达产品是如何使用的。

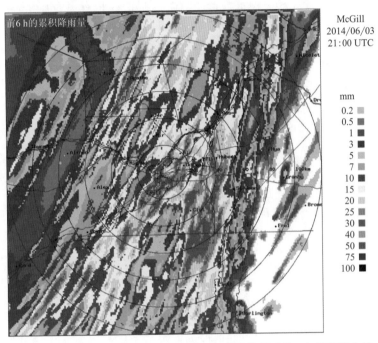

图 3.7　图 3.5、3.6 中个例在 240 km×240 km 区域计算得到的 6 h 累积降水量。注意,对于这样一次对流事件,在同样的预报区域,某些部分产生一点点降水或者无降水(如图片右侧),而同时另外一些区域降水超过 50 mm(如在雷达西南方向),而这已超出了该地区通常半个月的降水量

　　值得强调的是,产品并不是严格的测量量或导出量的二维图像。许多算法从雷达数据中寻找具有指示或者预警作用的特征信息,特别是在恶劣天气的时候。筛查处理三维雷达数据的算法包括:冰雹识别算法,检测对流风暴弱回波区或倾斜强回波算法,单体识别及追踪算法;此外,更多的还有许多数据质量保证算法,这些算法试图将各种各样原因引起的回波污染从雷达数据中剔除。

第4章　反射率形态

前面的章节已经确立了天气雷达的基本物理和测量策略,现在我们把注意力转移到雷达观测上来,因为对观测的解释形成了雷达气象学的核心部分。雷达回波有各种各样的起源和形状,每一种都与产生观测目标的过程有关,也与产生的目标有关。理解和区分回波图必须同时理解产生这些回波的现象。

4.1　目标类型

雷达观测到的目标可以分为三大类。

(1)降水天气目标:想到天气雷达观测时,自然会想起这些目标,如雨、毛毛雨、雪、冰雹等等。

(2)非降水天气目标:包括冰云、水云及折射率梯度引起的晴空回波。探测这些现象的能力取决于雷达的灵敏度和波长。

(3)非气象目标:包括各种各样的目标。其中有一些是很重要的,如烟灰;其他的如昆虫也被证明能够提供对气象学研究有用的信息。大多数气象上不需要的目标包括鸟类、飞机、地面和海面目标。不想要的目标回波称为杂波。需要注意的是:某些人眼中的杂波可能是其他人所需要的信号,如航空雷达用户把天气回波视作杂波!

尽管有大量不同的目标,但大多数都可以通过仔细观察回波的水平和垂直结构来识别。为实现这一目的,必须很好地理解影响其形成与发展演化的过程。因此我们必须在一些细节上探讨降水形成的微物理及动力学过程。

4.2　降雨过程:简要概述

简单来说,动力学过程决定了产生云和降水所需的垂直运动区域的结构和空间范围,而微物理过程控制着(由上升运动引起的)水汽过饱和的方式,这些水汽最终转变为降水。

大气中存在几种不稳定性和过程,它们可能引起足够的垂直运动来产生降水。两种最重要的不稳定性是斜压不稳定和对流不稳定。斜压不稳定源于大气处于准地转平衡且具有静力稳定性质,同时存在经向的温度梯度(AMS,2014)。它可以导致大尺度(几千千米)中纬度气旋的形成。除了冷锋附近,垂直速度最多每秒几十厘米,比降水下降速度要慢得多。因为尺度大且上升气流强度弱,降水较弱,覆盖范围很广。垂直速度的变化(相应就是降水的变化)主要体现在高度上,因此降水一般呈层状(分层)结构,尽管肯定达不到水平均匀。另一方面,当较轻的流体克服黏性力影响抬升至较重流体上方,如暖空气抬升至较冷空气之上时,对流不稳定就发生了。尤其是凝结发生时,对流不稳定空气上升(或下沉)速度可达每秒数十米。由于对流发生很快,其通常是一种局部现象。对流不稳定产生阵雨和雷阵雨,单体的水平尺度为 10 km 量级。快速的局部上升运动使得对流降雨具有很高的强度和复杂的三维结构。其他动力不稳定和强迫机制,如地形,也会影响到降水的形成和发展,但斜压不稳定和对流不稳定是最为常见和最典型的。

由于控制降水形成的动力学过程的差异,回波看起来会有很大不同。如果垂直速度的强度很小,并且其空间变化不大,如在斜压不稳定主导降水过程的情况下,回波水平范围较大,水平变化和强度都比较弱(图 4.1,左图)。另一方面,如果垂直速度较大且水平变化也较大,回波会更强,并具有单体状的结构(图 4.1,右图),这些单体结构随着强迫机制及温度和风的水平和垂直结构的不同,被组织成各种各样的形态。最后,对流天气的发展比斜压天气要快得多。对流单体的典型生命史不到一个小时;这也是我们想要雷达每隔几分钟就做一次体积扫描的主要原因之一。

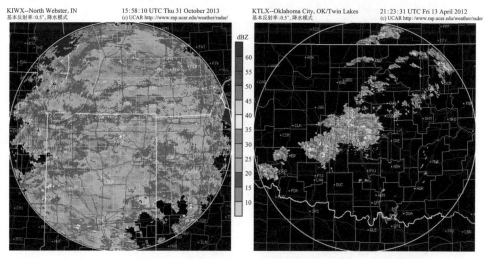

图 4.1 等效雷达反射率因子的低层 PPI:(左)斜压不稳定驱动的低压系统,(右)对流不稳定产生的雷暴单体。外圈距雷达 230 km。© 2012,2013 UCAR,许可使用

降水形态不仅受上升气流动力学影响,也受到微物理过程的影响,这些微物理过程控制着降水粒子或水凝物的生长。液态水凝物可以由两种过程形成。在暖雨过程中,水汽在凝结核上凝结形成云滴,然后这些云滴聚在一起形成毛毛雨滴或雨滴。当云顶温度高于 −10 ℃时,这个过程通常占主导地位。在冷雨或者贝吉龙-芬德森(Bergeron-Findeisen)过程中,水汽沉积在冰晶上,之后冰晶生长并且相互聚合,

形成雪花;雪花下落,当温度超过 0 ℃时则发生融化,形成雨滴。注意到,上升气流足够大时(如:Politovitch 和 Bernstein,1995;Zawadzki 等,2000),这两个过程往往共存于同一采样体积中,并且雪花与液体云滴碰撞并捕获云滴是常见的现象。动力学过程对目标的水平结构有较大影响,而微物理过程主要影响其垂直结构。

4.3 降雨回波的垂直结构

降水动力学因素影响降水的空间结构和强度,从而影响降水回波。微物理决定了观测到的水凝物类型、影响其发展的过程及其生长速率,也决定了反射率的垂直结构。结果就是降水动力学和微物理决定了天气回波的结构。具体来说天气回波的垂直结构有四种主要类型(图 4.2),每一种都与某种降水过程的特定组合相关联。

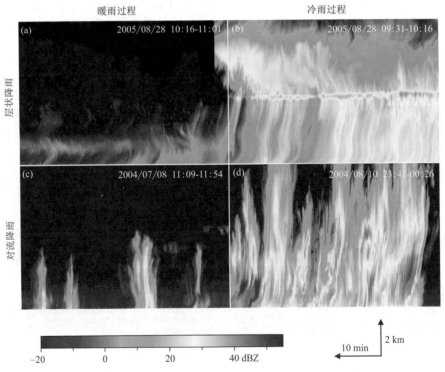

图 4.2 与四种主要降水过程相关的回波垂直结构:(a)暖雨过程层状降雨;(b)冷雨过程层状降雨;(c)暖雨过程对流降雨;(d)受冷雨过程和冻雨主导的对流降雨。层状降雨的例子(a)暖雨过程和(b)冷雨过程来自同一事件

(1)层状暖雨:没有显著上升气流的暖雨过程会导致弱的浅层降水的形成,这类降水虽然能达到一定的降水率,但一般由非常小的小雨滴构成,这就是我们所说的毛毛雨。一般来说,降雨下落时毛毛雨的反射率会逐渐增加,最大可以达到 10～

20 dBZ。毛毛雨形成时如温度低于零摄氏度,即为过冷水形式,会对航空构成威胁。

(2)层状冷雨:由冷雨过程产生的大尺度降水是赤道和热带地区以外最常见的降水形式。它经常伸展到对流层的大部分。其反射率垂直剖面特点是:随高度下降,降雪中的 Z 值逐渐增加($dZ/dz < 0$),下面会出现一个局部最大值("亮带"),接着是降雨中较为恒定的 Z 值。雨中的反射率很少超过 40 dBZ(10 mm/h),因为强的降雨需要有很强的上升气流,这与斜压或对称不稳定的能量释放是不一致的。这些回波的亮带和其他特征结构将在 4.4 节详细介绍。

(3)对流性暖雨:这种类型的回波通常与阵雨有关,要么来自孤立单体,要么是冷锋锋线的一部分。这类回波不会很高,阵雨一般不会超过-10 ℃层。不过,降水可能很强,反射率可以超过 50 dBZ(50 mm/h)。

(4)对流性"冷"雨:对流性降水通常与雷暴有关,其中冷雨过程起着重要作用。虽然如此,在上升气流中由暖雨过程形成的云和降水增长同样重要。至于对流暖雨回波,雷暴回波要么是孤立的,要么形成线状或簇状回波。其后通常紧接着层状降雨(图 4.3)。回波比较高,也很强,通常呈现单体或团状外形。降雨的反射率可以超过 55 dBZ,如果超过 60 dBZ,就可能会存在冰雹。

虽然回波主要属于这些类别中的一种,但应该记住,在任何一个时间段都可能存在几种过程:层状降水可能包括小的对流单体。此外,在某些温度范围内,暖雨、液态云和冰冻降水可能共存并相互作用(图 4.4)。虽然这种分类很有诱惑力,但是

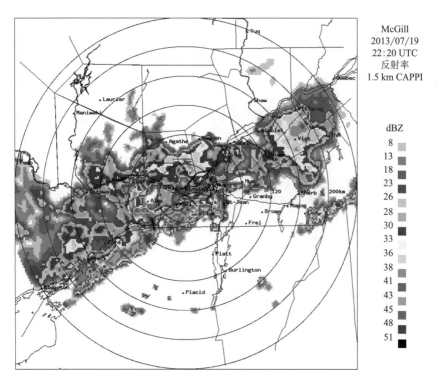

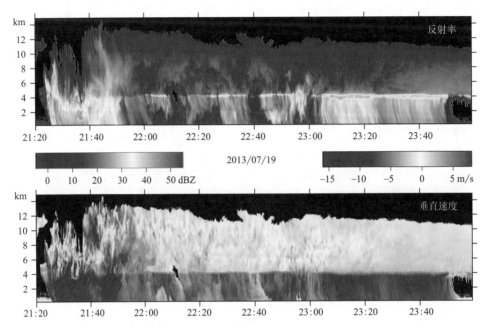

图 4.3 顶部:加拿大蒙特利尔雷达 1.5 kmCAPPI 显示的线状对流降水,跟随其后是
逐渐增强的层状云降雨。底部:上图雷达站同一风暴的反射率和垂直速度时间-高度
剖面图。注意垂直速度图像中对流泡状纹理(上方 CAPPI 图上大于 40 dBZ 的回波,对
应下面时间-高度剖面图中约 21:50 UTC 之前的回波)及层状云区域雪、雨之间下落速
度的急剧过渡

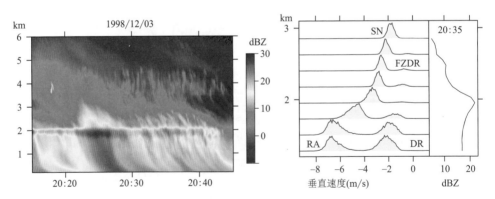

图 4.4 左图:看起来像一次冷雨事件期间的反射率时间-高度剖面。右图:20:35 八个
不同高度的目标垂直速度分布(正值向上)。可以观察到两种降水形态:一种由降雪
(SN)构成,下落速度 2 m/s 之后融化为雨(RA,7 m/s),另一种为过冷毛毛雨滴(FZDR)
在其通过 0 ℃ 层时保持液态(毛毛雨,DR)。增长中的毛毛雨滴意味着未能检测的液态
云的存在。在最右端,绘制了相应的反射率垂直廓线

我们不能认为上述四种类型是绝对的,而更应当把它们视作一个概率分布上的区间点。也就是说,观测回波与这些情况相匹配的概率要高于观测到介于它们之间情况的概率。

4.4 大范围降水雷达信号

图 4.5 显示了大尺度降水事件的降水回波垂直和水平结构。这幅图像的内涵非常丰富,我们要更为详细地研究它的几个特征。

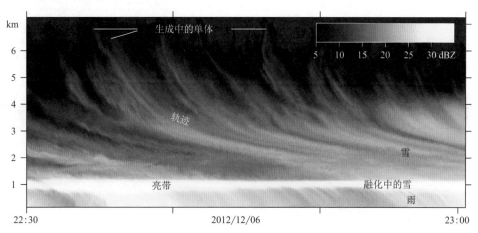

图 4.5 带标注的大尺度降水反射率时间-高度剖面

4.4.1 降水轨迹及其运动

在中纬度大尺度系统中,降水通常由冷雨或贝吉龙-芬德森过程引起:首先是冰晶核化;然后它们通过扩散、增长、聚集而生长;最后融化成雨滴,然后与云滴和其他雨滴碰撞。在回波最大高度即回波顶附近,上升气流比其他区域更强。因更多的水汽扩散冰晶生长,并释放潜热,上升气流和冰晶生长进一步增强。这种正向反馈机制导致所谓的单体生成,由此会产生更多强回波。一旦雪花形成,就会向下落而形成降水轨迹。可以看见多少轨迹取决于生成单体的强度和水平尺度。轨迹将一直持续到降水到达地面,但是,因为其中的水凝物在下落过程中会散开,这些轨迹将偏向于水平运动。

单个雨滴和雪花的轨迹取决于其下降的速度以及风的平流强度和方向。因此,反射率的局部不规则特征会随风水平移动,并按粒子下落速度向下移动。但在任意指定时刻,起源于一个给定源区(无论这个源区是单体生成还是其他现象)的水凝物轨迹,其形状取决于任一层风(v)与源区的传播速度 v_{sr} 之间的差异以及水凝物粒子的平均下落速度(图 4.6)。如果随时间在水平方向而非在垂直方向跟踪回波,得到的就是降水轨迹,而不是降水向下及随风平移的无规律运动。因此,认为可以根据降水回波的水平运动来推断风是错误的。降雨轨迹的平移速度与高度无关,取决于源区的移动速度。源区以与其所在高度层的风相应的速度再加上其相对于大气的传播速度移动。因此,只要目标存在,就可以在任何高度测量天气回波的运动速度:最后的结果是一样的。这一事实表明可以很方便地应用观测到的运动制作短期预报。还要注意,在图 4.5 中,回波顶附近的轨迹有点像过山车,这种不寻常的现象是由于存在强烈的局地波动,迫使雪花上下运动。

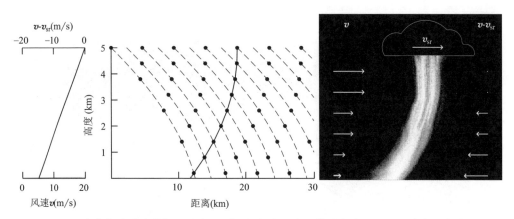

图 4.6　降水轨迹形成图解。从点源(中图)连续释放下落速度为 5 m/s 的降水。虚线显示降水轨迹,其后跟随的雨滴是由左图显示的风所驱动的。每 4 min 用点画出这些雨滴的位置。源区在任一时刻释放的所有雨滴会形成一条轨迹(实线),它以源区移动的速度运动,而形成轨迹的雨滴在水平方向以其所在高度上风的速度移动。右图:垂直指向雷达在风速廓线 v 条件下测量的真实轨迹(明亮的颜色对应更强的回波)。左图中,对于特定高度层,轨迹的斜率与垂直方向的偏离是由于源区与该层次风的速度差异所致。改编自 Marshall(1953) 和 Fabry(1993),© 版权 1993 AMS

4.4.2　融化中的雪的亮带信号

在图 4.5 的中间,可以发现一条增强的反射率带。这个"亮带"是正在融化的雪的反射率信号(图 4.7),在大尺度降雨事件中该信号尤为明显。因此,确定 0 ℃ 等温线在降水中的位置是很有用的。然而,如果亮带层的雷达观测被解释为地面降雨量,那么降水量将被过高估计,这将导致发布错误的洪水警报。

亮带由三个因素组合形成(图 4.8):①正在融化的水凝物粒子的介电常数 $\|K\|^2$ 从雪的比较小的值(见表 3.1)变为液态水的比较大的值;②水凝物粒子的大小从大而蓬松的雪花到小而密的雨滴;③粒子下落速度的变化导致单位体积内粒子浓度的下降。融化开始时,雪花变湿。这并没有明显改变其大小或密度,但确实增加了它们的介电常数。结果,融化中的雪的回波得到增强。这一过程一直持续到雪花几乎

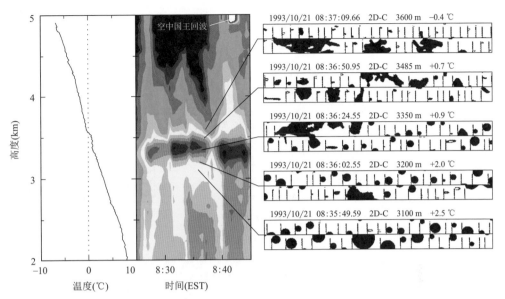

图 4.7　温度、融化层反射率观测及水凝物粒子形状综合图。粒子形状由怀俄明（Wyo-
ming）大学空中国王飞机上安装的仪器在通过融化层上升期间获取。相同时间的融化层
反射率观测由 UHF 风廓线雷达获得。上升过程中通过降水区的温度廓线显示在左边。
中间用高度-时间坐标显示雷达反射率，其中暖色表示强回波。图中也可以看到穿过亮
带 5 min（08：42 EST）之后飞机的雷达回波。右边是 2D-C 云探头在五个高度（雪中，亮
带的 1/5 处，亮带峰值处，亮带的 4/5 处以及雨中）的部分记录。在这些 0.8 mm 宽的记
录中，雨滴看起来像盘子，雪花呈现复杂粗糙的形状，而融化中的雪根据融化程度介于两
者之间。（Fabry 等，1995）© 版权 1995 AMS

完全融化，此时，正在融化且越来越脆弱的冰结构坍塌，形成带有一些残留冰的雨
滴。融化的冰雪尺寸迅速减小，由于其密度增加，导致粒子快速加速。由于降水通
量（质量浓度乘以速度）在融化过程中几乎保持不变，下落速度的增加意味着单位
体积粒子质量浓度（或数量）的减少。尺寸和浓度的降低导致融化最后阶段回波
强度的降低。结果，正在融化的雪具有比上面的雪和下面的雨更大的等效反射率
因子，从而产生亮带特征信号。融化的雪花上水汽的凝结、雪花聚集以及已融化
水凝物的破碎现象也会发生，但它们通常在亮带信号的形状和强度方面扮演次要
的角色。

　　如果雪花密度比平常高得多（点线，图 4.8），亮带就会变得不那么明显。这种情
况下，冰冻水凝物粒子主要通过自然增长（过冷云滴收集）或凇附过程作用长大，凇
附通常出现在零摄氏度以下且存在明显对流的条件下。结果就是：随着降水呈现更
为明显的对流特征（图 4.3），亮带信号逐渐减弱，在深对流中基本上就看不见了。

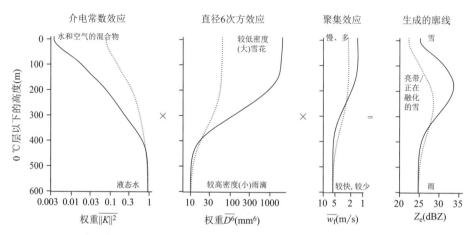

图 4.8　雨强为 1 mm/h 时,瑞利散射区造成目标亮带信号的三个关键因子各自贡献的高度廓线计算。亮带信号(右)是由介电常数变化的综合影响(左)、水凝物粒子直径变化(中左)、与水凝物粒子平均下降速度变化相关的浓度变化(中右)引起的。这里展示了两个例子,一个假定正常的雪花密度(实线),一个假定雪花密度比可能出现的正常值大五倍(点线),后者雪花主要通过云滴自然增长,而不是通过扩散和聚集增长

4.5　冰冻降水

降水并不总是以液态形式落下来。有时落下来的是冰,有时是正在融化的冰(这是一种未得到世界气象组织官方认可的降水类型,但却是非常真实的情形!)。可以观察到形式和形状的多种变化。下面的讨论我们将限制在三种主要的冰冻降水水凝物粒子类型:雪、冰粒(雨夹雪)和冰雹。它们具有非常不同的形成机制,因此在雷达上的外观上,尤其是在回波的垂直结构方面也有很大差异。

因为雪和冷雨一样由相同的现象形成,其在水平面上的回波总体结构与层状冷雨类似(图 4.9,左图),但是其通常有较少的小尺度结构,并且相对雨而言,经常在雷达显示器上看起来显得模糊不清。偶尔在冷锋后面或者当冷空气流经温暖的地面,比如未冻结的水体,就可能形成对流并呈现出更多的单体结构(图 4.9,右图)。如果对流足够强,可以观察到雪粒而不是雪花。基于雷达预报降雪的最大挑战之一是确定何时开始降雪:由于降雪速度缓慢,雪在到达地面之前会漂移很长距离,并且在很长的一段时间发生升华(图 4.10)。因为我们通常在一定的高度而不是在地面观察回波,所以很容易对地面实际上在哪儿下雪有一个错误的印象。

当雨滴或者部分融化的雪花遇到低于 0 ℃ 的深厚空气层时会发生冻结形成冻雨。通常情况下,从液态到固态的转换发生在非常接近地面处,采用扫描方式的雷达无法观察到这种现象。因此,回波看起来像(冻结)是由冷雨过程形成的(冻)雨,

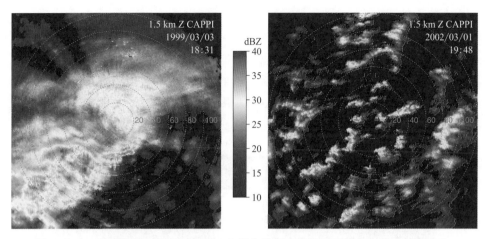

图 4.9　1.5 km 高度反射率 CAPPI。左图为接近中的低压系统前方的大范围降雪，右图为冷锋后面的阵性降雪。距离圈间距为 20 km

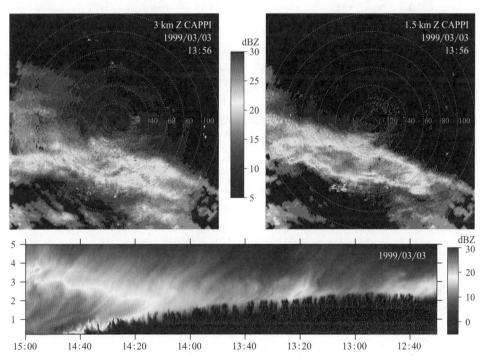

图 4.10　上图：西南方向过来的雪暴 3 km（左图）和 1.5 km（右图）高度 CAPPI。注意对比 1.5 km 高度回波，3 km 高度弱回波是如何进一步向东北方向发展的。底图：在扫描雷达所在站点收集的反射率高度-时间剖面。时间轴进行了反转，以便向东北方向运动的系统前面的回波出现在图像右侧。高空的雪要几个小时才能到达地面。回波底部雪较多处，其升华使周围空气冷却，产生小的局部下沉气流，夹带着雪下落，形成钟乳石状回波（例如 Atlas，1955）

当雨滴($\|K\|^2 \approx 0.93$)变成冻雨($\|K\|^2 \approx 0.18$)时,近地面处反射功率会有 5 dB 的损耗,同时在下落速度上也会有微小的变化。图 4.11 显示了一个罕见的例子,这种转换发生得足够高,可以用垂直指向雷达很好地观察到。该图中,可以在 1.5 km 以上观察到等效反射率因子有一个小而急剧的变化,这是由雨滴冻结引起的。不同于这些独特个例,一般来说,雨滴冻结依然难以被雷达,特别是采用扫描方式的雷达所探测到。

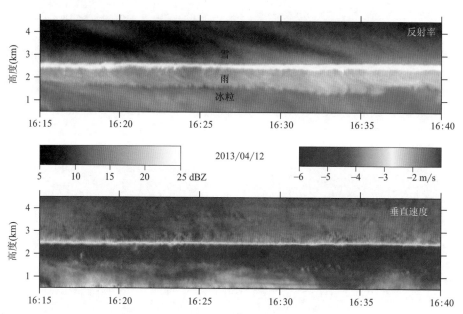

图 4.11　地面观测到冰粒时的反射率(上图)和垂直速度(下图)的时间-高度剖面图。可以观察到雪融化成雨并冻结成冰丸

　　另一种常见的冰冻降水是冰雹。冻雨的形成显然是一种层状降水现象,而冰雹则是非常深厚而强烈的对流造成的结果。冰雹在强烈的雷暴中形成。冰雹胚胎如霰粒子在雷暴中被强的上升气流带到高空,捕获过冷云滴,然后这些过冷云滴冻结在生长的冰雹上面。因此冰雹回波一般都是在强雷暴单体的中部,通常可以通过其很高的反射率(超过 55 dBZ)进行识别。近年来,利用具有双偏振能力的雷达信息,可以更加容易地识别冰雹(见第 6 章)。

　　冰雹后面(较远距离处)的"钉"状回波也被称为双体散射信号,当冰雹非常严重时偶尔也能观察到。图 4.12 说明了这种现象:当目标反射特别强时,比如强冰雹,在回波返回雷达前可能出现多次反射。这种冰雹核心区内的多次反射导致回波延迟,它似乎来自于比实际距离更远的地方。但这些反射的大部分还是在风暴中,因此看不出来。另一种可能的路径是先反射到地面,然后再反射回冰雹核心,最后再返回雷达。最终回波看起来就在风暴远端的外面,如果在地面以上足够高度有一个非常强的冰雹内核,回波会呈现为一个弱的钉状回波。因此,这是一个与强冰雹有关的特征信号。

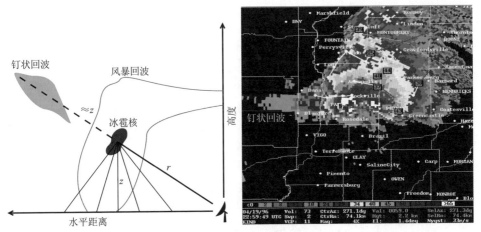

图 4.12 左图:说明冰雹钉状回波是如何形成的概念图。强冰雹回波反射回地面,然后返回到冰雹核心区域,然后再到雷达。右图:示例来自于印第安纳波利斯(Indianapolis)的 WSR-88D 雷达,雷达位于图像右侧

4.6 非降水天气目标

并非所有的天气目标都是降水。云和折射率梯度可以产生可探测的回波。通常云粒子用较短波长探测比较好,而折射率梯度在使用较长波长的风廓线雷达上看得更清楚。

4.6.1 云

云产生雷达回波一方面是因为水凝物的存在,同时也是因为云顶附近有急剧的折射率梯度变化。云可以由液滴、冰晶或两者的混合物组成。

液态云是由直径小于 25 μm 的小滴构成。云滴一般都比较小,除了有一些通过碰撞生长成为毛毛雨滴或雨滴。虽然云滴数量众多,但是云滴很小,因此液态云很难被雷达发现;其反射率通常小于 −20 dBZ。很长一段时间,人们认为雷达可以看到所有的雨,但看不到云。对大多数系统而言至今仍然如此。但随着工作在毫米波波长的高灵敏度雷达的发展,现在可以观察到云滴的回波(图 4.13)。

冰云是由冰晶构成的,通常尺度为几百微米。因此,所有的冰云,甚至薄的卷云,相比液态云更易为雷达所探测到。大多数雷达可以用来观察冰云。冰晶通常以接近 1 m/s 的速度下落而逐渐通过云层,并在云的底部升华。因为从云中的冰晶转变为降水粒子的增长过程是连续的,因此无论使用雷达或是其他工具,区分云与降水要比判断是否为液态降水更难,例如,在图 4.10 的时间-高度图中,要说出在哪一

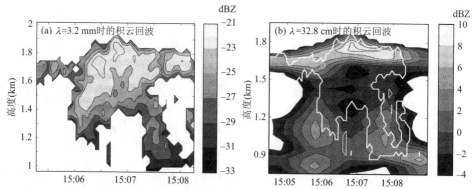

图 4.13　工作在 94 GHz(波长 3.2 mm,左图)(译者注:原图中 3.2 m 应为 3.2 mm)和 915 MHz(波长 32.8 cm,右图)的两部雷达观测到的积云反射率时间-高度图。为便于比较,在 915 MHz 图像上叠加了用 94 GHz 雷达观察的回波轮廓。注意两幅图像反射率标尺的变化。短波长系统对云滴敏感,而波长较长的雷达可以探测到边界层积云边缘水汽剧烈变化引起的晴空回波,特别是在边界层积云顶部。转载获 AMS 许可(Kollias 等,2001);版权许可中心许可

个确切的时间或空间不再是冰云回波,而是固态降水回波是一个挑战。

4.6.2　空气中的折射指数梯度

当遇到折射率变化时,电磁波会发生部分反射。正如第 2 章所提到的,对流层中的空气折射率随气压、温度和湿度而变化。这样的梯度随处可见,但在对流边界层顶部(对流层底部,与受太阳加热的地面接触的区域,图 4.14)、锋面以及云的边缘(图 4.13)往往会更强一些。当用反射率因子的单位表示时,折射率梯度的回波增加了 $\lambda^{11/3}$。因此,晴空回波主要在极为敏感的雷达,或者是波长较长的雷达上才可以观测到。这些原因使得风廓线雷达可以在各种天气条件下工作。这些回波的存在可以用来探测温度或湿度边界,但其强度信息现在还不能像水凝物回波强度那样同等程度地量化使用。

美国伊利诺伊州FlatLand大气观测站
1995/09/10

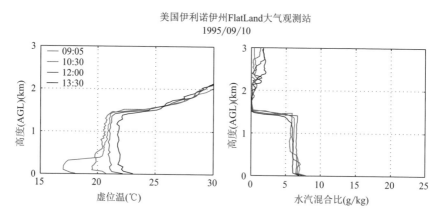

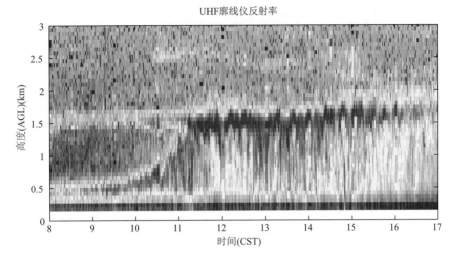

图 4.14　长波雷达回波与热力学参数关系图。图的上部绘制了四次探空的虚位温和水汽混合比(见上页)。图的下部显示 UHF 廓线仪的反射率时间-高度剖面(强度色标暖色对应强回波)。层状的回波对应于位温和绝对湿度迅速变化的高度。转载获 AMS 许可(Angevine 等,1998);版权许可中心许可

4.7　非天气目标

除了来源于气象的回波外,雷达还能探测扫描范围内的任何其他目标。而其中很多被认为是杂波,但在气象上有些是有用的。

夏天,小的昆虫造成的弱回波很常见。整个边界层中都可以发现这些回波,因此它们可被用来精确地跟踪风。有趣的是,它们也可以用来确定低层辐合及由此产生的上升运动位置。其作用机制是:许多昆虫依靠上升气流上升,利用这一优势昆虫无需主动飞行,有点像鸟随着上升气流滑翔。因此昆虫可以在上升气流中待很长时间,而更多的昆虫可以被低层辐合带入上升气流。这样,昆虫回波强度在上升气流区要比在大气边界层内更强。识别有昆虫的强回波区非常有用,因为上升气流发生在低层辐合区,而新的风暴可能在此区域发展。因此,由于昆虫回波的存在(图4.15),就有可能揭示锋、干线、边界层环流以及许多其他类型的低层辐合区。

鸟类和像蝴蝶这样的大型昆虫也可以通过雷达观察到。然而,由于它们在空中的飞行速度较为明显,所以它们不能像许多昆虫那样被用作被动的示踪物。鸟的回波主要有三种模式。第一种是来自单只鸟或日间鸟群的点目标,这些通常是很难发现的;第二种模式是在刚刚日出或日落后一个展开的圆盘和环状,因为鸟类从它们的筑巢区域飞出开始一天的活动;最壮观的模式是第三种:当其在夜晚迁徙时,鸟的回波可达20 dBZ 且覆盖 2 km 以下雷达显示的大部分区域(图 4.16,补充电子材料 e04.1)。

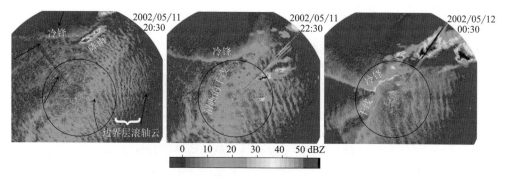

图 4.15 美国俄克拉何马州西部采集的低层 PPI 昆虫回波时间序列(大多数回波低于 20 dBZ,对应于这些图像中回波 95% 的区域),对流降雨(大多数回波高于 20 dBZ)及一些弱的地面目标(特别在 20 km 范围以内)。图像中的圆圈为 60 km 距离圈。昆虫回波在边界层(BL)环流的向上分支被组织成线状形态,导致条纹状的反射率场,而受大尺度辐合强迫的上升气流则导致更为强烈的线,如冷锋和干线。20:30 UTC 图中向上箭头表示边界层风的方向,图中标出了由于昆虫回波得以展现的主要辐合线

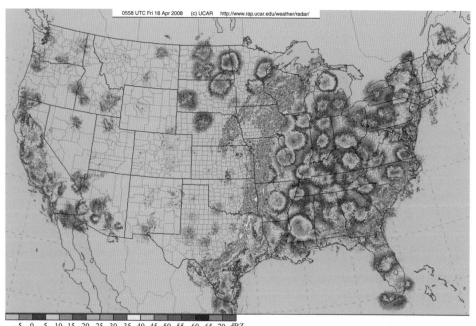

图 4.16 2008 年 4 月 17—18 日夜晚(东部 02:00 EDT,西部 23:00 PDT)美国境内综合反射率图。可以观察到大陆中心附近的一个相对比较强的降水回波带,该回波带与一个低压系统有关。在其东部,几乎所有的雷达都能看到鸟类迁徙引起的较弱的回波圆盘。春天,鸟类主要在即将来临的风暴前部迁徙,它们可以利用向南的顺风,而不是在风暴西侧朝向风向相反方向。秋天的情况正好相反。鸟可能没多少脑子,但它们也不傻!

© 2008 UCAR,许可使用

　　大火和火山喷发会在大气中喷射出烟灰和其他小碎片。因为烟灰由比较大的颗粒组成,可以产生相当强的回波:森林火灾的烟灰反射率往往可以达到 40 dBZ,而火山喷发会更强一些。如图 4.17 所示,单幅图像上烟灰回波与降水是无法区分的。在垂直剖面上,火山灰出现在喷发位置上方并缓慢漂落到下风处。这就是为什么在时间动画中烟灰的源头位置似乎固定在某一个地方。这是在没有其他线索,如卫星图像或火灾存在信息的情况下,识别烟灰的关键方法之一。不过要注意,有时天气回波也可能来自于唯一的一个地点,所以这一线索并非万无一失。

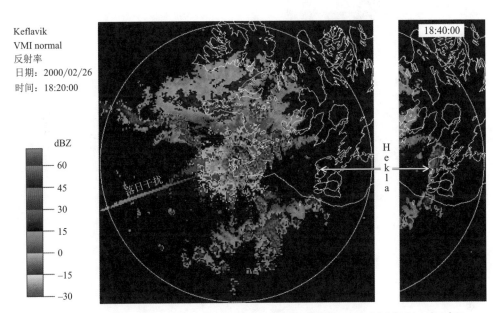

图 4.17　2000 年 2 月 26 日海克拉(Hekla)火山开始喷发后 2 min(左)和 22 min(右)冰岛凯夫拉维克(Keflavik)雷达探测到的垂直方向最大强度图。图中标示了海克拉火山的位置。注意右侧图像仅对应于左侧图像的东边部分。在 20 min 内,可以发现与火山灰关联的超过 60 dBZ 的回波。两幅图中其他回波包括近距离地面和海面杂波,北部和南部两片广阔区域的降水,以及日落夕阳的干扰(在发出可见光的同时,太阳还发射微弱的微波;雷达指向太阳时,可以探测到这些辐射并可能被错误地解释为"回波";其他如局域网络(LAN)也可能产生类似信号)。图片使用冰岛气象局数据,Sigrún Karlsdóttir 友情提供

　　烟灰不是雷达可以观察到的唯一"干降水(dry precipitation)"回波。谷壳是另外一种"干降水"回波。箔条纤维是在大气中释放的人造雷达目标。它们被军方用来制造假的回波以欺骗雷达制导武器,同时也用于大气扩散研究。在一个小包装内释放后,它们会慢慢下落随风漂流。起初,看起来像一块在高空突然出现并迅速发展的风暴回波,但随着时间的推移,它们通常在垂直和水平方向延伸为狭

窄的路径(图 4.18)。根据箔条释放量,其回波可以覆盖一个相当大的水平区域(补充电子材料 e04.2)。

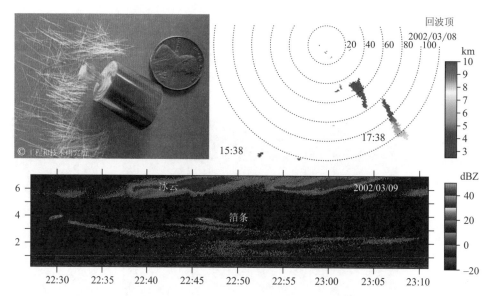

图 4.18 左上图:充满箔条纤维的小型圆柱容器图像,其中一些箔条已被拉出(Stimson, 1998,© 1998 IET,许可使用)。箔条通常由反射金属包裹的薄的玻璃纤维制成。右上图:回波顶图像,显示箔条释放后很快(15:38)形成的较强的点状目标,2 h 后(17:38)由于每个箔条纤维下降速度不同,形成下降轨迹。下图:另外一次箔条释放的反射率回波高度-时间廓线

最后但并非最不重要的是:地面目标到目前为止仍是最为常见的非气象回波。虽然水面回波通常很弱,但地面回波可能会非常强,而且往往具有很强的纹理(图 4.19)。相比于降水,这两种回波都比较浅薄,它们的强度随高度增加迅速减小。地面回波还可以通过其固定不动的特征得以识别:几天之后,人们就可以学会识别它们并在脑海中过滤掉这些回波。同时它们的多普勒速度为零。许多雷达的信号处理和数据处理系统可以通过识别零速度将地面杂波排除掉。这种处理并非万无一失。运动的地面目标,如风车和车辆交通还会保留,而一些降水回波对于雷达处理系统似乎是固定的,因为它们在所在位置有零多普勒速度,也可能会被删除掉。

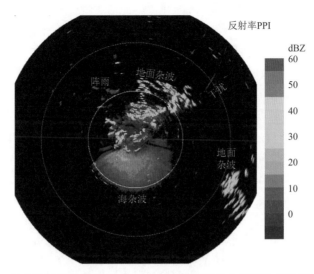

图 4.19 地中海附近法国 Collobrières 雷达观察到的 0.8°仰角反射率 PPI,显示各种无用的杂波。在西北方向一些小的阵雨回波中,可以观测到地面目标(强纹理回波或沿一个固定距离处的短的弧线)、海面(南部更亮更均匀的区域)以及与其他雷达发射机之间存在的干扰(图像中沿方位角方向的短线以及西南—东北方向 Interference(干扰)标志上方的弧形)回波。由船只和飞机造成的许多点目标也可以识别出来。距离圈间隔为 100 km。原图由 Pierre Tabary 友情提供

4.8 一种回波识别方法

上面列出了一系列可观测的目标,如何正确识别它们似乎就是一项艰巨的任务,特别是因为不同类型回波的特性之间有相当大的重叠。因此,没有简单且按部就班的方法来确定目标类型。一个好的方法是观察回波的结构和变化特征,并确定其是否与预期的不同类型目标特征一致。最后,大多数类型的目标会被淘汰,而希望发现有一种类型的回波可能性最大。

应该考虑的特征包括以下内容。

(1)回波强度:回波的平均强度和峰值强度是多少? 地面附近 2 km 内,大多数目标都可能探测到,但许多目标都有典型的回波强度范围(参见表 3.2)。对于常用的天气雷达波长,强回波(大于 40 dBZ)是对流降水,最强的(大于 60 dBZ)一般伴有冰雹。中等回波(25~40 dBZ)一般是很强的大范围降水,但大范围降水如果是毛毛雨其强度也可以低于 0 dBZ。烟灰和箔条的回波也有类似的强度。低于 25 dBZ 的回波可以来自多种类型的目标,而液态云和折射率梯度回波不大可能高于 −10 dBZ。注意地面目标可以是任何强度,因此适合所有这些分类。

(2)大小和形状:目标有各种形状,其中一些会导致“特征回波形态”。球状回波

形态(图 4.1 右,图 4.3 上及图 4.9 右)排列成一簇或者几十到几百千米的线,特别是如果它们移动,一般都是由降水引起的,而且是对流性的。较宽且结构较少的回波(图 4.1 左和图 4.9 左),特别是如果它们伸展到 3 km 以上高度,也是来自于降水,而且一般是层状的。如果它们沿着不在雷达径向上的轴线拉长,则可能是来自箔条(图 4.18),或者如果它们形成一条非常细的线(图 4.19),它们就是来自于干扰。当回波沿径向拉长,可能是来自于"雹钉"(只有当回波形态很短并且紧靠在一个很强的目标后面时,图 4.12)、来自另一个信号源的干扰(如果回波非常细,在所有探测距离延伸,并且随时间推移保持方位不变,图 4.17),或者天气回波在雷达最大不模糊距离之外(特别是如果回波形态在方位角方向上缓慢移动,参见补充电子材料 e05.4)。如果反射率较弱,点目标可能来自未经处理的噪声;或者如果回波比较强,则回波可能来自飞机或单只鸟。需要注意,因为观测高度和雷达灵敏度随距离会发生变化,探测到的回波大小和形状也会受到雷达测量几何的影响。其结果是,弱的目标或者低层目标,因其接近地面的强度较为均匀,往往表现为一个以雷达为中心的圆盘(图 4.16);这种情况主要是鸟类、昆虫、海杂波和弱的层状云降水。另一个例子是亮带,经常在足够高仰角的 PPI 图上观测到亮带,其在雷达 PPI 图上呈现为不完整的环状(图 6.8a)。

(3)垂直结构:从地面直到 3 km 以上高度的回波一般来自于降水、烟灰和谷壳。在这些回波中,0 ℃层亮带是明显的降水信号,表示降水从雪融化为雨。如果不存在亮带,观测到的就是雪或暖雨,除非是回波很强的情况,出现的则是对流风暴。强度随高度增加迅速减少的回波仍有许多来源。随高度迅速减小的强回波通常来自于杂波。较弱的回波可以延伸到几千米高度,可能依旧是毛毛雨、雪、昆虫或鸟类。不寻常的回波形态,如回波仅存在于一个 PPI 中就不可能来自于气象目标,往往是由干扰或太阳造成的。

(4)移动:移动也是有用的线索,特别是对于那些不是水平均匀的目标。这是因为几乎没有水平结构的弱回波,即使它们发生移动看起来也是静止的:缺乏可跟踪的形态以及雷达无法探测某一范围以外的弱目标,使得回波在雷达周围呈现固定的圆盘状。长时间(超过 2 h)保持绝对静止的回波形态,特别是当它有许多小尺度结构时,可能就来自于杂波。发展的回波,似乎在地理位置上又处于锁定的状态,可能来自于在某种地形上不断变化的降水,但往往与火灾或火山喷发产生的烟灰有关。

(5)外部线索:其他数据来源偶尔会提供缺少的关键信息。特别是,如果在卫星云图上没有云会排除极微弱的晴空回波以外的所有天气目标。温度也需要重点考虑:雪不大可能在 0 ℃以上出现,而鸟类和昆虫不可能低于 0 ℃;毛毛雨和雨在 −10 ℃也很罕见。

(6)可能性:如果回波特征不足以判断目标的性质,并且外部线索也模糊不清,最好还是采用发生的可能性来判断。来自降水的回波是很常见的,地面目标也是如此,尤其是在没有滤除杂波的情况下。在陆地上,气温足够温暖时,昆虫回波很常见,而在海洋上空,如果风力足够强,海杂波就会在比较近的距离有规律地出现。特别是如果风向有利,春季和秋季的夜晚经常可以看到迁徙的鸟类,但在其他时间则不会。依赖于覆盖的区域和雷达频率,干扰回波可能常见,也有可能不常见。烟灰和箔条通常比较罕见,后者的出现与雷达接近空军基地的程度有关。

即使有这些评估方法,仍然可能存在歧义性,特别是对于低海拔地区较弱的回波,需要有更多的信息,其他雷达测量如多普勒速度及多偏振导出量将会对此有所帮助。

第5章　多普勒速度信息

5.1　多普勒测量

自 20 世纪 90 年代多普勒雷达在美国投入业务使用以来,其现已成为常规装备。除反射率外,多普勒雷达还能测量目标物径向速度,对应于目标物移向或者远离雷达的三维速度分量。事实证明,这些信息对帮助探测恶劣天气状况至关重要。但是,尽管电视上气象学家经常说显示的雷达图像来自一个或多个多普勒雷达,他们却几乎从不显示速度图像。这是因为,正如我们将很快看到的那样,多普勒数据比反射率数据更难解释,有时候更为模糊不清。在这一章中,介绍可以测量的不同多普勒参量,以及可以从这些多普勒参量中获得的信息类型。

5.1.1　多普勒谱矩

考虑一个距离为 r 的点目标。在第 2 章,我们看到,相对于发射脉冲,该目标的相位 φ 为:

$$\varphi = -2\pi f t_{\text{travel}} = -\frac{4\pi f n}{c} r \tag{5.1}$$

式中,f 为雷达发射频率,t_{travel} 是雷达脉冲遇到目标物并返回所需时间,n 是沿路径的空气平均折射率,c 是真空中的光速。如果目标物的距离 r 发生变化,t_{travel} 和 φ 也会发生变化。显然,只有当目标物离开或接近雷达时,这种变化才会发生。这样,φ 的变化率为:

$$\frac{\mathrm{d}\varphi}{\mathrm{d}t} = -\frac{4\pi f n}{c} v_{\text{DOP}} \tag{5.2}$$

式中,v_{DOP} 是目标物的多普勒速度。如果我们可以测量目标相位的变化率,就可以估计目标物的径向速度或多普勒速度;平均多普勒速度有时被称为多普勒一阶矩。

一般来说,在雷达采样体积内存在多个目标物,它们的速度并不完全相同。因此,采样体积内测量的功率和多普勒速度是波动的,因为每一个目标返回信号之间的干扰不断变化。因此,这些波动发生的速率是采样体积内目标多普勒速度离散程度的一个量度。因此,除了平均多普勒速度 v_{DOP} 之外,也可以测量目标速度的频谱宽度(谱宽)σ_v。谱宽又被称为多普勒二阶矩。推而广之,反射率有时被称为多普勒零阶矩。图 5.1 给出了来自于所有三个多普勒阶矩数据的例子。除非雷达的波束宽度非常窄,否则由于影响谱宽的过程很多,对谱宽的定量解释往往比较困难(图 5.2)。

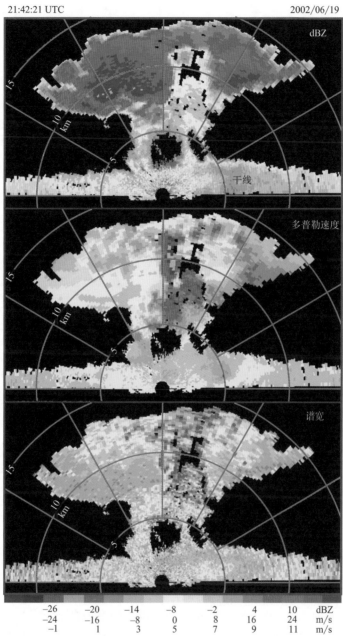

21:42:21 UTC　　　　　　　　　　　　　　2002/06/19

图 5.1　由机载雷达通过美国堪萨斯州西北部的积雨云进行反射率(上)、多普勒速度(中)和多普勒频谱宽度(下)的圆锥扫描。这些图像中,左右为水平方向,上下则接近垂直方向。与下面的色标相关联的数字是反射率(第 1 行)、多普勒速度(第 2 行)和谱宽(第 3 行)。由于观测到的反射率较弱,几乎没有形成降水。在多普勒图上,图像中心右侧的正速度指示主上升气流的位置,该区域谱宽值很大,说明上升气流的变化可能更加剧烈,而下沉气流则较稳定。经美国气象学会(AMS)许可将 Wakimoto 等(2004)成果再版;美国版权许可中心有限公司(Copyright Clearance Center,Inc.)发行许可

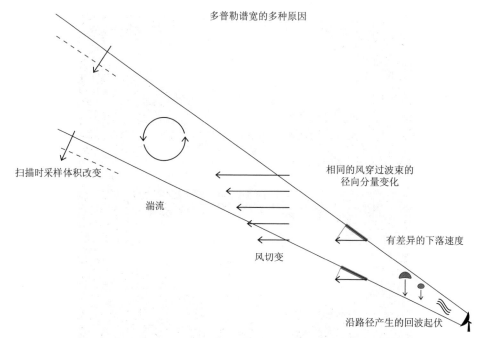

图 5.2 引起多普勒谱宽展宽的多个过程示意图。引起该现象的原因:在波束的一端到
另一端之间,或在测量时间的开始和结束之间,相同的现象会导致不同的多普勒速度

因此,与平均多普勒速度相比,尽管谱宽在定性上仍可用于识别风的变化率较高的
区域,但它还没有得到广泛的应用。

对于不同雷达,多普勒速度的符号约定并不完全一致。大多数扫描雷达使用
"PANT"(译者注:positive away and negative toward)约定,即远离雷达时速度数值
为正,朝向雷达时速度数值为负。当雷达指向上方时,正值对应向上的速度。然而,
许多风廓线仪使用相反的约定。但是,这两种情况都有例外,所以要小心! 每个人
或多或少都同意的是,用冷色调(例如蓝色和绿色)来表示向雷达移动的速度,用暖
色(如黄色和红色)来表示远离雷达的速度。

5.1.2 多普勒频谱

如第 3 章所见,返回到雷达的信号是所有目标物返回值之和。通过计算原始信
号在给定范围内的傅里叶变换和功率谱,对信号进行频谱分解,得到总功率的分布,
该分布是多普勒速度的函数。得到的函数称为给定范围内回波的多普勒频谱。越
来越多的雷达信号处理器将计算多普勒频谱作为数据清洗(如地面回波抑制)的第
一步。由于需要大量的介质空间以及对这些频谱的科学利用很少,所以这些频谱数
据通常不会被存储。唯一的例外是垂直指向雷达和风廓线仪,用多普勒频谱可以解
释目标下降速度的分布,该分布是高度的函数。这样能够提取到更加丰富的信

息(图 5.3)。

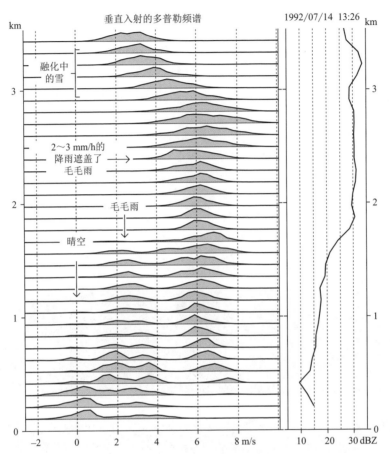

图 5.3 1992 年 7 月 14 日(EDT,美国东部时间)加拿大蒙特利尔地区超高频风廓线仪测得的 0~3.5 km 高度回波的多普勒频谱。在主窗口(左)图中,有 33 条曲线显示了以给定垂直速度(向下为正)运动的目标对反射率的相对贡献,其为高度的函数。右侧描绘了反射率垂直廓线。可以识别出三种类型的回波:晴空回波(0~1 km),速度在 0 附近;毛毛雨(0~1.6 km),下落速度约为 2.5 m/s;层状云降水(0.5~3.5 km),3.5 km 高度对应降雪区,3 km 以下高度对应雨区,两层之间为融化的雪。此时,层状云降雨刚刚开始,且其仍主要在 1.8 km 高度以上,遮住了毛毛雨回波。只有一部分雨滴已经到达较低高度,最大的(也是最快的,接近 8 m/s)雨滴最接近地表。

引自 Fabry 等(1993),© 版权 1993 AMS

5.2 垂直发射测量和廓线信息

从地面垂直向上发射电磁波或飞机、卫星向下发射电磁波时,多普勒雷达可以测量目标物的垂直速度。相比于扫描雷达的四维测量(x,y,z,t),尽管这些雷达仅存在二维测量(高度z和时间t)的局限性,但是,从这些数据中获得的详细信息是非常有价值的,目前还没有充分利用。

垂直发射时的速度测量既取决于观测到的目标类型,也取决于大气的动力学状况。在第4章中,我们讨论了如何识别天气雷达观测到的多种不同类型的目标物。当目标物的下降速度已知时,识别目标物的任务变得容易得多,分类也可以更加详细(图5.4)。例如,雨滴较大的雨可以与雨滴较小的雨区分开来,这是将反射率转换为降雨速率的一个重要考虑因素。强降雨通常是较大的水滴下落速度较快的结果;因此,具有高反射率的雨应比低反射率雨或毛毛雨有更大的下落速度。通常情况下这是对的,但情况并非总是如此。在图5.4中,我们可以看到01:10前后的降雨下落速度较快(在"雨"一词下面),而01:25前后的降雨,具有相同的反射率,但下落速度较慢。假设空气的垂直速度已知或可以忽略,给定大小的雨滴以已知的速度下降,因此,可以用多普勒频谱测量来获得雨滴大小分布。此外,可以使用多普勒频谱验证同一采样体积内是否有一种或多种目标物类型(图4.4和图5.3)。

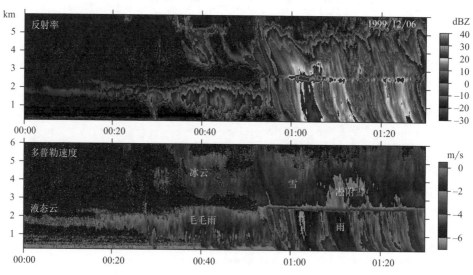

图5.4 大范围降水过程中反射率(上)和多普勒速度(下)高度-时间剖面图,
可观测和识别多种类型的天气目标物

但是,垂直发射雷达的多普勒信息在监测对流尺度和云尺度大气动力学状况中的应用最为常见。图5.5对此给出了漂亮的图示:在这幅30 min的图中,可以观测到边界层的运动、冷空气出流对暖空气的抬升,以及它如何与增强的昆虫回波、不同演化阶段的积云,以及所有这些过程之间的复杂相互作用联系在一起。也许,需要一整门课的时间来恰当地解释在此短时间内所观测到的是什么!

与扫描雷达相比,解释垂直发射雷达的多普勒数据所获得的空气运动信息,既

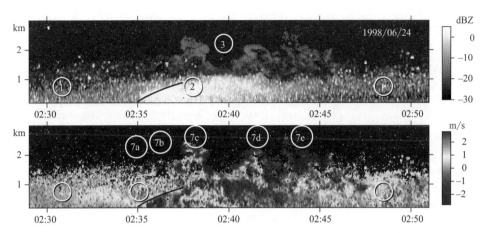

图 5.5　X 波段垂直指向雷达在一个起源于远处雷暴的出流边界通过期间所观测到的反射率（上）和多普勒速度（下）的时间-高度图。在多普勒图像上，速度正值和暖色对应于上升运动。利用反射率，可以观测到昆虫回波①、沿出流边界增强的昆虫回波②和积云③。结合速度信息，图像变得更加详细。在冷空气出流边界之前方④，由均匀速度场可见，夜间边界层空气静止。但在冷空气出流之后方⑤，大气变得更加混乱。边界层的辐合不仅抬升昆虫⑥，而且还抬升空气。这种抬升作用，强迫空气块穿过边界层的覆盖逆温层，致使积云形成。还可观测到处于不同发展阶段的 5 个积云，越成熟的积云，距离辐合线越远。前两个积云⑦a和⑦b只是热泡，它们仍处在由昆虫造成的低层回波内。下一个积云⑦c是一个旺盛发展的积云，在其核心是上升气流，外围是下沉气流。第四个积云⑦d处于消散初期，有少量上升气流和大量下沉气流，而最后一个积云⑦e正在迅速消散。20 min 后，新的风暴在这个出流边界上形成。转载自 Fabry 和 Zawadzki(2001)，© 2001 Elsevier 许可使用

较简单，而又更为复杂。一方面，测量的几何结构很简单：获得的信息是目标的垂直速度。另一方面，这个信息是目标相对静止空气不可忽略的下落速度和空气垂直速度的组合。对于像图 5.5 中的⑦a—⑦e这样的液态云，这不是一个问题。对于所有其他目标物，必须考虑目标相对静止空气的垂直速度。例如，昆虫既能自己移动，又能被垂直气流带走。在图 5.6 中，我们可以看到两者兼而有之。在白天的时候，昆虫被空气的运动推来推去，如图 5.5 所示。但是，人们可以清楚地观察到，不同种类的昆虫在日落之后或者就在日出之前活跃地起飞；它们又必须在某一时刻着陆。事实上，Geerts 和 Miao(2005)利用飞机数据显示，大多数时候昆虫的回波相对于空气运动在向下移动。然而，只要定性地而不是定量地利用这些信息，昆虫的回波运动就可以成为大气运动的强有力揭示者。

雪的回波有时也是如此，尤其是在低压系统之前：如果空气运动的强度或规模足够小，对雪花密度和雪花相对静止空气的下落速度影响很有限时，雪花的多普勒速度可替代空气速度。在这些事件中，既可以观察到在对流稳定层中产生的波动（图 5.7），也可以观察到水平不均匀潜热传递所产生的小对流单体，这些不均匀潜

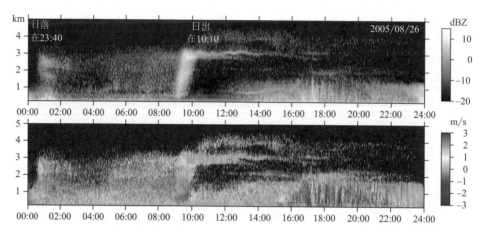

图 5.6 加拿大蒙特利尔地区一个晴朗的夏日，反射率（上）和多普勒速度（下）的高度-时间剖面图。这幅图中回波主要来自昆虫。利用速度和反射率信息，我们可以清楚地观察到，许多昆虫在日落后 1 h 和日出前 1 h 起飞，随后逐渐回落。这在一定程度上解释了为什么在这些时候，扫描雷达显示的昆虫回波覆盖范围会突然扩大。当接近正午以及下午（蒙特利尔，对应 16：00—22：00UTC）时，昆虫正越来越多地被对流边界层的空气环流垂直携带

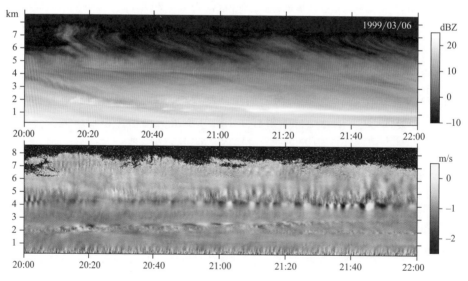

图 5.7 一次雪暴过程期间反射率（上）和多普勒速度（下）的时间-高度图。由于雪花下落速度几乎是均匀的，且惯性小，可以在多普勒速度上观测到当时空气垂直运动的详细结构。在这个信息异常丰富的例子中，我们可以从地面摩擦层（0.5 km 以下）中识别出机械湍流，在正在生成的单体中识别出热诱导环流（例如，20：10 时 7 km 以上）以及在强风切变、高静力稳定度的区域中识别出几个波动层

热是由冰雪晶发生凝华、升华和融化产生的。

在大多数其他情况下,目标物下落速度和空气运动发生相互作用:上升气流携带来的水汽,导致降水增长和下落速度发生变化。对于大多数降雨过程,垂直速度更多的是受水滴大小的影响,而不是空气运动。尽管我们知道空气运动必然存在,因为它决定了降水的增长速率和增长过程,但空气运动的直接证据很少能在这类图像(例如,图 5.4)中看到。只有在强对流中,空气运动才会足够强烈,在多普勒速度上才会留下可识别的标记(图 4.3 和图 5.1)。

最后但并非最不重要,接近垂直发射雷达探测的多普勒速度的两个重要应用是风廓线探测和无线电声学探测。风廓线雷达是一种长波长雷达,专门设计用于测量雷达上方风场的垂直廓线及其随时间的变化,它不但使用来自晴空的回波,而且使用来自降水的回波进行风场垂直廓线测量。大多数风廓线仪的工作原理如下(图 5.8):首先,雷达垂直指向发射电磁波 30 s 左右,获取目标物的垂直速度数据。图 5.3 显示了此类数据的一个例子。然后,雷达以高仰角 θ(如 75°)指向一个基本方向(如向东)发射电磁波,获取类似时段的数据。因此,雷达接收到的多普勒信号是垂直风 w 和东西方向水平风分量 u 的合成,即 $w\sin\theta + u\cos\theta$。因为 w 是垂直入射时的测量值已知,因此可以导出 u。然后,廓线仪指向另一个基本方向(比如,北方)发射电磁波,并从这个测量可以反演得到风的南北分量 v。通常,廓线仪也将向南方和西方进行测量。由于进行这三个或五个测量的采样区域是不同的,因此,必须对多次测量进行平均,以消除风场反演中的噪声。典型地,廓线仪每 30 min 就能反演一次精确的风廓线。有时会绘制更高分辨率的数据,但在传统的风廓线仪上不应完全相信这些数据。自 21 世纪初以来,使用被称为间隔天线技术(spaced antenna

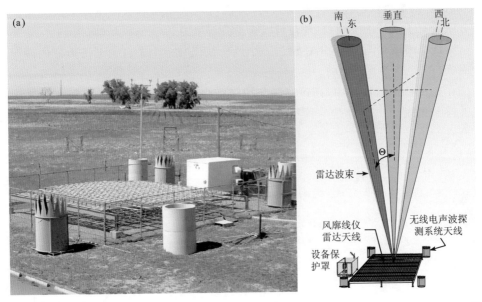

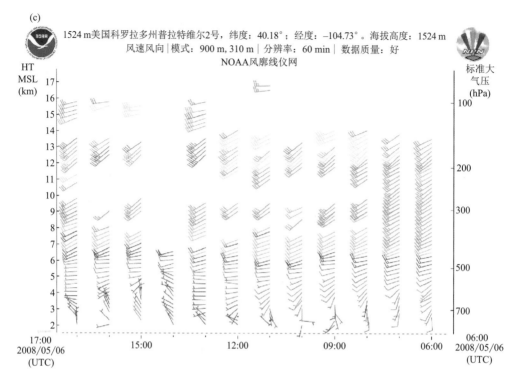

图 5.8 （a）美国科罗拉多州普拉特维尔（Platteville CO.）的风廓线仪照片。（b）雷达和
测量过程示意图，使用三个或多个方向的连续测量来反演风廓线信息。（c）测量得到的
垂直风廓线的高度分布及其随时间变化的实例。图片和照片由 NOAA 提供

technique）的廓线仪已经被开发出来，这样就可以从相同的采样体积中获得风的所
有分量。有了这样的廓线仪，现在可以获得分辨率为 30 s 的风场（图 5.9）。

　　无线电声波探测系统（RASS）由一个风廓线仪与一个来自大型扬声器的声源耦
合而成（图 5.8a 和图 5.8b）。

　　在这种特殊的设备中，扬声器的作用是产生声波，声波的波长是风廓线仪无线
电波波长的一半。声音是一种压力波，由于空气的折射指数是压力的函数，声波
就会在合适波长上建立一种规则的折射指数模式来反射廓线仪的无线电波。因
此，这些声波变成了一个刻意向上传播的目标。结果就是，这一设想的主要兴趣
点在于，声速作为高度的函数，是可以测量的。声速 c_s 是空气虚温 T_v 平方根的
函数：

$$c_s = \sqrt{\frac{c_p}{c_v} R' T_v} = \sqrt{\frac{c_p}{c_v} R' T \left(\frac{1 + r_v/\varepsilon}{1 + r_v} \right)} \tag{5.3}$$

式中，c_p 和 c_v 分别是定压空气比热和定容空气比热，$c_p/c_v \approx 1.4$，R' 是空气气体常
数（287 J/(K·kg)）。回想一下，虚温 T_v 是在温度 T 下观测的湿空气和在虚温 T_v

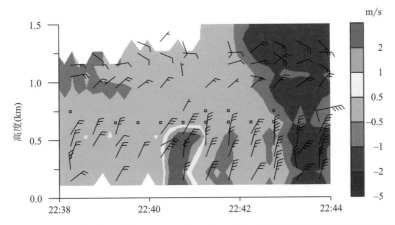

图 5.9　美国科罗拉多州伊利市（Erie，Colorado，USA）超高频干涉风廓线仪测得的 30 s 分辨率垂直速度（色标）和水平风速（风向标）的时间-高度剖面图，22:43 之前是晴空，22:a 开始下雪。22:41 冷锋过境，导致突然的上升运动，低层风速从 20 kt（译者注：约 10 m/s）突然加速到 30 kt（译者注：约 15 m/s）。2 min 后（译者注：22:43），雪的下落速度超过 1 m/s。图片由 William Brown 提供

下观测的干空气具有相同密度时的温度，它是经过校正因子 ε 校正的水汽混合比 r_v 的函数，校正因子 ε 是空气的气体常数和水汽的气体常数的比值（≈ 0.622）。因此，根据声速测量可以得到 T_v 的垂直廓线（图 5.10）。因为 T 与 T_v 十分接近，所以通常将 RASS（无线电声波探测系统）的廓线看作为温度的测量值。

虚温可以测量到的范围取决于声音相干传播的距离。正如你可能注意到的，低频的声音，比如远处打雷的隆隆声，比高频的声音传播得更远。因此，低频廓线仪，需要低频率的声音，能够探测较高层大气的虚温：高频的边界层廓线仪能够测量 1 km 以下高度的温度，而低频廓线仪能够测量高得多距离处的信息，前提是周围邻居不抱怨 RASS 扬声器发出的响亮的低频声音！

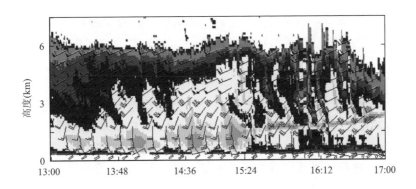

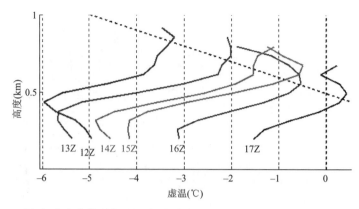

图 5.10　上图:加拿大蒙特利尔地区冬季暖锋趋近时超高频(UHF)边界层风廓线仪观测的反射率和水平风场的时间-高度图。暖色对应较大反射率。15:30 之前的雪后来变成了雨,一条亮带出现在 1.5 km 高度附近。下图:从 12:00 到 17:00 的每小时由 RASS(无线电声波探测系统)测量的相关虚温廓线。倾斜的虚线对应于干绝热递减率。我们可以看到,地表温度的变暖和暖锋锋面的下降过程。然而,1.5～2 km 高度附近最温暖的空气超出了超高频(UHF)下的 RASS 测量范围

5.3　平均多普勒速度 PPI 显示

大多数多普勒雷达在方位上作扫描。因此,由扫描雷达测量的平均多普勒速度就是径向速度,即朝向雷达或远离雷达的风分量。由于测量几何随雷达扫描变化而变化,所以多普勒模式并不像垂直入射时那样直接反映目标物的速度。假设有一定常的西风,当雷达指向西方时,会观测到强的逼近速度,而当雷达指向东方时,会观测到强的后退速度,当雷达指向北或向南时,会观测到无速度(图 5.11)。径向速度图像通常比这个简单的例子要复杂得多,原因如下。

(1)风很少是均匀的;

(2)能够获取风信息的区域仅限于有目标物(如雨、虫子等)的区域,因为只有在有目标物反射雷达波且速度可以测量的情况下才有可能测量到它的径向速度;

(3)并不是所有的目标物都随风而动:例如,地面和海浪杂波,鸟儿等;

(4)雷达观测到的目标高度随距离的增加而增加。

在这种情况下解释径向速度模式既需要经验,也需要使用一些简化的假设,以掌握所呈现的信息。经验随实践而来。在简化方面,根据不同目的,可以使用几种不同的理想模型:是为了获得随高度变化的风廓线,为了获得中尺度天气更大范围的水平风模型,还是为了获得与恶劣天气有关的对流尺度信号特征。

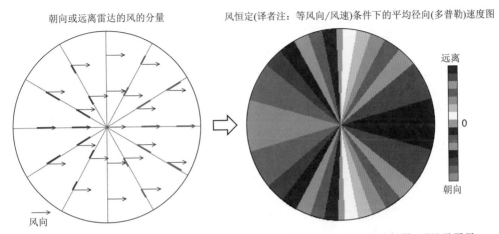

图 5.11　均匀西风的多普勒速度图。左图不仅显示了用箭头表示的风矢量,还显示了风
矢量在雷达径向上的投影。对于每一个风矢量,粗线的长度显示了测量的径向速度大
小,蓝色代表朝向雷达的径向速度,红色代表远离雷达的径向速度。右图显示了测量
得到的平均多普勒速度,颜色相同区表示该区的径向速度回波处处等值

5.3.1　两种模式:在平面上测量与在圆锥上测量

最常用的多普勒图像来自于 PPI 图。因此,随着距离的增加,雷达波束采样的
高度也会随之增加(回忆图 2.18)。近距离测量较低高度的风场,而较远距离测量较
高高度的风场,这是一个简单的事实,这对于正确地解释多普勒图像是必须牢记的。

根据 PPI 扫描的仰角和预期的风场类型,可以使用两种不同的概念方法来简化
多普勒图像的解释。第一种假设是在 PPI 采样高度内风场 $v(x,y,z)$ 是充分定常
的,可忽略 PPI 高度变化对风场的影响,即 $v(x,y,z) \approx v(x,y)$。在这种情况下,平
均多普勒速度图的结构主要由中尺度和对流尺度风场变化(如锋面或风暴引起的环
流)控制。这种思维方式最适合在类似夏季条件下近似水平的 PPI,特别是在恶劣天
气预计会在短距离内显著改变风的情况下。这仍然是一个困难的解释,因为需要反
演一个二维变化的双分量风矢量 $v(x,y)$,其中要使用径向速度,这是一个速度分量
的量。除了一些指示特征外,多普勒速度图很难用双分量风矢量来解释。

第二种方法是假定风 $v(x,y,z)$ 随高度变化的速度远快于其随水平空间的变
化,即 $v(x,y,z) \approx v(Z)$。如果这一假设是正确的,由于高度在 PPI 图上是距离的
函数,因此风速和风向应该仅仅是距离的函数。在给定的距离或高度上,所有方位
角的径向速度测量值都可以用来获得 $v(Z)$。尽管这样的多普勒速度图像可能看起
来很奇怪(像韩国国旗的阴阳图案),但它们实际上比风在水平方向上变化很大时的
图像更容易解释。

在任何特定情况下,应该选择哪种方法? 如果在雷达覆盖范围内风向和风速没

有显著变化,忽略水凝物下降速度对多普勒信号的贡献(使用式(5.4)),则多普勒模式应显示出完美的中心对称:

$$v_{\text{DOP}}(r,\phi) = -v_{\text{DOP}}(r,\phi+180°) \tag{5.4}$$

在降水广泛的地区,这是可以预料到的,第二种方法在这种情况下最有效。如果这种对称性被打破,意味着风也是水平变化的,如果仰角很小,第一种方法可能会更好。否则,就需要将两者相结合,对多普勒模式的正确解释会变得非常困难。

5.3.2　破解多普勒风场之谜

图 5.12 说明了从多普勒速度 PPI 图像中提取风廓线的过程。考虑到多普勒速度图形可能的复杂性,建议采用以下系统但稳健的方法。

(1)对于感兴趣的海拔高度,在本例中是 3.4 km,识别出该海拔高度的数据。在 PPI 中,这些数据是在一个等距离圈内找到的,在这个例子中是在 60 km。要先过滤掉所有其他高度上的数据是十分重要的;否则,它们的使用几乎总是会导致错误。因此,所有不在兴趣范围内的数据都要先被屏蔽掉,如图 5.12 右图所示。

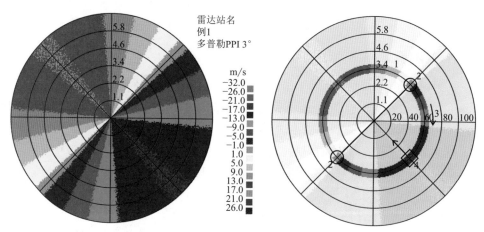

图 5.12　左图:风速廓线未知条件下仰角为 3°的多普勒速度 PPI 图。距离圈为与雷达的距离(沿水平径向)和它们相对于雷达的高度(沿垂直径向)。右图:确定某一特定高度风所需遵循的步骤顺序。详细介绍见正文

(2)确定多普勒速度为零的位置。根据简单的风场模型,对于完整的数据覆盖,在雷达的两侧应该有两个多普勒速度为零的相对位置。对于空间风场结构更为复杂或回波覆盖不完整的情况,结果未必如此。连接雷达到这些零速度区域的轴线正好与观测到零速度的位置上的风向正交。这两个零速度区之间的轴线应该大致垂直于雷达站点上空对应高度的风。

(3)沿着这个圆圈,找到负多普勒速度的极值和(或)正多普勒速度的极值(如图 5.12 所示)。

（4）可以发现速度极值区应与零速度区呈 90°夹角。然后从负速度极值区直接吹向雷达站（标记"4"）或沿着正速度极值区的方向远离雷达（与标记"4"呈 180°夹角，本例中为西北方向）。因此，风速就是那个峰值速度的量级。在图 5.12 例中，3.4 km 高度上的风速为 17 m/s，为东南风。在这个特例中，如果用该方法确定其他高度的速度，也可得到相似的结果。

乍一看，所提出的方法似乎有些冗余，但将证明，当信息缺失或其有矛盾的时候，比如当感兴趣的高度上风的空间分布不均匀时（图 5.13），该方法是很有帮助的：气流可能因动力或变化的地形而形变，导致曲率、汇流、倾斜急流以及各种各样的中尺度和对流尺度环流，在此基础上还需要加上地物回波引起的污染。建议方法的冗余性更有可能有助于解决这些不一致，从而能够反演出平均风廓线。

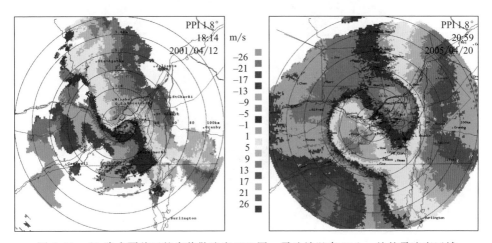

图 5.13　左：降水覆盖区的多普勒速度 PPI 图。雷达站以南 60 km 处的零速度区域是地物回波。

右：在雷达覆盖范围内 3.5 km 高度（距离约 90 km）处风向改变情况下的多普勒速度 PPI 图，从"远离"速度峰值偏离 180°的角度看不到"朝向"速度峰值这一事实说明了这一点

要掌握多普勒速度模式的解释，只有一种方法：实践。在进一步学习之前，强烈建议你使用上面描述的步骤，电子材料（补充电子材料 e05.1）中提供了教程。没错，这个建议对你也适用！

真实的风会随空间和时间而改变，即使在大尺度系统中也一样。通常情况下，这种变化是渐进的（附录 e05.2），但是，在锋面情形下这种变化会非常突然。在图 5.14 所示的例子中，我们可以看到三个区域：向东的锋前区，接着是过渡区，然后是向西的锋后区。锋前区和锋后区有不同但清晰的气流；为了确定这两种气流，所有其他数据，包括过渡区在内的数据，都必须被屏蔽掉，同时想象如果那里没有锋面，多普勒速度场会看起来是什么样子。只有这样，才能正确地确定锋面两侧的风。过

渡区更为复杂;这部分是由于它内部发生了对流尺度的环流。我们稍后再来讨论这个问题。

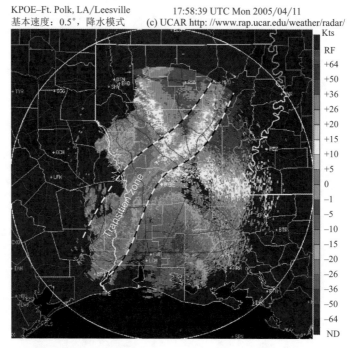

图 5.14 冷锋过境时低仰角的多普勒速度 PPI 图。最外圈距离雷达 230 km。注意过渡区东西方向的风向变化。忽略紫色区域,该区域表示无法获得多普勒速度测量的回波。

© 版权 2005 UCAR,许可使用

5.3.3 局地环流

从本质上讲,对流风暴具有强大的风场环流,它的尺度比中纬度气旋小得多。在这种情况下,人们可以在多普勒图像中找到与这些复杂环流相关的模式。其中可以识别出一些指示特征,尽管不是完全没有争议。

为了说明这些环流在多普勒图像上如何表示,首先考虑图 5.11 所示的西风观测。在平均风及其相关的多普勒模式中,加入了对流系统中预期的局部环流。该例中,我们假设这些环流发生在雷达北部的一个小正方形区域内。这一区域的平均多普勒速度如图 5.15c 所示。

第一个可能的特征信号是围绕一个点旋转的模型。如果存在一个旋转的环流,则将会在距离雷达的同一范围内观测到"朝向"雷达和"远离"雷达并排的速度对(图 5.15 中分别用蓝色和紫色表示)。这有时被称为"肾脏特征信号"。环流的切向部分仍像往常一样未被观测到。

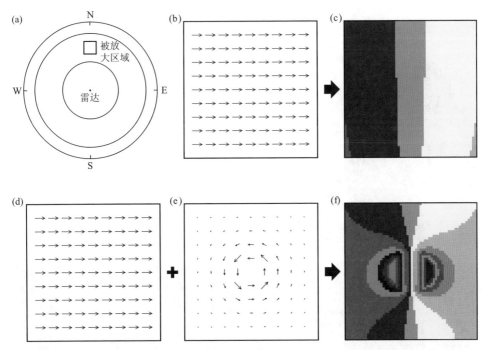

图 5.15　旋转气流场的多普勒指示特征示意图。考虑雷达北部的一个小区域(a)，西风气流场(b)所产生的多普勒模式(c)。在这个西风气流场(d)上叠加一个旋转气流场(e)，产生的多普勒图像(f)将显示一对并排在相同距离上远离雷达和朝向雷达的速度对。灵感来自 Brown 和 Wood(2006)

在多普勒雷达图像上旋转风环流的特征信号主要由三种现象引起。首先，热带气旋中心的旋转环流尺度较小，能被一部雷达覆盖，并呈现出几十千米宽的大速度对(图 8.12)。第二，在较小尺度上，中气旋是雷达观测到的最常见的旋转风环流。根据观测，中气旋的直径只有几千米，并在强大的对流风暴中发现，通常是由旋转的上升气流或下降气流造成的。它们往往是龙卷的发生源地，因此对其进行识别是很重要的。例如，在图 5.16 上图和补充电子材料 e05.3 中可以看到三个中气旋。最后，在一个甚至只有几百米量级的更小尺度上，龙卷也会显示出类似的特征信号，但前提是它们与雷达非常近(图 5.16 下图)；通常，这些龙卷旋涡特征信号(TVS)由于它们的尺度小而难以被观测到。

多普勒雷达可观测到的另一个与对流有关的局部多普勒速度指示特征是辐散特征信号。一个辐散的环流可通过一对由"朝向"雷达和"远离"雷达的速度对来识别，该速度对沿着同一方位角直线排列，并且"朝向"雷达速度中心在距离上更靠近雷达(图 5.17)。对辐合流场，可观测到相反的排列。

请记住，这些解释仅适用于尺度相对较小的环流，那里的特征信号并不集中在雷达位置上。在雷达中心位置上也可以观测到很强的速度对，但这些速度对都与特

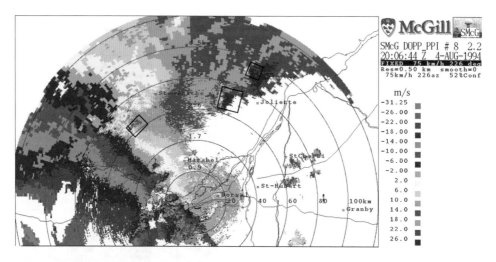

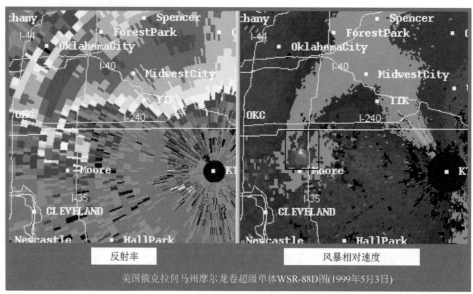

| 反射率 | 风暴相对速度 |

美国俄克拉何马州摩尔龙卷超级单体WSR-88D图(1999年5月3日)

图 5.16　上图：多个对流单体通过时的多普勒速度 PPI 图。可以清晰地观测到，有 3 个由矩形标识出的中气旋，1 个位于雷达西北方向 70 km 处，2 个分别位于东北偏北方向的 70 km 和 90 km 处。下图：引发 1999 年"摩尔"龙卷(译者注：发生在美国俄克拉何马州摩尔市)的强风暴反射率和多普勒速度 PPI 图，该龙卷观测时位于雷达西部 20 km 处。在反射率图中，暖色调(黄、红和白)对应于较强反射率；在速度图中，绿色对应于朝向雷达速度，红色对应于远离雷达速度(下图由 NOAA/SPC 提供)

定高度的最大风速(如低空急流)有关。

　　各种类型的强对流风暴都会发生辐合-辐散气流。特别重要的是下击暴流，这是一种强大对流产生的下沉气流，在到达地面时快速向外辐散扩展。许多飞机着陆时

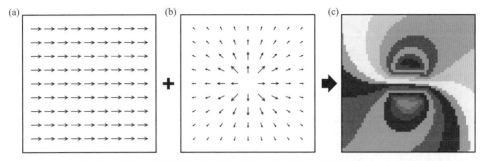

图 5.17　辐散气流场的多普勒指示特征示意图。考虑雷达北部的一个小区域,那里风为
西风(a),再加上辐散气流(b),得到多普勒图像(c),该图像将显示一个接一个沿着相同
方位排列的远离雷达和朝向雷达速度对。这个速度对与辐合气流情况相反。灵感来
自 Brown 和 Wood(2006)

失事都是由下击暴流引起的,为了尽早发现下击暴流,人们付出了极大的努力。在
多普勒雷达上,下击暴流碰撞地面时能被探测到,因为气流辐散发生在地面附近(图
5.18)。但是,这样的特征信号只出现在很低的大气薄层内(图 5.19),只能用低仰角
的扫描方式在中短距离范围内探测到。

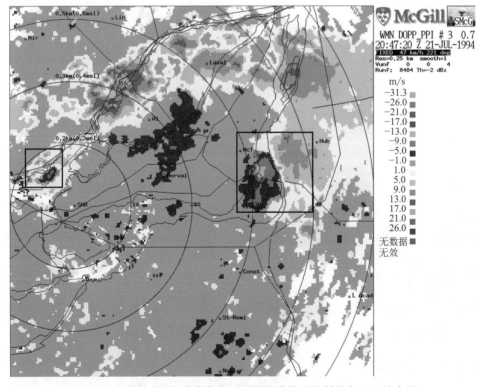

图 5.18　一次恶劣天气事件期间观测的多普勒速度低仰角 PPI 放大图。
可以观测到两个清晰可见的下击暴流特征信号,图中用方框标出

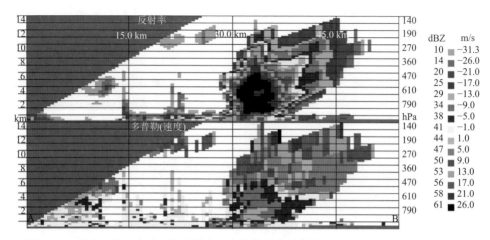

图 5.19　通过一个小冰雹云的反射率和多普勒速度垂直剖面图。雷达在图中左下角,负速度代表朝向雷达。在 30~34 km 距离之间 1 km 高度以下可看到一个非常浅薄的辐散特征信号(多普勒图像上绿-红速度对)

　　如果这些辐散来自多个下沉气流,辐散特征信号也可以扩展到更大区域,就如一系列阵雨或雷阵雨的情况那样。这正是发生在图 5.14 过渡区和图 5.20 所示的另一个锋面过境通道上的情况:冷锋造成了一系列阵雨和雷阵雨,每个阵雨都伴随着一个与其有关的向下气流。每一股向下气流到达地面时就会辐散;随后,这些气流汇聚在一起,形成一个从靠近最强降水轴线的地方流出的向外出流。更大尺度的辐合线还与其他环流有关,如海风或多个雷暴产生并合并在一起的阵风锋。这种情况下,在没有降水时,经常可以在多普勒图像上看到与辐合特征信号重合的反射率细线(图 4.15)。

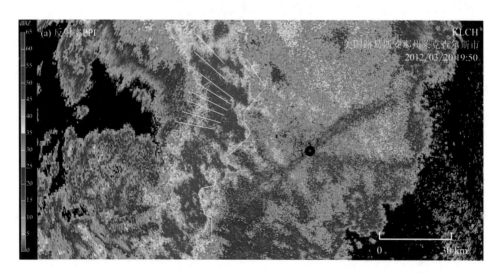

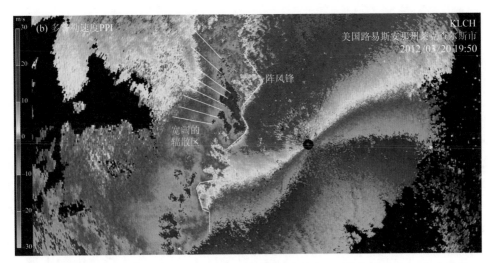

图 5.20　2012 年 3 月 20 日一个锋面通过路易斯安那州时 0.5°仰角反射率(a)和多普勒
速度(b)的细节图。雷达位于黑色小圆盘内的红色菱形上。在这两幅图上标注了两条带
的位置,一条是位于降水核下面的辐散带,它是由下沉气流撞击地面造成的,另一条是变
化剧烈的辐合边界,在这条边界上,冷下沉气流向东遇到锋前空气,并将锋前空气向东抬
升,形成了一条阵风锋

(a)反射率 PPI;(b)多普勒速度 PPI

5.4　基于速度测量的产品

人们已经开发出了从反射率数据中提取信息的算法,同样可以根据多普勒数据得
到各种产品。我们已经开发了从反射率数据中提取信息的算法,同样,有多种基于多普
勒速度测量的产品可供选择。与基于反射率的产品一样,一些多普勒产品的设计目的
是识别恶劣天气特征信号,并据此为预报员提供预警。我们刚刚看到的两个例子是用
来检测中气旋和近地面辐散特征信号的算法。另一种非常常见的多普勒产品称为速
度-方位显示(VAD)。VAD 算法试图通过一个函数拟合每个距离上的多普勒速度数据
来反演出风场的垂直廓线。基本上,VAD 算法以一种更系统的方法实现了我们前面描
述的步骤,反演得到雷达覆盖区域上空的平均风场(例如,图 5.12)。

假设雷达覆盖范围内的风廓线均匀,测量的多普勒速度可以表示为:

$$v_{\text{DOP}}[z(r),\phi]=[u(z)\sin\phi+v(z)\cos\phi]\cos\theta'+[w(z)-w_{\text{f}}]\sin\theta' \quad (5.5)$$

式中,z 是高度,ϕ 是方位角,θ' 是在距离 r 处雷达射线的仰角,u、v、w 分别为东—
西、南—北、下—上的风分量,w_{f} 是目标物相对于空气的下落速度,规定向下为正。
式(5.5)可写为:

$$v_{\text{DOP}}[z(r),\phi]=[w(z)-w_{\text{f}}]\sin\theta'+[u(z)\cos\theta']\sin\phi+[v(z)\cos\theta']\cos\phi$$

$$(5.6)$$

式(5.6)中,右边三项的第一项与方位角无关,第二项是一个"常数"乘以方位角的正弦值,第三项是另一个"常数"乘以方位角的余弦值。忽略地物回波对数据的干扰,利用给定范围内的多普勒数据,通过函数 $f(\phi)=a_0+a_1\sin\phi+b_1\cos\phi$ 拟合,可以反演得到相对应高度的水平风场(u,v)。在雷达采样的较大中尺度区域上平均风廓线一般变化较缓慢。因此,虽然可以绘制单次的 VAD 风场反演结果,但更有用的是考察风场的时间演变,如图 5.21 所示。在降水期间,这些风场信息类似于风廓线仪的测量,只是仅适用于较大的区域。雷达得出的风廓线时间序列对于 6 至 24 h 的时间段最有用:在 6 h 以下,鉴于风廓线所在的空间尺度,预计时间演变是有限的,至少在这种产品有意义的天气情况下是如此;24 h 以后,所获得的信息对预报用途失去了最大的相关性。不幸的是,在许多雷达数据处理系统中,这样的信息显示通常限制在 1 h。

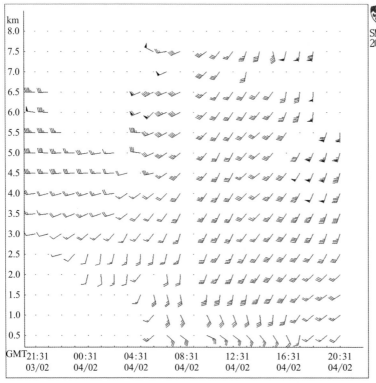

图 5.21　利用 VAD 技术扫描雷达反演的在中纬度气旋期间 24 h 风廓线时间序列。风速按标准惯例绘制,即旗子对应于 50 kt(译者注:约为 25 m/s),长线对应于 10 kt(译者注:约为 5 m/s),短线对应于 5 kt(译者注:约为 2.5 m/s)。(译者注:1 kt=1n mile/h= 1.852 km/h=0.514 m/s)

从理论上讲,人们可以从中尺度区域的多普勒数据中反演出更多的信息,而不仅仅是平均风廓线。在本章末尾讨论的一个问题中,已显示可以拟合以 sin2ϕ 和 cos2ϕ 形式表示的二次谐波,从而可以反演出与所考虑区域内平均散度场和变形场有关的项。其他技术也试图从多普勒速度数据的方位变化中反演额外的参数。在实践中,除非有很好的理由需要这样做(例如,从热带气旋中反演风场时),有时通过表现不佳的多普勒数据拟合的参数越多,得到虽然可信但完全误导的结果的机会也许就越大。

5.5 数据污染及模糊

在这一章中,我们到目前为止只考虑了好的多普勒数据,"好的数据"被定义为对显示位置上的风的径向速度的精确测量。在实际操作中,多普勒数据可能会受到不随风移动的目标返回数据或错误测量数据的污染。

只有当观测的目标物以风速移动时,多普勒雷达才能提供风的可靠信息。这对于折射指数不连续、水凝物、谷壳以及某种程度上的夏季日间昆虫来说都是正确的。鸟类、迁徙中的昆虫、地面或海面都不会随风速移动,因此会使多普勒风的测量产生偏差。地面目标物的偏移速度为零,不仅在图 5.22 中看到,而且在图 5.13 的第一幅图像中也可以看到这样一个很好的例子。如果地面回波比天气回波强得多,则测得的速度将为零。如果它们在强度上相差不大,那么,测量的速度将比预期的要慢,这可能很难辨认出来。气象雷达里采用一些信号处理算法抑制了零速度目标,消除了反射率和多普勒速度图像上的地面目标。不幸的是,这些算法常常也会降低径向速度为零的天气回波的反射率,并使这些回波的多普勒数据偏离零值(图 5.20)。另一方面,鸟类把它们的速度加在风的速度上。并且,如果大多数鸟类在雷达覆盖范围内或多或少地朝着同一方向移动(就如在迁徙过程中一样),那么,雷达将测量到错误的"风"(图 5.22)。

除了去除杂波对回波造成的偏差之外,多普勒处理的引入还会导致数据出现其他杂波,而当雷达仅测量反射率时,数据杂波通常是不存在的。因此,这就提出了需要采用比仅有反射率探测能力的雷达高得多的脉冲重复频率(PRF)发送脉冲来规避这些现象。

为了理解其中的原因,我们需要重新考察方程(5.2)。在雷达以脉冲重复频率(PRF) f_r 发射脉冲的情形下,该方程将目标相位变化与多普勒速度联系起来。目标在连续脉冲之间的相位变化是:

$$\Delta\varphi = -\frac{4\pi n}{\lambda}\frac{v_{\mathrm{DOP}}}{f_r} \tag{5.7}$$

式中,$\lambda = c/f$,为真空中发射脉冲的波长。只有发生在区间 $[-\pi, \pi[$(译者注:其中的 $\pi[$ 表示其取值范围并不包含 π 值)内的相位变化才能不模糊地测量到,而在连续脉冲之间的一个 $-\pi$ 相位变化与一个 π 的相位变化是无法区分的。因此,速度只在区

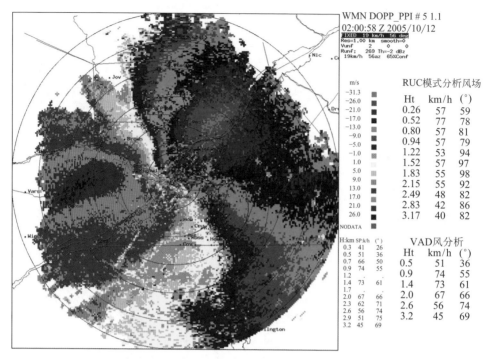

m/s			RUC模式分析风场		
−31.3	■		Ht	km/h	(°)
−26.0	■		0.26	57	59
−21.0	■		0.52	77	78
−17.0	■		0.80	57	81
−13.0	■		0.94	57	79
−9.0	■		1.22	53	94
−5.0	■		1.52	57	97
−1.0	■		1.83	55	98
1.0	□		2.15	55	92
5.0	■		2.49	48	82
9.0	■		2.83	42	86
13.0	■		3.17	40	82
17.0	■				
21.0	■				
26.0	■				
NODATA	■				

H:km	SP:k/h	(°)		VAD风分析		
0.3	41	26		Ht	km/h	(°)
0.5	51	36		0.5	51	36
0.7	66	50		0.9	74	55
0.9	74	55		1.4	73	61
1.2				2.0	67	66
1.4	73	61		2.6	56	74
1.7				3.2	45	69
2.0	67	66				
2.3	62	72				
2.6	56	74				
2.9	51	75				
3.2	45	69				

图 5.22 无降水情况下 1.1°仰角的多普勒速度 PPI 图。雷达显示几乎完全被候鸟的回波所覆盖，并有一些由地表造成的静止回波斑块（地物回波）。右下角给出多普勒数据的 VAD 风分析，表明"风"的方向主要来自 1.5 km 高度顺时针偏北 60°的方向。但是，实际的风（如右侧表中所示，为来自"RUC 模式分析风场"）却主要来自东风（～90°）；两者之间的差异是由于来自 NNE（东北偏北）方向迁徙来的鸟类造成的气流速度所致（见图 6.15）

间$[-v_{max}, v_{max}[$上才可以被准确测量，其中：

$$v_{max} = \frac{\lambda}{4n} f_r \tag{5.8}$$

这个临界速度 v_{max} 被称为奈奎斯特（Nyquist）速度。对于 C 波段雷达（$\lambda = 5.5$ cm）和脉冲重复频率（PRF）1000 Hz，有 $v_{max} = 13.75$ m/s，高层风的速度往往超过了这个速度。如果对此没有进行校正，超过 v_{max} 的径向速度将被错误地报告，非常非常强的接近速度很难与非常强的远离速度区分开来，反之亦然（e05.4）。这种现象称为速度模糊（velocity aliasing）（图 5.23）。

根据式（5.8），要提高 v_{max}，我们有两种选择：增加波长 λ，这通常意味着需要获得一部新的、更大的雷达，或者增加脉冲重复频率 f_r。但是，通过增加 f_r，就限制了雷达在发射下一个脉冲之前可以观测回波的最大距离 r_{max}：

$$r_{max} = \frac{c}{2n f_r} \tag{5.9}$$

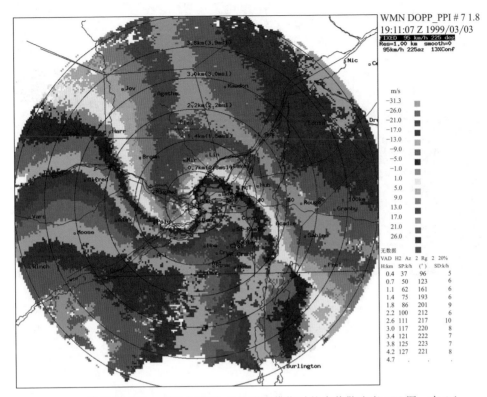

图 5.23　S 波段雷达以 1.8°仰角观测,发生速度模糊时的多普勒速度 PPI 图。在 2 km 以上高度,强劲的西南风超过了该雷达 31.3 m/s 的奈奎斯特(Nyquist)速度。结果,显示的西南方向和东北方向的速度是模糊的:例如,在西南方向,强大的逼近速度应该显示为低于−31.3 m/s(即浅蓝色)的负速度,而不是显示为正的速度(紫色),而在东北方向则应显示为远离雷达的正速度(紫色)

　　距离 r 超出 r_{max} 的回波信号会在下一个脉冲发射后返回到雷达,这些信号将被误以为是从距离 $r-r_{max}$ 处返回的(补充电子材料 e05.4)。这种现象被称为回波的距离折叠。

　　因此,如果有规律地发射脉冲,那么在 v_{max} 和 r_{max} 之间,或者在速度模糊和回波的距离折叠之间,存在着一种内在的平衡,称为多普勒两难(Doppler dilemma):

$$v_{max} r_{max} = \frac{c\lambda}{8n^2} \tag{5.10}$$

　　考虑到前面 C 波段雷达的数值例子,我们有 $v_{max}=13.75$ m/s 和 $r_{max}=150$ km。雷达应该能够观测到距离超过 300 km、速度超过 40 m/s 的气象目标,但这两者都不能达到要求。提高一个变量的探测能力意味着降低另一个变量的探测能力。对于波长较长的 S 波段雷达,出现模糊的问题并不严重,但情况并不少见(图 5.23 和图 5.24)。

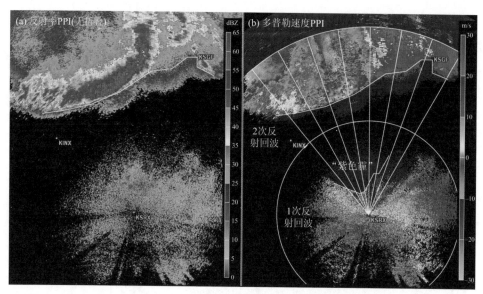

图 5.24 2009 年 5 月 8 日 12:20UTC,距离折叠和速度模糊对美国阿肯色州史密斯堡市(Fort Smith)(KSRX)的 WSR-88D 雷达数据的影响示例。(a)采用低 PRF(大 r_{max})收集的反射率 PPI 图,因此没有折叠。(b)采用高 PRF(小 r_{max})时收集的多普勒速度 PPI 图。两个圆形分别代表离雷达的最大距离 r_{max}(125 km)和 $2r_{max}$,两幅图上都标出了远处回波的边缘。因为这些远处回波超出了 r_{max},因此多普勒速度回波应发生折叠,其边缘出现在图上画出的近距离轮廓处。在这种情况下,信号处理算法对远处的强回波退折叠。在反射率图上检测到的弱回波,在折叠过程中受到了污染,已经用深紫色标记出来,在美国被称为"紫色霾"(purple haze)。与此同时,尽管多普勒扫描的 PRF 很高,但在多普勒 PPI 图的顶部附近也可以观察到速度模糊的小区域(寻找被白色包围的斑块),这是由与此天气过程有关的强风造成的。另见补充电子材料 e05.4

多年以来,人们已经开发出识别并试图订正速度模糊和距离折叠的技术,这些技术包括硬件技术,如在两个或多个不同的 PRF 上发射雷达脉冲序列技术(Sirmans 等,1976)和对发射脉冲的"相位编码"技术(phase coding)(Frush 等,2002)等。同时,在软件技术方面,退速度模糊或标记可疑数据(如 WRS-88D 的多普勒图像上标记"紫色霾"("purple haze"))。在当今的许多系统中,如果不使用这些算法或技术的校正,用户只能看到模糊速度或距离折叠回波。即使由于这些算法,雷达图像上留下的受污染数据点显著减少,但也由于这些算法,雷达图像变得更加难以识别。

尽管存在这些污染,多普勒速度数据和衍生产品提供了在各种天气情形下极为有用的信息。它们也不会受到校准问题的影响,这是它们相对于反射率数据的一种优势。在预报方面,虽然反射率数据对超短期预报最为有用,但当与天气预报模式一起使用时,多普勒数据可能是长期预报最有用的信息来源。而为了帮助解决校准问题,特别是数据质量问题,人们越来越多地依赖于双偏振数据。

第6章 双偏振的附加值

6.1 为什么偏振很重要

业务天气雷达正在经历另一场大变革。除了测量反射率和多普勒速度之外,现在还可以收集更多偏振方向的数据,这为测量更多双偏振参量提供了可能性,这些参量之后可用于各种应用。对于这些参量的物理特性及应用的详细讨论足以成为整本书的主题,如 Bringi 和 Chandrasekar(2001)。本章仅简要介绍多个线偏振测量背后的一些想法和它们的应用。

几乎所有人工发射的无线电波和微波都是有偏振的。大多数单偏振天气雷达发射线性且水平偏振的电磁波(图 6.1a)。当这种单偏振雷达发射的一个电磁波在(x,y,z)空间中沿 x 方向传播时,电场在水平方向振荡(y 方向),磁场在垂直方向振荡(z 方向)。因此,电场和磁场都是垂直于传播方向振荡的。在本讨论中,假定传

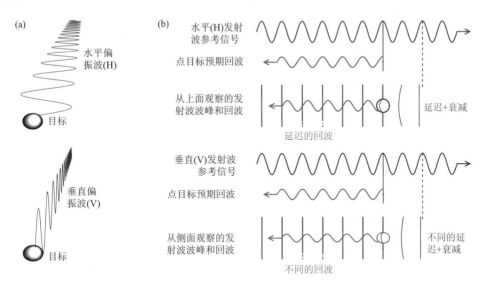

图 6.1 水平(上图)与垂直(下图)偏振观测差异示意图

(a)电场在两个偏振下振荡的示意图;(b)对一个理想点目标和一个真实目标,发射波(较深颜色)及其回波(较浅颜色)之间的比较。彩色垂直线代表发射的正弦波波峰位置。作为发射波和目标物相互作用的结果,发射波在向前传播经过目标物时会发生延迟和衰减,而回波的相位在相同的距离内,可能与理想点目标的相位不同。最为重要的是,这些衰减、延迟以及回波强度在两种偏振状态下是不同的;它们的测量提供了关于目标物形状和尺寸的新信息

播方向是水平的。相比之下,大多数双偏振雷达不仅以垂直偏振发射电磁波,而且还以水平偏振发射电磁波,或者交替发射,或者更经常是同时发射。

为什么雷达波的偏振重要呢?电磁波与水凝物和其他目标物之间的相互作用是通过电磁波的电场发生的,因为空气中的电场会在水凝物里感应出电场。然而,水凝物中电场的传播比在空气中慢,这是由于水凝物具有更高的折射指数。电场最初沿着与空气中波相同的轴向传播,但随后会受水凝物形状、尺寸及折射指数等因素的影响而有所改变。水凝物内部场随后又会反过来与空气中的场相互作用。这种相互作用有三个结果(图 6.1b):①相对于理想的点目标所期望得到的结果,波的部分反射会发生或大或小的延迟;②由于来自反射和吸收导致的能量损耗,使得向前传播的发射波会有一部分衰减;③和没有目标物时发生的情况相比,向前传播的波会发生一些额外的延迟。如果目标物的形状是非球形的,或者电场振荡的轴向(即偏振)改变了,那么,"波-目标物"相互作用的幅度和特性也将发生改变。但简而言之,水平偏振回波与目标物的水平尺度关系更大,而垂直偏振回波与目标物的垂直尺度关系更大。通过对比两个偏振方向上观测的结果,可以获得目标物形状以及某种程度上尺度的信息。

假如目标物都是球形的,或者至少相对于波的传播轴是对称的,那么上述的所有讨论将是无关紧要的。但单个目标物并非是对称的:雨滴形状大致呈扁圆或饼状,其扁平程度随尺度增大而增加(图 6.2);雪花形状复杂,且取向多样;而昆虫、鸟类以及地物就更不对称了。因此,这些不同目标物在双偏振测量中有不同的指示信号,可以用来得到目标物的特征。这就是双偏振雷达的附加值所在。

| 2.7 mm | 3.45 mm | 5.3 mm | 5.8 mm | 7.35 mm | 8.0 mm |

图 6.2 不同等效体积直径的雨滴图片

(引自 Pruppacher 和 Beard(1970),© 1970 皇家气象学会)

6.2 双偏振测量参量

对于单偏振雷达,图 2.15 和补充电子材料 e02.6 说明了如何通过原始观测得到目标返回信号的幅值及相位。图中表明,假定雷达在一个偏振方向上,如水平方向(H),发射一个脉冲,如何在相同偏振方向上测量返回信号的振幅 A_{HH} 和相位 φ_{HH}。当测量到与发射波相同偏振方向上的返回信号时,我们称其为共偏振(极化)信号。但如果雷达还可以接收其他正交偏振方向的返回信号,在本例中为垂直方向(V),那么,假定在水平偏振方向发射一个脉冲,雷达可以测量到信号的交叉偏振振幅 A_{HV} 和相位 φ_{HV}。除此之外,如果雷达还能在垂直偏振方向发射信号,那么,同样可以获得共偏振信号 A_{VV} 和 φ_{VV} 以及交叉偏振信号 A_{VH} 和 φ_{VH} 的特征。因此，相比单偏振雷达仅使用在每个距离库上一个时间序列的振幅和相位来获得所有测量结果，而双偏振雷达可以使用多达四个。大部分双偏振参量是将水平方向共偏振回波（HH）与正交方向的共偏振回波（VV）或交叉偏振的回波（VH）相对比而导出。也可以测量许多差分特性，这里仅介绍其中的一部分。

6.2.1　差分反射率

第一个双偏振参量是在水平偏振方向测量水平偏振发射脉冲得到的反射率 Z_H（或功率 P_{HH}）与在垂直偏振方向测量垂直偏振发射脉冲得到的反射率 Z_V（或功率 P_{VV}）的比值。采用线性单位，由反射率或功率计算比值 Z_H/Z_V 或 P_{HH}/P_{VV} 被称为差分反射率 Z_{dr}。其通常以 dB 来表示，0 dB 的 Z_{dr} 表示 $Z_H = Z_V$。在没有衰减的情况下，Z_{dr} 是目标物平均轴比和散射体介电常数 $\| K^2 \|$（译者注：应为 $\| K \|^2$）二者的函数。相同轴比下，密度大的介质（如液态水）比密度小的介质（如雪）具有更高的 Z_{dr} 值（图 6.3）。由于大部分非球形目标的长轴往往是水平取向，对于大气目标而言 Z_{dr} 很少小于 0 dB，但冰雹显然是个例外。

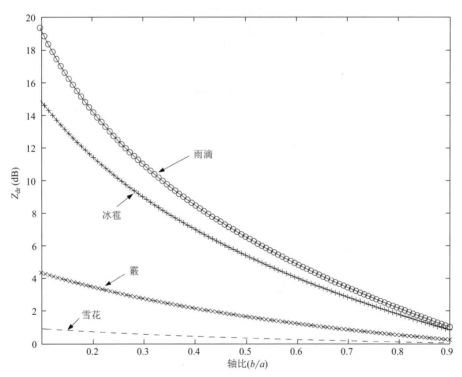

图 6.3　单个扁球形目标物的差分反射率随目标物垂直尺度与水平尺度比值的变化（Bringi 和 Chandrasekar，2001，ⓒ 2001 剑桥大学出版社）

图 6.4 说明了观测到的不同目标物的 Z_{dr} 典型值。通过检查图 6.2 中水滴形状和图 6.3 中具有水凝物形状的 Z_{dr} 期望值,可以很容易地推断出,在雨中,高 Z_{dr} 值表示大水滴,而低 Z_{dr} 值意味着小水滴的存在。这为利用 Z_{dr} 结合 Z 来更好地估计降水提供了可能性,Z_{dr} 有助于减小水滴尺度分布所带来的不确定性(Seliga 和 Bringi,1976)。随着降雨率增大,Z_{dr} 通常也增大。但有干冰雹存在时,Z_{dr} 值减小至 0 dB,有时甚至减小到负 dB 值。这部分是因为冰雹翻滚或偶尔在下落过程中其长轴沿着垂直方向。因此,在高反射率的风暴中,Z_{dr} 低值是冰雹存在的可靠指示(图 6.5)。在雪中,由于 Z_{dr} 随目标物轴比的变化更为缓慢,只有细长的冰晶才使 Z_{dr} 有高值。同时,昆虫在雷达上看起来像细长的水滴且通常具有很高的 Z_{dr}(图 6.5),因而可以据此很好地将它们与反射率相当的毛毛雨区分开。

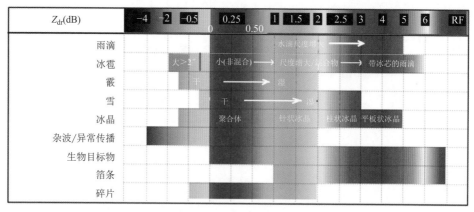

图 6.4 不同类型目标物的 Z_{dr} 典型值图示。颜色对应 Z_{dr} 在 WSR-88D 雷达显示上使用的刻度,而对于每种类型的目标物,颜色的范围代表期望值的范围。对冰雹而言,$2''$ 对应于 5 cm。图片承蒙美国国家海洋与大气管理局(NOAA)天气决策培训部(WDTB)提供

6.2.2 退偏振比

如果一个目标的形状在一个偏振方向上相对于雷达波传播轴的是不对称的,那么,它会在正交偏振方向返回一些信号到雷达。这一现象被称为退偏振,产生前面提到的交叉极化信号。交叉极化信号(如 VH)与共极化信号(如 HH)之间比值大小被称为线性退偏振比,即 LDR。小的 LDR 值,如 −35 dB(像雷达气象学中的所有功率比值一样,LDR 以 dB 表示),产生于极对称目标(譬如小雨滴)的返回信号,而天气观测中难得有超过 −15 dB 的较大 LDR 值则是由非对称目标(譬如冰雹)所造成的。如图 6.6 所示,亮带以上的雨和雪的形状是对称的,并且有很低的 LDR 值,而在本例的反射率和差分反射率中几乎观察不到融化层特征,而在 LDR 图中仍然可以在 2 km 高度附近探测到一条高值带。LDR 高值不仅与冰雹有关联,而且也与湿霰相

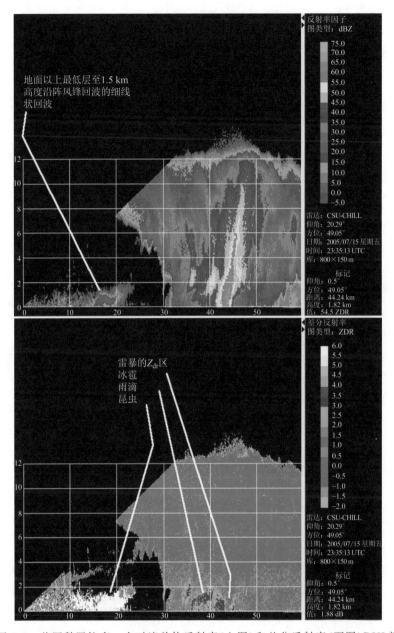

图 6.5　美国科罗拉多一个对流单体反射率（上图）和差分反射率（下图）RHI 剖面图，图的左侧，阵风锋出现在对流单体前部。在 Z_{dr} 图上，可以清晰地对比来于冰雹（高反射率区 Z_{dr} 为 0 dB）、大雨回波（Z_{dr} 为 2～3 dB）、小雨（低反射率区 Z_{dr} 为 0 dB）和被阵风锋携带的昆虫（$Z_{dr}>5$ dB）回波。图片来自科罗拉多州立大学网站（2008），承蒙 Steve Rutledge 提供

关,在水平距离 68 km 处高 Z_{dr} 柱顶部探测到霰粒。最后,有时受电场影响一致排列的冰晶将导致 LDR 随距离而稳定增大,如在图 6.6 中水平距离 60 km、高度 8 km 上看到了这种现象。

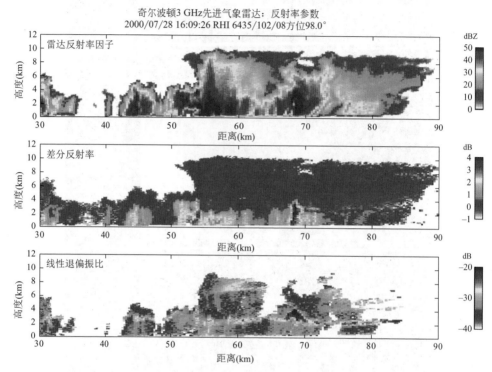

图 6.6 通过英国奇尔波顿(Chilbolton)的对流单体反射率(上)、差分反射率(中)及 LDR(下)的 RHI 剖面图。图片承蒙 Robin Hogan 提供

这里需要注意的是,并非所有雷达都对所有双偏振量进行观测。例如,许多业务雷达同时发射 H 波和 V 波,其结果是,它们在每个偏振方向上接收的都是共极化和交叉极化信号的总和,譬如,在水平偏振方向上接收 HH 和 VH 信号。由于对气象目标来说,交叉极化回波信号要比共极化信号弱很多,因此,通常假定只接收到共极化信号。这样一种雷达设计因而会牺牲掉 LDR 的测量,为的是使雷达设计更简单和功能更强大,同时也导致 Z_{dr} 和其他参量测量的噪声更低,而雷达设计简化,数据噪声降低,这两方面对于需要对大气进行快速扫描的业务雷达而言,都是关键要求。

6.2.3 差分相移

第三个可测量的参量是水平偏振和垂直偏振之间的共极化信号相位 φ_{HH} 和 φ_{VV} 之间的差分相(位)移。如图 6.1 所示,这一相位差的产生有两个因素:由发射波的散射引起的延迟差异,称为后向散射相位延迟,以及两个波前向传播速度的差异,称为传播相位延迟。在一个特定距离处水平和垂直偏振方向相位之间的差分相移 ψ_{dp} 为:

$$\psi_{dp} = \varphi_{HH} - \varphi_{VV} = \delta_{co} + \Phi_{dp} + \psi_0 \qquad (6.1)$$

即该距离上目标物的差分后向散射相位延迟 δ_{co}、雷达与观测目标物之间发生的双程差分传播相位 Φ_{dp},以及两个发射波在 0 距离处的相位差 ψ_0(这与专门针对每部雷达进行的硬件和软件设计有关)三者之总和。对于瑞利散射和球形目标物,$\delta_{co}=0$;因此,对于大多数气象目标,随距离变化的项只有 Φ_{dp},其结果是,符号 Φ_{dp} 常被错误地用来代表 ψ_{dp}。Φ_{dp} 通常随距离单调增加,但并不规则,其反映了从雷达到观测目标物位置之间的整个路径特征(图 6.7)。它的增长率是目标物的数量、尺度以及伸展度的组合函数。一个导出参量是 Φ_{dp} 随距离的单程增长率,这被称为差分传播相位延迟率 K_{dp},通常以°/km 为单位来表达。除非在大雨中,K_{dp} 的值一般相对较小,考虑到它是一个(偏振方向上)差值的(距离)导数,要对它精确测量是困难的。尽管如此,与所有基于反射率的参量相比,K_{dp} 具有一个关键的优势:它不受信号衰减的影响。

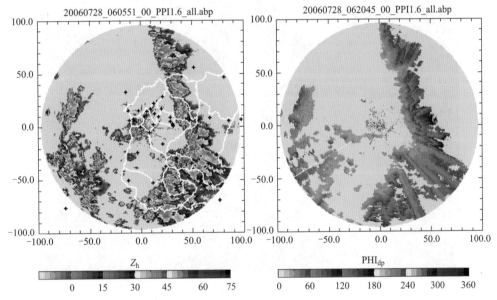

图 6.7　贝宁(Benin)一次对流性降水 1.6°仰角的反射率(左)和差分相移(右)PPI 图。从这部 X 波段雷达图像可以看到,在东部的强降水单体群中,差分相移随距离的增加而增大,直至雷达信号被雨完全衰减掉。图片承蒙 MarielleGosset 提供

K_{dp} 与降雨率密切相关,但并非精确相关。通常认为,K_{dp} 与直径为 D 的雨滴数与 $D^{4.24}$ 的乘积成正比,而不是像反射率那样与 D^6 成正比或者像降水率那样近似与 $D^{3.67}$ 成正比;事实上,该参量随波长变化,并在一定程度上与直径有关。尽管如此,

很自然地提出用 K_{dp} 和 Φ_{dp} 来测量雨强：K_{dp} 可以直接单独使用(Sachidananda 和 Zrnić,1986),或者与 Z_{dr} 和(或)Z 联合使用(Ryzhkov 等,2005),这些将在下面进一步展示;远距离处的 Φ_{dp} 测量同样可以用作确定 Z-R 关系的一个约束、校准雷达或者估计路径积分降水。对于衰减的波长,Φ_{dp} 作为一个不受校准或衰减影响的参量,可以用来帮助订正信号的衰减。对于降雨之外的其他目标,对 Φ_{dp} 的解释要更复杂些。在冰晶区,Φ_{dp} 随距离可以增大或者减小,取决于冰晶的取向是水平的还是垂直的(图 6.8c)。昆虫和鸟类可产生与波长相关的不同 ψ_{dp} 指示特征,这与其尺度、种类以及观测角度等有关,目前只有其中的一部分得到了恰当描述。

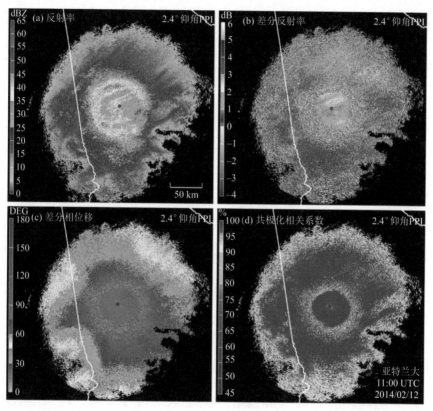

图 6.8　亚特兰大(Atlanta)WSR-88D S 波段雷达观测的层状冷云降水 2.4°仰角 PPI:(a)反射率(Z),(b)差分反射率(Z_{dr}),(c)差分相移(ψ_{dp}),(d)共极化相关系数(ρ_{co})。注意 ρ_{co} 在雨区(50 km 以内)和在雪区(60 km 及以外)较高,而在融化层则较低。也要注意,差分相位怎样在小雨区随距离变化近似于常数而在雪区则开始增加

6.2.4　共极化相关系数

这里最后介绍的双偏振雷达测量参量是共极化 HH 和 VV 回波信号的相关性,

称为共极化相关系数 ρ_{co}（也称作 ρ_{HV}）。ρ_{co} 的取值范围在 0（表示两个信号之间无相关）到 1（表示两个信号之间完全相关）之间。补充电子材料 e06.1 有助于理解这一参量测量的复杂性质。如果目标物形状相同,则在两个偏振方向导致雷达信号波动的相长干涉和相消干涉模式将是相同的,唯一不同是 Z_{dr} 测量的回波强度有微小变化。如果目标物有不同的形状,则水平和垂直偏振回波信号的时间序列变得不相似:例如,一个目标物外形结构可能导致一个偏振方向上的信号完全消失,而在其他偏振方向上则不会发生这样的情形。水平和垂直偏振信号的时间序列将不再像目标物形状相同的情形那样完全相关。并且,当目标物形状的变化越大,或者,每个目标物的 Z_{dr} 变异性的观测越准确,两个信号的相关性就越低。如果目标物大到足以变成非瑞利散射,则它们每一个目标物就可能具有一个不同的 δ_{co},进一步造成相关性减少。因此 ρ_{co} 是一个很好的表征形状均匀程度的观测参量。当采样体积里包含有形状几乎均一的目标物时,ρ_{co} 会很高,而当采样体积里包含有形状各样的目标物时,特别是对那些介电密度高的目标物譬如融化的雪和地物,ρ_{co} 会较低。

　　图 6.9 显示了不同类型目标物对应的 ρ_{co} 值典型范围。由于 ρ_{co} 是衡量形状多样性的一个度量,因而是表征形状复杂程度的一个重要指标。雨和雪的回波具有很高的 ρ_{co},通常接近于 1;在融化的雪中 ρ_{co} 值较低(0.8~0.9),因而可以用来标示融化层(图 6.8)。同样地,无论是来源于大冰雹的回波,还是来源于与对流相关的多种水凝物混合的回波都有与融化层那样相同的 ρ_{co} 取值范围;并且,如果采样体积空间含有大量尺度更大的非气象目标物(如鸟类或地面目标物),ρ_{co} 值将大幅减小。

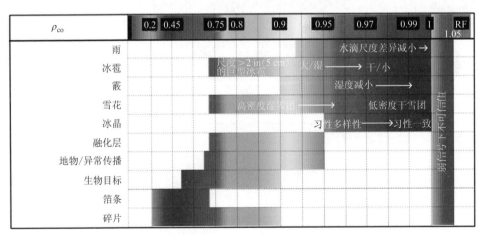

图 6.9　不同类型目标物所对应的 ρ_{co} 典型值。图片承蒙 NOAA WDTB 提供

6.2.5　其他参量

　　研究人员能够且已设计出许多其他参量,有多少参量取决于他们的想象力:反

射率差(相对于其比值 Z_{dr})、差分速度、含交叉极化项的相关系数,等等。此外,一些参量场的纹理或"粒度"("graininess")信息,如 Z_{dr} 或 ψ_{dp} 的标准差,可以用来识别具有不同形状目标(如鸟类或大片地物区域)的回波场。图 6.8 中融化层的 Z_{dr} 与上部的雪区或其下部的雨区相比具有小尺度变化,很好地说明了纹理信息的可能价值。

一个令人关注并可能变得有价值的导出量是 LDR 的一个替代参量,然而,该参量是使用可以同时发射两个偏振波的雷达测量导出的。这个参量被称为 SDR(Melnikov 和 Matrosov,2013),它结合了 Z_{dr} 和 ρ_{co} 的信息。SDR 最初的设计是用来估计冰晶轴比的。但是,它已被证明是一个用于区分气象目标与非气象目标的重要参量(图 6.10)。

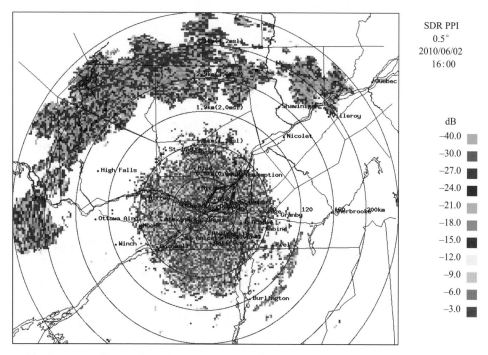

图 6.10　SDR 的 PPI 图,显示了近距离地物杂波和昆虫(除了 SDR 外其他方法难以区分)以及北部的降水回波

6.3　特征信号与虚假回波

除了对水平偏振反射率 Z_H 和多普勒参量的测量之外,现在还有另外四个可供使用的观测参量:差分反射率 Z_{dr}、差分相移 ψ_{dp}、共极化相关系数 ρ_{co} 以及退偏振比 LDR,更不用说还有像 Φ_{dp} 和 K_{dp} 这样的导出量。它们提供了有关观测目标类型的新信息,而目标物的空间分布又是由微物理过程及动力过程决定的。因此,这些气象过程会在双偏振观测数据中留下某些特征信号,可以用来推断它们的存在。

6.3.1　大范围天气的特征信号

图 6.11 展示了一组典型的偏振观测垂直廓线。在雨中,雨滴的形状很大程度上是由它们的尺度决定的(图 6.2),其结果是,双偏振观测的范围是可预测的。对于弱降水,Z_{dr} 值很小($Z_H=20$ dBZ 时 Z_{dr} 在 0 到 0.5 dB 之间),Z_{dr} 值随着大滴数量和尺度的增大而增大,在 $Z_H=50$ dBZ 时平均 Z_{dr} 可达到 2 dB 左右。对于类型均匀且近似球形的目标物,其 LDR 非常低(小于 -25 dB),而 ρ_{co} 又非常高(大于 0.98)。至于 Φ_{dp},其随距离增大极为缓慢(图 6.8)。在双偏振数据上融化层非常明显,在亮带的下半部 Z_{dr} 和 ρ_{co} 分别具有局部最大值(几个 dB)和最小值(0.9 量级)。这些特征信号峰值指示了那里仍有正在融化的大雪花存在,表现为有大的轴比和介电常数(高 Z_{dr} 值),它们的较大尺度和形状多样性导致了各式各样的非零差分散射相位(δ_{co})、噪声更大的 Φ_{dp} 和较小的 ρ_{co}。在亮带之上,雪花回波显示出变化范围很大的双偏振信号特征,这取决于它们的回波主要是以圆盘状雪团存在(通常在低层和较暖区域 Z_{dr} 和 K_{dp} 较小),还是以细长的冰晶存在(具有较高的 Z_{dr} 值和多变的 K_{dp} 值,这由冰晶的数浓度决定,这种现象通常出现在高层和较冷区域)。

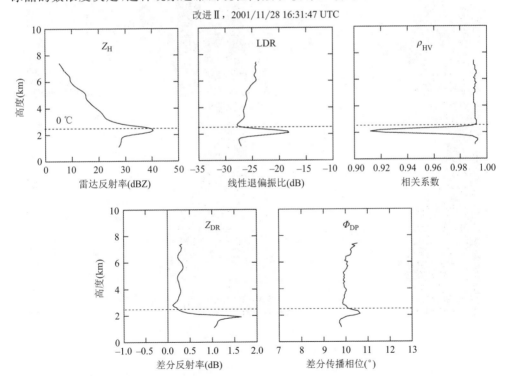

图 6.11　层状冷云降雨中典型的双偏振观测垂直廓线(Z_{dr}、LDR、ρ_{co}、Z_{dr}、Φ_{dp})。对该过程估计的 0 ℃层高度(2.47 km)在图中以水平虚线显示。本图来自 Brandes 和 Ikeda(2004)经过 AMS 许可重新出版;美国版权许可中心有限公司发行许可

　　由于双偏振数据能够确定目标物类型,特别是湿雪,因此在雨和雪过渡期间,尤其是当锋面携带雨和雪过境时,双偏振数据特别有用。图 6.12 展示了这样一个实例。地面降水来自于降雨,并且观测时冷锋已移过雷达站,到达东边 30 km 处。但由于锋面后的气温逐渐下降,从雨到雪的转变仍然位于雷达以西 30 km 处。这种降水类型转变的信息极有价值,因为某些类型的降水,如雪或冻雨,对公共安全的影响比其他类型降水都要大。然而,要永远牢记的是,所有的观测都是在雷达能观测到的高度层上进行的,而在雷达波束的下方有可能发生进一步的降水类型转变。因此,特别是在很大范围内观测到降水类型发生转变时,高空雨雪转变的位置可能与地面观测到的位置不是一致的。

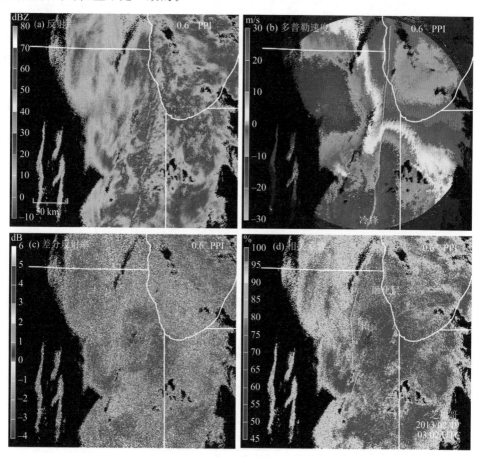

　　图 6.12　美国芝加哥(Chicago)地区一次冬季冷锋过境时 0.6°仰角 PPI 回波图。由反射率图特别是多普勒速度图可见冷锋位于雷达站的东侧。然而,Z_{dr} 和 ρ_{co} 显示东侧可见的融化层环带在西部出现截断,说明那里雨转变为雪。此外,在这个转变位置偶尔可看到,一条线状的 Z_{dr} 极大值带和一条线状的 ρ_{co} 极小值带;本例中,只看到这些条带的一部分,尤其是 Z_{dr}

　　(a)水平反射率;(b)多普勒速度;(c)差分反射率;(d)共极化相关系数

6.3.2　对流天气特征信号

如果有相当强的上升气流,可以将过冷液态水抬升到高空并维持足够长时间,以使下落的霰粒表面被液态水覆盖,从而使反射率特别是 Z_{dr} 增大。这就在预期的0 ℃ 层之上产生所谓的 Z_{dr} 柱。在图 6.6 中接近 68 km 处可以看到这样的柱,并与高 LDR 和稍微低一些的 ρ_{co} 值(这里未显示)相关联。本例中,Z_{dr} 柱从 0 ℃ 层向上延伸了 1.5 km,但在非常强的对流中已经在很高的高度观测到 Z_{dr} 柱,可达 -20 ℃层。由于这些 Z_{dr} 柱反映了有大量过冷水正在被抬升的事实,它们可能与冰雹正在生长的区域有关,也可能与后来冰雹下落的区域有关。

随着双偏振雷达业务化部署,发展出许多有潜在应用价值的信号特征(Kumjian,2013a)。其中尤其引人关注的是龙卷中由碎片所引起的信号特征(图 6.13)。实际上,龙卷把形状复杂的碎片抬升到足以被雷达探测到的高度。其产生的回波有很低的 ρ_{co} 值和有时甚至接近于零的 Z_{dr} 值,这些特征通常与中气旋信号特征并列。这两种信号特征的搭配使用可以帮助人们在观测到的中气旋中确认隐藏的尺度更小但破坏力要大得多的龙卷。

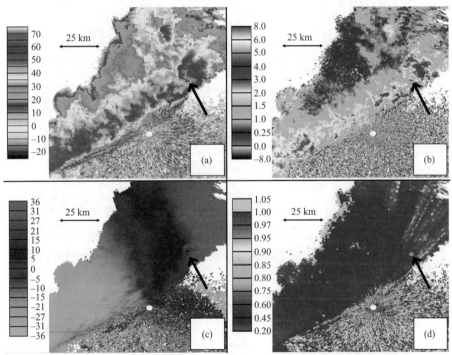

图 6.13　美国密苏里州斯普林菲尔德市(Springfield,MO)雷达(KSGF)2012 年 2 月 29 日06:05 UTC 观测的 PPI 图。图中数据展示了龙卷碎片特征信号(图中以箭头所指),在该处观测到中气旋。图片引自 Kumjian(2013a),承蒙 Matthew R. Kumjian 提供

(a)Z_H;(b)Z_{dr};(c)多普勒速度;(d)ρ_{co}

6.3.3　非气象特征信号

在双偏振数据上，非气象回波看起来与气象回波很不一样。不仅有一些像 ρ_{co} 那样的参量在数值上迥然不同，而且大多数双偏振参量在纹理上也迥然不同。图 6.14 展示了一个稍微复杂些的示例，以便通过图形来对比气象目标、昆虫以及太阳辐射的观测结果。如果只考虑回波不是很弱的区域，比如大于 5 dBZ，那么，我们可以看到，昆虫和太阳辐射，以及这里没有显示的其他非气象回波，与气象回波相比，都有较低的 ρ_{co}。如图 6.5 所示，昆虫因其细长的形状而具有很高的 Z_{dr} 值，因此很容易识别。由于太阳辐射与雷达电磁波不相关，它们的相关系数 ρ_{co} 非常接近于零，而差分相移则是随机的。

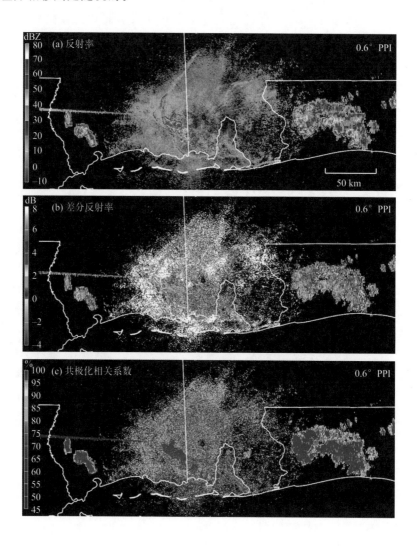

图 6.14　对流单体($Z_H > 20$ dBZ)、昆虫以及落日辐射回波的 PPI 图。注意到,昆虫回波有很高的 Z_{dr} 和较低的 ρ_{co},至少在反射率不是很弱的区域。同样注意到,与昆虫回波相比,大部分天气的双偏振回波场是平滑的

(a)Z_H;(b)Z_{dr};(c)ρ_{co};(d)ψ_{dp}

鸟类的回波更复杂,难以用简单的特征描述,它们的回波特征取决于所观察鸟类的大小和种类。它们复杂的形状也确保了其有比天气回波更小的 ρ_{co}。然而,有趣的是,无论从正面、背面还是侧面观察鸟类,大多数双偏振量都会发生变化(图 6.15)。这些参量如何随鸟类大小、形状和雷达波长的变化而变化的细节目前尚不清楚。但是,通过雷达从鸟类和昆虫那里获取的丰富信息正在创造气象雷达在生态学中的新用途(Chilson 等,2012)。

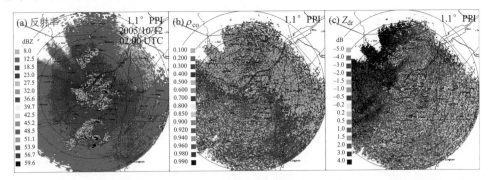

图 6.15　鸟群迁徙过程中在 120 km 范围内没有滤除任何地物的 PPI 观测。此图中的多普勒速度图已在图 5.22 中展示。较弱的回波($Z_H < 25$ dBZ)来自迁徙的黄莺鸟群,较强的回波来自地物。对于鸟群,观测到的 ρ_{co} 值相比降雨时要小很多,并且随方位变化很大,这取决于雷达观测的是其前面(东北偏北方向)还是背面(西南偏南方向)。对于 Z_{dr} 和 ψ_{dp}(未展示),可以预期有一个类似的角度关系模型,并在东半部有部分被观察到。最值得注意的是,西半侧的 Z_{dr} 场和东半侧是不对称的,就好像用雷达看到鸟群的右侧和左侧是不一样的。然而,更有可能的是,在雷达北部和西部观察到的鸟类种类与在南部和东部观察到的鸟类种类有足够的不同,从而导致不同角度的 Z_{dr} 模型

(a)水平反射率;(b)共极化相关系数;(c)差分反射率

6.3.4 虚假回波

伴随着四个新参量的测量,出现了新的干扰测量的情况。Kumjian(2013b)对一些最为常见的问题进行了很好的讨论。这些问题可以被归纳为两类:观测偏差和传播效应。

所有的雷达估测都存在着来自大气和来自雷达自身的微波噪声。然而,限制雷达探测灵敏度的是当回波变得太弱而无法从噪声中检测出来。也就是说,当信号变弱时,所有雷达估测都将受到噪声影响。对于像多普勒速度和差分相移那样的参量来说,噪声会降低观测的精度。对于其他参量,如 Z、Z_{dr} 和 ρ_{co},噪声会导致偏差,或者在估测中产生系统误差。但是,这个问题在反射率中常被忽略,因为在较弱的回波中这种偏差所造成的后果很有限。在 Z_{dr} 特别是 ρ_{co} 中,这些偏差使得对雷达图像的解释变得更为复杂。噪声具有近于常数的 Z_{dr}(典型值在 0 dB 附近)和近于 0 的 ρ_{co}。因此,与降水中 ρ_{co} 的期望值(0.99)或融化层和非气象回波的期望值(<0.95)相比,这些数据中只要有很少部分的噪声(Z、Z_{dr} 均难以检测到)就足以降低 ρ_{co} 值。假定雷达在噪声超过信号时仍能检测到回波,这可能会成为一个严重的问题。因此,需要努力订正双偏振估测中由噪声导致的这些影响。对于美国的雷达,到 2014 年为止,这种订正过头了,导致信号较弱时 ρ_{co} 超过了 1。这在图 6.8 中回波范围的边缘可以被清楚地观察到,ρ_{co} 图中相应粉色区域表示在雪中的 ρ_{co} 大于 1。而在图 6.14 中,这种影响更加有害,弱的昆虫回波竟然有大于 1 的 ρ_{co},这使对图像的解释变得更加复杂。每部双偏振雷达在弱信号时的数据质量因雷达模型的不同而差异很大,因为这是与每部雷达所使用的信号处理算法有关的。一个有效的测试方法是,像图 6.8 那样选取不同仰角的 ρ_{co} 图像并注意观察信号是如何变弱的。在解释图像时,任何与信号强度一起观测得到的偏差都需要一并考虑。

传播效应就更复杂一点,并且具有多种原因和效应。图 6.16 展示了与强降水相关的一个示例。在该图中,我们可以看到,强单体后面的差分相位移 ψ_{dp}(和 Φ_{dp})是如何随距离增加的。这种信号特征与图 6.1 中讨论所预期的一样。第一个不希望出现的虚假回波出现在 Z_{dr} 的观测中:在图中,在 ψ_{dp} 值显著增大的区域,可以看到负 Z_{dr} 的条纹(图 6.16 中灰色)。这些是由衰减导致的,或者更具体点说是差分衰减所致:由于在强降水中水平偏振波与目标物的相互作用比垂直偏振波要更强,Z_H 往往比 Z_V 衰减得更多,从而导致在强降雨后方测得的 Z_{dr} 系统性减小。这次过程 Z_{dr} 的真实值并非负值,但由于差分衰减导致它们的观测值为负。当 ψ_{dp} 在雷达波束内发生很大变化时,就会引起一个二次传播效应,不论随方位角或仰角都可能存在这种情况。在这些环境下,水平和垂直偏振回波的相关性减小,形成了图像中 ρ_{co} 减小所产生的条纹。注意到,在 ψ_{dp} 随方位角迅速变化的区域,ρ_{co} 往往趋于减小,而不需要那里的 ψ_{dp} 是最大的。在两种情况下,强天气后方的这些效应足以使 Z_{dr} 和 ρ_{co} 的取值从本应被预期为降水的数值变成其他类型目标的预期值。为了识别这些虚假信号,对每个不寻常的信号都保持怀疑始终是个好主意,如对那些只具有很窄方位角范围的或是形状像一块很窄的馅饼一样的回波。所有这些传播效应,如衰减和差分相移,在较短波长时总是比更长波长时要更强一些,因而可以预见,对于相似天气,虚假回波在 C 波段和 X 波段的雷达中要更强一些。

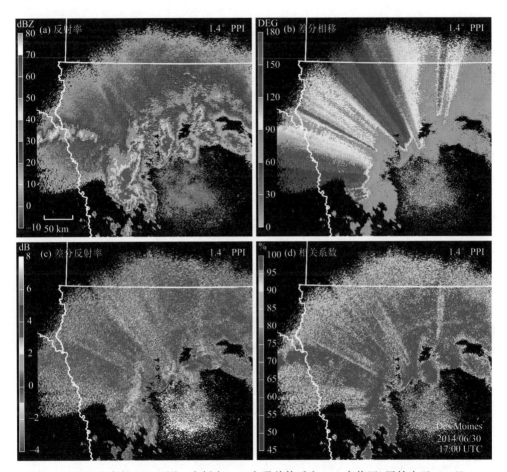

图 6.16　对流中的 PPI 观测。本例中,Z_{dr} 在强单体后方(ψ_{dp} 高值区)开始小于 -1 dB,
而许多低 ρ_{co} 值的条纹出现在 ψ_{dp} 随方位角迅速变化的位置
(a)Z_H;(b)ψ_{dp};(c)Z_{dr};(d)ρ_{co}

6.4　应用

在前几节中,我们考察了双偏振参量测量的一些性质。虽然这些信息并非是从应用角度来组织并呈现的,但一些概念仍应出现在我们的脑海中:雨量估测、目标识别以及数据质量改善。从历史的观点上说,更好的雨量估测增进了人们对双偏振雷达的兴趣,但从长远角度来看,其他两个方面的应用可能将被证明更具有业务实用价值。

6.4.1 雨量估计

有了双偏振雷达后,我们可以利用三个参量来帮助估测降水量:传统的反射率 Z,其对大滴过于敏感;Z_{dr},对中到大滴的形状很敏感;以及 K_{dp},对水滴的形状和数量的组合很敏感,并且不受衰减的影响。目前已经提出了许多联合一个或者多个这些参量的估测雨量方法。然而,就在本书写作期间,没有任何一种方法被证明在所有情况下明显优于其他方法的:基于 Z_{dr} 的各种技术方法都对差分反射率的校准非常敏感;而 K_{dp} 是一个含有噪声的参量;且所有这些技术都依赖于一个雨滴形状和轴比之间的假设关系,但这一关系可能是变化的,并且依然有待进一步讨论。因而,对不同的反射率或降水的范围采用不同关系式的混合方法似乎正在得到认可。如,美国的雷达网根据所探测的目标类型或者结合不同雨强采用了不同的关系式:

$$雨:R(Z,Z_{dr}) = (0.0067)Z^{0.924}Z_{dr}^{-3.43}$$
$$雨\text{-}雹混合:R(K_{dp}) = 44 \mid K_{dp} \mid^{0.822} sign(K_{dp}) \tag{6.2}$$
$$固态降水:R(Z) = a(0.017)Z^{0.714}$$

式中,a 可以为 0.6(湿雪)、0.8(霰)、1(预计亮带高度附近的干雪)以及 2.8(预计亮带高度之上的干雪)。这里的水凝物分类,如"雨",是由目标识别过程所确定的,这将在稍后进行介绍。在实验中,含有偏振参量的关系式可以提供比传统的 Z-R 关系更好的雨量估测结果(图 6.17)。如果 K_{dp} 和 Z_{dr} 都能被精确地探测,就将是最大的成功。特别是 Z_{dr} 中的噪声或小的偏差,不论其是由于雷达没有很好的校准,还是由于水平和垂直偏振信号之间衰减的差异,都会对雨量估计产生严重影响。许多其他的 R-Z-Z_{dr} 关系比式(6.2)有更大的 Z_{dr} 的负指数数值;这可能更精确,但同时也对 Z_{dr} 中的噪声和偏差更敏感。此时,同样需要注意的是,基于雷达的降雪量估计并不使用偏振信息,因为并不能很好地确定雪花的形状随其尺度的分布。

还有一些其他方法提出来用于改善双偏振雷达估测降雨量的效果。其中的方法之一是根据远距离 Φ_{dp} 的观测来调整传统的 Z-R 关系,同时进行衰减订正或雷达校准。具体思路如下。当雷达脉冲传播通过足够距离降雨区之后,很容易观测到可测量 Φ_{dp} 的值。远距离的 Φ_{dp} 是路径上降水积分的一种测量,并且相对而言其对液滴尺度分布和衰减都不敏感。这些性质至少有三种用途:①用 Φ_{dp} 或 K_{dp} 估计衰减并进行订正(Testud 等,2000);②用计算出的衰减量进行雨量估计(Ryzhkov 等,2014);③用每个像素点上观测的 Z 值来估计 K_{dp} 的期望值,并积分得到沿整个路径上 Φ_{dp} 的期望值。通过 Φ_{dp} 的实测值与期望值的对比可以进行更精确的反射率测量值校准(Goddard,1994;Bellon 和 Fabry,2014;图 6.18)。在针对任何衰减及校准的不确定性进行订正后,依靠传统的 Z-R 关系或者双偏振关系便可以得到改善的雨量估测结果。

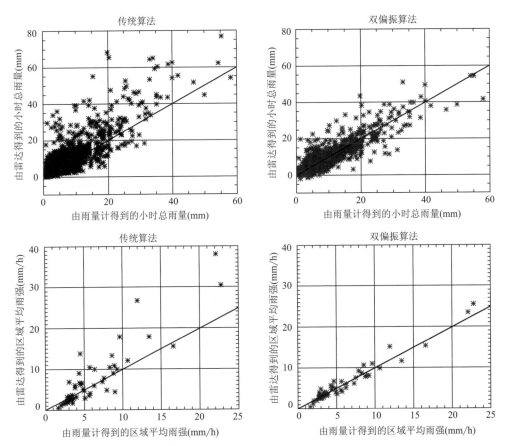

图 6.17　美国俄克拉何马州雷达覆盖范围内的单个雨量计(上)和所有雨量计平均(下)
的小时雨量数据与使用 Z-R 关系(左)和偏振参量的降雨关系(右)得到的小时雨量数据
进行雷达-雨量计测量比较。本图经美国气象学会(AMS)Ryzhkov 等(2005)同意再版；
经美国版权许可中心有限公司许可

6.4.2　目标识别与数据质量

　　天气雷达的最佳状态就是其信息能够以自动化的方式定量使用。其最大挑战
之一是,确保回波确实是来自预期目标,如来自雨,而不是其他如雹、湿雪或者地物。
来自非期望目标的污染可能是导致降水和风场估测算法失败的主要原因。因此,可
靠地确定回波源头是雷达数据成功定量应用的先决条件。

　　虽然降雨中偏振量的变化相对较小,但它们在不同类型目标之间的变化却要大
得多。特别是非气象回波,如昆虫(图 6.3),其具有不同的信号特征使我们很容易分
辨它们:水凝物往往具有圆的形状,而昆虫、鸟群、地面等有更为复杂的形状。因此,
应用偏振参量进行目标识别要比使用相同参量来改进降雨估计更为稳定可靠。

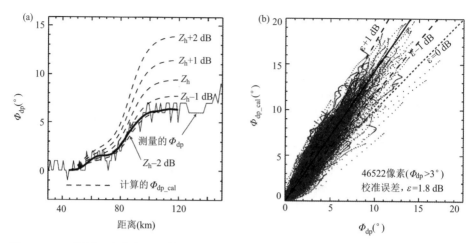

图 6.18 (a)沿同一方位角上原始测量的 Φ_{dp}(细实线)、平滑后的 Φ_{dp}(粗实线)以及在假定不同的反射率观测校准偏差下由 Z_H 计算得到的 Φ_{dp}(Φ_{dp_cal},虚线)。(b)加拿大 McGill S 波段雷达某一过程的 Φ_{dp} 观测值(x 轴)与计算值(y 轴)的散点图。其中,实线为数据拟合线,以估计校准误差 ε。两个长虚线代表由于滴谱的变化($\varepsilon\pm1$ dB)所导致的双偏振雷达校准不确定性的范围。本例中,数据表明 Z_H 平均偏高 1.8 dB。来自 Lee 和 Zawadzki (2006),ⓒ版权 2006 Elsevier 许可使用

　　也就是说,对于不同的目标物,任何偏振参量观测值的范围总有一定的重叠(如图 6.5 和图 6.9)。因此,目标识别工作取决于如何将 Z、v_{DOP}、Z_{dr}、ψ_{dp}、K_{dp}、ρ_{co} 等参量中有用的信息很好地结合起来。为了实现这种信息结合,目前一种比较流行的方法是,利用所谓的"模糊逻辑"算法(如 Park 等,2009 和其中的参考文献;补充电子材料 e06.2)将这些信息结合起来。简而言之,针对每个参量或者它们的组合,我们去检验这些观测值与何种类型目标的预期值拟合程度的可能性。模糊逻辑算法的优点在于其接受结果为"可能"的能力,其通过指定取值范围 0 到 1 的拟合函数或是隶属函数来进行每项检验,其中 0 代表"非常不可能"或"不相容",1 代表"很可能"或"很相容"。0 到 1 之间的数值大小取决于观测值或多或少适合于与某一类型目标预期值范围的接近程度。例如,5 dBZ 的反射率以及 0.5 dB 的 Z_{dr} 观测会与雪或毛毛雨非常相容(高评分),与小雨在一定程度上相容(中等评分,因为反射率低了一点),不太可能与昆虫相容(低评分,因为观测的 Z_{dr} 对于昆虫来说太小了),与雹完全不相容(0 评分)。一种更为严格但也更耗时的方法是,计算每个观测属于每种目标类型的概率,并且用这些概率来计算评分。将双偏振参量转化为 0 到 1 的检验结果的过程被称为"模糊化"。所有参量都可以采用这些检验,并且其他参量如预期温度或一天中的时间也可以被考虑进来。一旦,所有参量都做出不同的检验后,它们的结果将被结合起来,或者说是"聚合",对每个检验使用不同的加权系数,其取决于参量的重要性或者其区分不同目标的能力。利用这个程序一般可以分辨毛毛雨、雨、雹、地

物和空中非气象散射体等约 10 类目标。图 6.19 展示了一个目标自动分类结果的例子。此外,还有许多回波分类的技术方案,它们都有着相似的概念,但在回波分类时所用的"配方"却各有不同。这些方法中的某些变化是可以被解释的,因为像 ρ_{co} 和 K_{dp} 这样的参量是随波长、信号处理过程以及观测时天线扫描的多少而变化的。此外,一些目标分类,像"小雨"和"中雨"这种分类,就存在一定的主观分界。

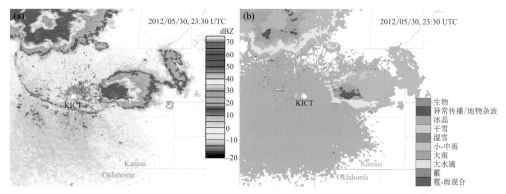

图 6.19　(a)Wichita 雷达(KICT)观测的水平反射率(Z_H),(b)基于反射率和双偏振参量观测的水凝物分类结果。这个分类中,AP/GC 代表异常传播或地物杂波(Kumjian,2013a,承蒙 Matthew R. Kumjian 提供)

　　除了提供目标识别,分类算法还可以用来过滤其他算法的输入。例如,降水率的计算必须与观测目标的类型相适应,而不是由昆虫或地物杂波计算得来。由不想要的目标产生的回波同样必须被识别和剔除,以便提升如 VAD 等导出产品的数据质量和有效性以及改善基于 K_{dp} 的校准算法。总的来说,一个好的分类算法的结果可以提供比大多数特定产品的方法更好的对不需要目标的识别结果。并且,与其他不使用双偏振参量却在某种程度上可行的目标分类方法相比,基于双偏振数据的目标识别算法功能更强大。但是,6.3.4 节中提到的虚假回波可能导致对目标的错误识别。

　　通过对双偏振雷达的介绍,我们完成了本书的第一部分,涉及天气雷达的基本原理及如何理解其图像。现在我们就可以应用这些知识,使用雷达进行天气诊断和短期预报。

第7章　对流风暴监测

7.1　一种预报方法

本质上,对流是一个发展相对较快的过程。大多数雷暴单体持续时间不到一小时,它们所产生的强大上升气流和下沉气流,导致局地强降水和强风。在一部雷达的覆盖范围内,可以同时出现数十个单体。它们以各种不同的形式组织起来,以复杂的方式迅速地与邻近单体相互作用(见补充电子材料 e07.1)。这是由于风暴气流之间的相互作用所造成的,但这一特性通常难以观测到。

对流天气由于时间短、空间尺度小,如果没有遥感手段的帮助,人们难以对其进行监测。当人们意识到雷达几乎可以瞬间提供风暴中的数据,雷达很快就成为监测对流天气的首选仪器。雷达具备的这种能力是许多国家安装雷达网的主要原因。

但是通过反射,雷达只是在风暴形成过程的后期才能较好地监测:雷达并不能探测到大气的不稳定性;除非在距离雷达很近的地方出现相互碰撞的向外出流情况,否则很难观测到风暴的触发机制;雷达无法探测到最初的上升气流,而且,除非在非常近的距离,否则它也难以观测到正在迅速发展的云体。只有降雨形成时,我们才可以获得云中正在发生什么的第一线索,而且,只有当风暴发展成熟时,才能对风暴状况作出全面的评估。

雷达提供的大量数据给天气监测和预报工作增加了难度。每小时收集数百个 PPI 扫描数据,其中的变量场有时难以解释,如同时来自许多类型目标的多普勒速度或反射率。要筛选这些数据是个漫长的过程。然而,对流风暴的快速演变意味着必须迅速进行风险的研判。即使借助于恶劣天气的自动监测程序,如中气旋监测或弱回波区域(WER)识别算法,对雷达数据的正确诠释也需要时间,因此必须尽可能实现高效的判断。

上述两方面的局限性(即探测到风暴回波相对较晚及数据量较大)所产生的后果对天气预报有至关重要的影响。只要雷达仍然是对流天气监测和预测的主要工具,我们基本上只能通过现有观测的外推来对当前天气现象或未来半小时内发生的现象发出预警。这就严重限制了预警的时间。因此,迅速识别出强天气风险的发展至关重要。为了最大限度地缩短识别强天气风险的时间,通过识别早期特征来预测强天气风险是非常必要的。仔细研究风暴发生前的大气环境是最为有效的做法,这些环境预先确定了可能发生的风暴和风险类型。

因此,要对雷达数据进行有效诠释,需要预报员知道如果预报正确会发生什么情况。同时,还应正确面对预报失准的可能性,而不是试图在预报不适用的地方或不适用时强行作出解释。最为成功的一种方法如下所述。

(1)在天气过程发生之前,收集有关稳定度、风场、大尺度强迫等方面信息,期望这些信息将影响预报期间天气的形成。

(2)预报员应该通过观察收集到的信息想象出风暴形成的时间及演变。

(3)想象一下这样一个时间演变的风暴在雷达上会是什么样子。不同的风暴类型具有不同的形态,并与不同的风场分布类型相联系。这通常会转化为反射率和多普勒速度特有的模式。

(4)确保在天气过程中所观测到的与在天气过程发生前大脑中建立的图像相一致。如果一致,找出这类天气(如中气旋、阵风、冰雹等)可能带来的风险信号。

(5)如果这个天气过程中观察到的与之前在大脑中建立的图像不一致,则迅速回到步骤(2)。这是预报员必须面对的最令人不安的情况之一,但也正如人们常开玩笑说的那样,这是一种挣薪水的机会。

这里,可能看起来像个低效的先验过程。难道预报员不能在步骤(5)中简单地识别雷达上的天气类型并快速重新调整么?结果是可能确实做不到。迅速识别一个未知的模式需要知道哪些反射率和多普勒速度模式与预报一致而哪些不一致,并且在雷达显示器上找到它们,所有这些工作都是在一种高压状态下完成的。这只能通过经验来实现,而不幸的是,经验通常是在经历过后才能获得。因此,尽管表面上效率低下,但直到有足够的经验可以跳过这些步骤之前,上述过程是可靠的。

把这一预报过程付诸实践,需要对对流风暴及其演变有基本的了解。因此,本章首先简要回顾雷暴的形成、演变和组织化特征,然后重点介绍在雷达显示器上显示的各种特征所指示的可能风险。

7.2　强对流及其影响因子

强雷暴发生所需的要素包括:

(1)有高的对流有效位能(CAPE),这是对流层大部分高度层上条件不稳定大气的一种特征;

(2)对流存在一定初始阻力,即对流抑制(CIN);

(3)有稳定的水汽供应,如果它是通过低空急流来供应,就更好了;

(4)有一些高空有利条件,例如,以高空短波形式提供的涡度平流;

(5)有风切变,尤其是在中低层;

(6)边界层有低层辐合,如锋面或风暴出流,以打破局地对流抑制 CIN。

前三个要素具有热力学性质,除了对流出现时可能存在低空急流的情况之外,这些要素并不能由雷达很好地观测到。因此,雷达仅仅是了解风暴发生前环境的众多信息来源之一。后三个要素具有动力学特性,其中风切变和辐合是雷达观测的最合适要素,但这也同样限于对流出现时。影响上述要素的因素包括天气尺度过程、气团特征和地形。这两类要素不仅影响每次风暴事件的强度和类型,而且还影响风暴的气候学特征(图 7.1 和图 7.2,补充电子材料 e07.2)及其日变化(图 7.3,补充电子材料 e07.2)。因此,预报员必须了解每个地区的局地(对流)特点。

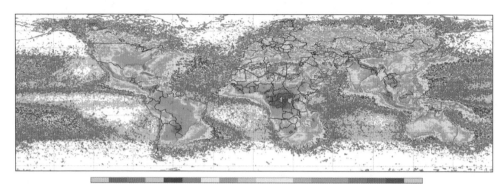

0.0 0.1 0.2 0.4 0.6 0.8 1.0 2.0 4.0 6.0 8.0 10.0 15.0 20.0 30.0 40.0 50.0 70.0 闪电/(km² · a)

图 7.1　全球闪电发生频率。这幅图提供了在全球雷达覆盖不均匀的情况下,世界各地深对流的分布情况。全球闪电图像获取地址为 http://thunder.nsstc.nasa.gov/data/data_lis-otd-climatology.html,由美国宇航局(NASA)地球观测系统数据与信息系统(EOSDIS)全球水文资源中心(GHRC)的 DAAC(分布式主动存档中心)负责维护,2013。图像数据由 NASA EOSDIS GHRC DAAC 提供

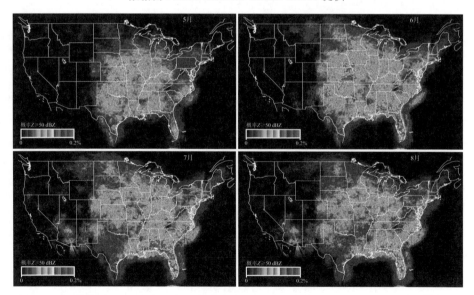

图 7.2　根据美国 15 a 雷达组合反射率获得的回波强度超过 50 dBZ 的概率空间分布。强对流峰值出现在中部平原春季后期,此时近地面空气足够温暖、湿润,而高空条件支持仍很重要,但随后在其他地点强烈的高空条件配合就显得不那么重要。雷暴高发区集中在墨西哥湾与南大西洋沿岸,在这些地区海风经常在对流初生中扮演主要作用,而主要受冰冷海水浸泡的(美国)西海岸,雷暴发生概率最低

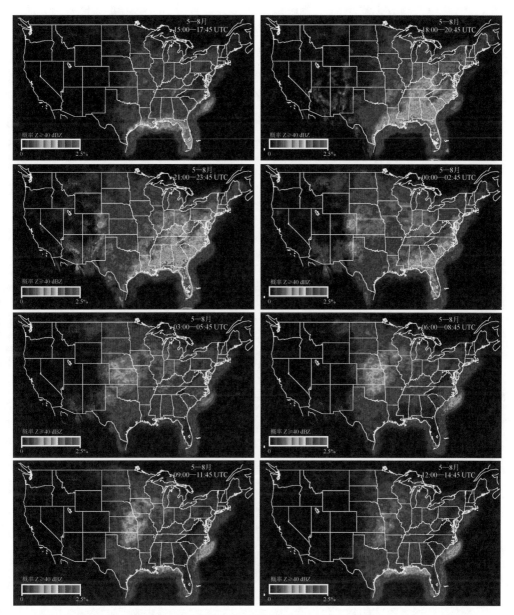

图 7.3　美国本土夏季一天中从早晨开始的不同时间出现回波强度超过 40 dBZ 的概率
空间分布（在美国中部，18:00 UTC 对应于正午）。注意不同区域在什么时间有可能出
现对流的峰值

图 7.4 说明了对流风暴的类型是如何由不稳定度、环境风切变和初始抬升机制
共同控制的。不稳定度决定了空气垂直加速的潜势，而风切变则影响风暴的形状及
其演变过程。当环境风切变受到限制时，除了如海风锋导致的较大尺度天气现象之

105

外,观测到的大多数孤立单体不会以组织化形式相互作用(补充电子材料 e07.3)。随着风切变增强,促进单体间特定的组织化相互作用,风暴系统普遍变得范围更大、更复杂,也更为持久。它们在雷达显示器上也呈现不同的形状(图 7.5)。最后,冷锋、海风锋或较小尺度辐合等抬升机制以及与之相关的天气尺度环境也决定了对流的位置、形状和范围。尽管所有的强对流风暴都有能力造成重大损失,但是,每种风暴类型通常与某些特定类型的风险有关。

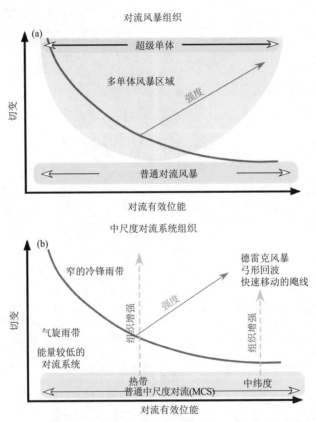

图 7.4 (a)将孤立的对流风暴的组织化结构表示为 CAPE 和风切变的函数;(b)将线状对流和对流风暴系统组织化结构表示为 CAPE 和风切变的函数。出自 Jorgensen 和 Weckwerth(2003),获美国气象学会(AMS)许可后重新出版;美国版权许可中心有限公司(Copyright Clearance Center, Inc.)发行许可

7.2.1 普通对流单体的演变(简略)

用极其简化的说法来讲,对流风暴通常从一个积云开始。积云是当暖空气的"气泡"(或气块)上升到液态水凝结高度(LCL)而形成的,然后,如果大气条件不稳定,其可上升到自由对流高度(LFC)。到达这个高度后,气块可以自由上升超过平衡

高度(EL)。通常,由于上部逆温层的存在,平衡高度 EL 相当低。由此产生的云厚度很小,只能产生很少水滴(图 5.5)。但是,如果对流不稳定能量 CAPE 较高,积云能迅速向上发展(图 5.1)并产生大量降水。风切变决定了风暴云随后的演变过程。

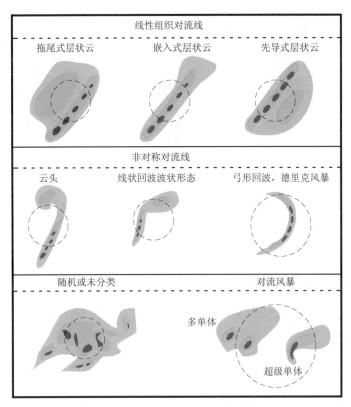

图 7.5　对流风暴典型形状和尺度示意图。虚线圆圈为直径 100 km 参考范围。出自 Jorgensen 和 Weckwerth(2003),获得 AMS 许可后重新出版;美国版权许可中心有限公司(Copyright Clearance Center,Inc.)发行许可

在缺乏明显垂直风切变的情况下,对流风暴降水开始在主单体的上升气流区附近产生(图 7.6)。由于部分雨水在下落过程中蒸发,雷暴云下方的空气冷却并下沉,形成下沉气流,当它到达地面时产生各方向均匀的水平辐散。结果导致上升气流和可能的强迫机制被切断,从而进一步切断向云体的水汽供应,然后云体开始消散。下沉气流迅速切断风暴的能量来源,这在很大程度上限制了此类风暴的生命期和严重程度(补充电子材料 e07.3)。由于所有高度的风切变和风速一般都很小,风的危害往往有限,除非 CAPE 大到足以形成一个生命期很短但很强烈并能产生微下击暴流的脉冲雷暴。同时,较小风速意味着一个单体可以在同一区域停留相当长的一段时间,这可能导致局地严重的降雨累积。因此,单体风暴的主要风险来自于强降水、微下击暴流造成的风灾,以及可能的短时降雹天气。

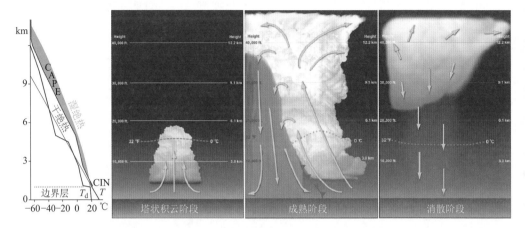

图 7.6　弱垂直风切变环境中对流单体演变过程的理想垂直剖面,图中展示了单体生长阶段(塔状积云阶段)、成熟阶段和消散阶段的演变。来源:NOAA JetStream。图中左侧添加的是与该过程相关的环境温度(T)和露点温度(T_d)的垂直廓线,展示了在对流层底部充分混合的边界层垂直结构,图中叠加了阻碍雷暴形成的 CIN 区,其上方为一具有较大 CAPE 值的条件不稳定区

7.2.2　垂直风切变与风暴组织

在低层存在较强风切变时,风暴从成熟阶段开始会有不同的发展(图 7.7)。在弱切变环境中,(风暴产生的)阵风锋从四面八方远离风暴,而在强切变环境中,由于低层环境风和反向的风暴出流可以维持平衡,阵风锋趋于在风暴上游保持静止。于是,较暖的环境风长时间受该冷空气出流作用,在同一地点附近被迫向上抬升,使那里的覆盖逆温层被突破,导致新单体在旧单体的上游形成。这种情况引起的多单体风暴的生命期比单个单体风暴要长得多。类似的过程也解释了为什么许多对流线生命期较长。多单体风暴通常包含几个处在不同演化阶段的单体。由于强风的影响,这些风暴的移动速度会更快,而连续产生的单体会在多单体风暴路径上产生可观的降水。此时,由于高空强风受下沉气流驱使,导向地面,更容易产生风灾。

在强烈弯曲的垂直风切变存在的情况下,可能会出现一个新的风暴组织:超级单体(图 7.8)。在超级单体中,就北半球而言,上升气流进入风暴的右侧(风暴的前方是其前进的方向),并补偿风暴的后侧和前方的降水核心及相应的下沉气流。低层出流在水平方向上的扩展被入流阻断,这加强了上升气流并逐渐将其推向右侧(北半球)或左侧(南半球)。最终,弯曲的风切变可以将上升气流与下沉气流分开,互不相干,但它们同时又互相支持。这将产生一个长时间自我维持的强风暴。成熟的超级单体回波的形状特征表现为椭圆形,其尾部逐渐形成一个钩(图 7.5 和图 7.8),并且相比于强度较弱的强风暴更容易偏向于向赤道方向运动。超级单体

风暴可以产生强下沉气流、强地面风直至强降水和冰雹等所有类型的恶劣天气。然而，它们通常以其能够造成具有危害性的龙卷而最为出名（见补充电子材料 e07.4）。

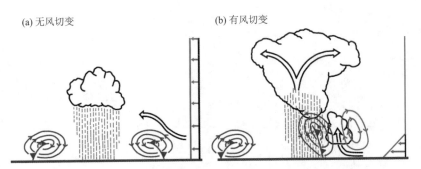

(a) 无风切变　　　　　　　　　(b) 有风切变

图 7.7　弱风切变环境(a)和强风切变环境(b)中成熟阶段对流单体剖面图。图中冷池的边缘，即阵风锋，用冷锋符号来表示，同时在图的右侧绘制了风暴相对风。在无风切变的情况下，冷池的扩展阻碍了风暴的进一步发展，这是由于上升气流逐渐向外推，无法冲破逆温层。在有风切变的情况下，冷池的扩展受到低层风暴相对风的遏制，低层风暴相对风能够在某个位置加强上升气流，从而冲破逆温层，形成新的风暴，有时甚至是同一单体。尽管这幅插图是为飑线设计的，但也可以用来解释风切变如何使所有对流风暴持续时间更长、发展更强大。经 Rotunno 等(1988)同意，AMS 许可再版；并经美国版权许可中心有限公司发行许可。彩色版本由 George Bryan 提供

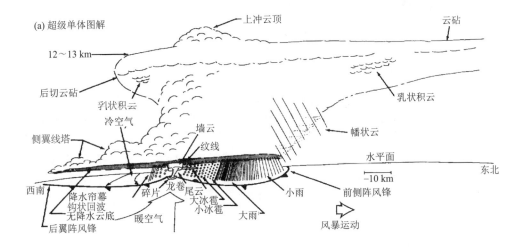

(a) 超级单体图解

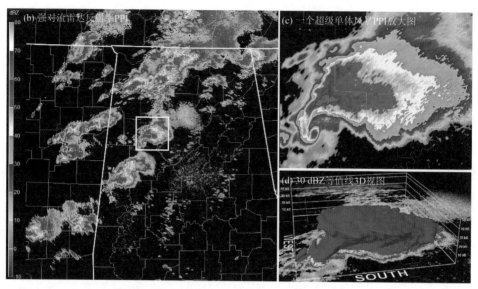

图 7.8 (a)超级单体风暴侧视图,转载自 Houze 和 Hobbs (1982),©版权 1982,Elsevier 许可使用。(b)雷达反射率 PPI 显示了雷达覆盖范围内有多个超级单体风暴。雷达西北方向的超级单体风暴用一矩形框标注。(c)该超级单体风暴的 PPI 图像放大图。值得注意的是,在风暴西侧有独特的钩状回波,在钩状回波上还观察到与龙卷有关的强中气旋特征。(d)从南面三维视角观察的 30 dBZ 等值面图。在垂直坐标轴上,10 kft 对应于 3 km。值得注意的是,在三维等值面图上,弱回波区被钩状回波东面的悬垂回波所覆盖

7.2.3 大尺度过程和对流线引起的抬升

上面讨论的风暴通常是由局部过程在一个小的区域范围引起的,这一过程突破了上部覆盖逆温层。然而,较大尺度的辐合型天气,如天气尺度锋面、干线,以及中尺度的海风锋和地形等也会强迫空气抬升。这通常会形成长的线状或带状对流风暴,其规模常常超出单一雷达的覆盖范围。

飑线是由雷暴组成的长条形线状结构,通常由冷锋触发,成熟时往往伴随较少降水(图 7.9)。飑线可持续 12 h,但除非飑线主要沿其轴线移动,否则任何一处的强降水通常持续时间较短;例如,如果图 7.9 中的飑线正在向东北方向移动,则预计会发生洪水。当飑线移动非常快(速度 $v>70$ km/h),规模较小(长度在 $100\sim200$ km)时,飑线通常呈弓状(补充电子材料 e07.5),风暴出流可产生强的直线风。此外,其危险程度和典型雷暴是一致的。

7.2.4 边界层的作用

如前所述,形成新的对流单体的一个关键因素是突破位于条件不稳定区域之下

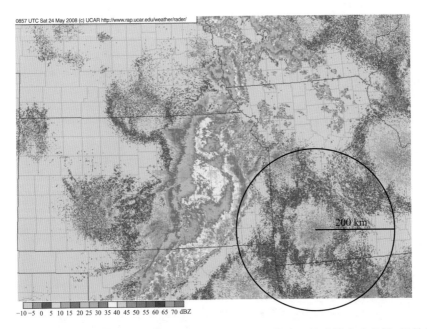

图 7.9　美国大平原夜间飑线的雷达组合反射率图。图像中心的飑线向东移动,风暴前
沿为强对流降水,后侧有较弱降水。飑线以东多个蓝白色圆盘是来自不同雷达距离探
测到的鸟类和昆虫,它们利用风暴前部的南风迁徙。图中半径 200 km 的圆圈展示了天
气雷达典型的反射率探测参考范围。基数据图像 © 2008 UCAR,许可使用

的逆温层。有时候,像锋面那样的较大尺度过程强大到足以强迫气块抬升,从而突
破逆温层,通常导致雷暴线。在其他情况下产生的雷暴,过去常被称为"气团雷暴",
其形成主要是由于覆盖逆温层下方存在上升气流,这些上升气流具有足够的动能和
热量来冲破这个逆温层。白天,覆盖逆温层之下的大气层称为边界层,其厚度为地
面以上约 1 km。边界层通过两种方式对冲破逆温层所需的上升气流起到促进的作
用:第一,边界层本身具有自己的环流特征,受地表加热、温度差异、平均风速和地形
等因素共同影响。我们经常可以看到这种环流的结果,这要归功于昆虫回波,因为
昆虫回波在上升气流中往往更强(图 4.15)。第二,边界层是雷暴出流传播的区域,
这些冷的出流迫使较暖的空气抬升,尤其是当它们与锋面、干线、海风或其他出流相
遇时(图 7.10,补充电子材料 e07.6)。在所有这些情况下,新的风暴形成的关键是,
上升气流必须在覆盖逆温层下方的同一区域内持续存在,以便首先突破逆温层,然
后,能够为发展中的雷暴提供暖湿空气。导致一个特有雷暴形成的因素的顺序可能
会非常复杂(补充电子材料 e07.7)。虽然有时可以在观测这些边界层过程的同时预
测新风暴可能在何时何地形成,但通常情况并非如此,因为雷达数据不够清晰,或者
由于时间限制,妨碍了对它们的恰当解释。因此,我们目前仅仅使用雷达数据,主要
针对存在的风暴进行预警。

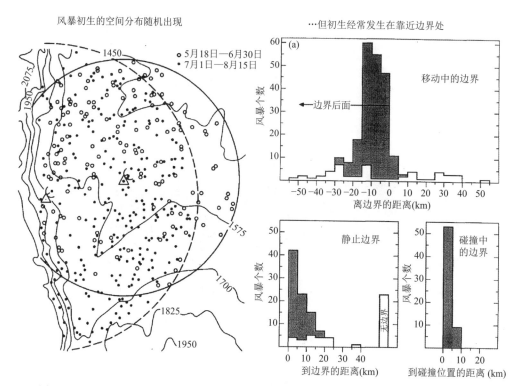

图 7.10　雷达观测到的边界层辐合线和由昆虫回波揭示的边界层环流对确定白天对流初生位置重要性的说明。左图中，风暴初生位置的空间分布是随机的，且与地形无关（等值线表示海拔高度，单位为 m），而右边的直方图表明，大多数风暴是在边界层辐合线附近初生的，深色阴影展示了边界层辐合线被认为在风暴初生中起作用的风暴个例。经 Wilson 和 Schreiber(1986)同意，AMS 许可再版；经由美国版权许可中心有限公司发行许可

7.2.5　风险

虽然某些类型的雷暴比其他类型雷暴更容易酝酿发展成为特定的风险（threats），例如龙卷，但所有的雷暴都会形成形式多样的破坏性天气。强风暴可能会导致以下破坏性天气。

（1）破坏性大风：雷暴天气的强风要么来自于通常造成直线或辐散型大风的下击暴流出流，要么来自龙卷，造成旋转型大风。尽管龙卷造成的风力最强，但上述两者都会造成严重的破坏。龙卷的潜势和强度取决于弯曲的风切变和 CAPE 值；下沉气流的风力强度取决于风暴的移动速度、强度以及有利于蒸发冷却的低层环境相对干燥度，这些因素的精确组合取决于当地的气候。

（2）下击暴流及其对航空的危害：如果飞机穿越下击暴流飞行，特别是在降落阶段，那将是极度危险的。想象一下飞机从下击暴流底部穿过的情形。首先飞机会遭

遇迎面风,空气流速和飞机升力增加,使得飞行员必须减小发动机功率并降低飞机。然后飞机会遇到下沉气流,紧接着又是尾风,这两种风都会将飞机强力向下推向地面。

（3）冰雹:超过临界尺寸（约 2 cm）的冰雹有足够的能量对农作物、汽车和一些建筑物造成损害,更不用说人了。飞机驾驶员也更乐意避开冰雹,原因很明显。地面风速增加了雹块的水平动量,这同样也是影响冰雹灾害潜势的一个因素。

（4）闪电:闪电致人死伤。尽管天气监测雷达不能直接探测到闪电,但众所周知,某些回波特性,如在某一高度（6 或 7 km）以上的反射率超过某一特定阈值（约 50 dBZ）,被认为是与闪电活动密切相关的。其他专用的系统也能很好地观测到闪电。

（5）山洪暴发:强降雨可以通过洪水造成破坏,这取决于在任何特定地点的降雨强度及持续时间。当风暴移动非常缓慢和（或）多个单体在同一地点形成或通过时,通常会发生洪水。

7.3　期待什么

7.3.1　在风暴发生之前

在风暴发生之前,我们必须主要依靠雷达以外的工具提供的信息。需要回答的关键问题包括以下几点:预计会有风暴吗? 它们会很严重吗? 为什么? 如果给定环境中不稳定度和风切变,以及存在锋面（或不存在锋面）等预期强迫机制,可能观测到哪些类型的风暴组织? 一旦这些问题得到了解答,就需要确定最有可能发生的风险。例如,形成龙卷和（或）下沉气流产生的破坏性水平大风的条件是否理想? 有可能发生冰雹或洪水吗? 如果有需要,在写出当日恰当的风暴警报之前,这些问题都是必须回答的。

7.3.2　风暴期间的风险识别

当风暴回波出现时,会产生降水,雷达提供的信息必须得到有效处理。首先,风暴开始时间是早于还是晚于预期? 如果是这样,那么,在不稳定度、覆盖逆温层的强度或者触发时机（例如锋面）等方面暗示着什么? 这将如何影响预期的天气和风险类型? 我们又如何预测随后的一系列过程呢?

然后,我们必须寻找与恶劣天气相关的雷达特征。

（1）来自低层降水的强回波（$Z \geqslant 55$ dBZ）:从某种意义上说,虽然显而易见,但值得再次强调。很强的回波要么意味着有非常大的雨滴（$Z_{dr} \geqslant 1.5$ dB）、巨大的冰雹（$Z_{dr} \leqslant 0.5$ dB）,要么表明两者的混合。如果风暴正在缓慢移动,其可能会超过暴雨预警的阈值（例如,小时降雨量 50 mm）。VIL 产品非常适合用于从雨量中等的单体中区分出雨量很大的单体。如果下沉气流足够强,也可能产生阵风锋。如果风移动迅速,就可能会有强烈的地面阵风。另外,还请记住,对于相同大小的冰雹,如果水平风速很大,冰雹会从水平风中获得额外的动量,预计会造成更大的损害。在衰减波长(C 波段和波长更短的波段),由 Z-K_{dp} 组合得出的降雨率估测值可以帮助探测强降水中心。对所有传统雷达频率,中层出现冰雹钉状信号特征(hail spike signature)(图 4.12)也是识别强冰雹存在的一个重要标志。

(2)高空有一个非常强的反射率中心(零度(0 ℃)层以上 4～5 km 高度处,或中纬度海拔高度 8 km 处,反射率超过 50 dBZ;图 7.11a):这是强风暴的最初传统判据,由 Lemon(1980)提出。在许多方面,对于发展早期这是一个先兆信号:这样一个高空强回波只可能意味着一个极强的上升气流已经抬升和凝结了相当大的降水到高空足够冷的温度区,使冰雹的形成成为可能,并且当反射率核开始下降时冰雹将迅速下落。冰雹下落时也能带来强烈的下沉气流,可能导致地面局部强风。同样地,高层 CAPPI 或数值很大的 VIL 有助于在复杂的雷暴场中迅速识别出那些可能符合这个判据的单体。虽然这一特征信号在弱切变的情况和移动速度缓慢的单体中更为常见,但在所有情况下都应予以认真对待。

(3)中高层(5～12 km 海拔高度)有强回波(超过 45 dBZ),在同一风暴下重叠了许多弱回波:这在中等或强风切变的情况下更常见,这是具有强烈上升气流的风暴的另一种传统特征。在较强风切变情况下,风暴倾斜并不罕见。在具有近乎垂直的强上升气流情况下,上升气流的底部是没有降水的,因为还没有水汽发生凝结,但是它的顶部将有强回波;与此同时,下落至地面附近的降水可能在上升气流还在稍远处时就已经先凝结了。其结果是来自这样风暴的回波是倾斜的,在其下方显示出一个被称为弱回波区(WER)的区域,在此区域的低层目前发现有上升气流,而在其上方有一个回波悬垂区(图 7.8d 和图 7.11b)。如果上升气流特别强,悬垂回波就会向下延伸至上升气流的另一侧,使得 WER 被悬垂回波包围。这个特征被称为有界弱回波区(BWER)。Lemon(1980)提出了风暴必须满足所有下列三个标准才能被认为是强风暴(图 7.11b):①在融化层以上有足够强的反射率核,其峰值超过 45 dBZ;②中层回波悬垂必须在低层(1.5 km 高)最强反射率梯度位置之上至少向上延伸 6 km;③最高回波顶必须位于低层反射率梯度的顶部或其悬垂回波一侧。超级单体风暴通常会满足这些标准。但重要的是,要确保这些标准不会因为错误的原因而得到满足,例如,将来自两个明显不同风暴的部分结合在一起,或通过一个悬垂回波来判断,其形成是因为这样一个事实,即高层反射率是在低层反射率测量之后几分钟才进行测量的结果。

(4)风暴,或者更糟糕的是风暴线,移动得非常快时(例如,速度 80 km/h 或更高):这种风暴的下沉气流通常伴随着地面上破坏性直线风。如果雷达扫描足够低,并且测量几何正确,则可以在多普勒速度上观测到这些现象。

(5)强风暴移动缓慢,或者一系列风暴经过相同的地点:这是产生大量降水的最有效途径,可引发暴洪。不同的预测区域有不同的暴雨预警发布阈值,如 1 h 降雨

(a) 一个新的脉冲风暴的CAPPI堆叠

(b) 包含有界弱回波区(BWER)的单体垂直剖面

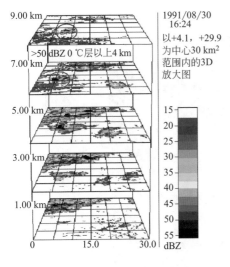
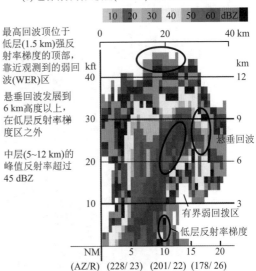

图 7.11 仅根据反射率模型确定强天气的两类标准图示。(a)将不同高度(1~9 km 高度)处的 CAPPI 反射率叠加在一起,显示出峰值反射率超过 50 dBZ 的发展中脉冲雷暴(以灰色椭圆表示)。在这种情况下,风暴正处于迅速发展阶段,没有降水到达地面。(b)对特别强的雷暴做垂直剖面反射率图。图中标注了确定强风暴必须满足的三个指标;而这一特定风暴显然超过了所有这些指标。这个垂直剖面也很好地展示了高空降水前悬回波下方的 WER区。当前悬回波下降到 WER 区之下时,认为这个弱回波区是有界的(简称为"BWER");这是强风暴的标志

50 mm。需要记住的一个重要因素是,降雨率与反射率有很好的函数关系:在雷达显示器上,50 和 55 dBZ 的单体看起来非常相似,但降雨率相差 2 倍以上。过去的和预测的降雨积累产品对于考察这种潜在风险情况是很有用的工具。

(6)近地面的辐散特征(下击暴流)和几个低仰角上检测到的旋转特征(中气旋):前者在当前对航空有直接的威胁;后者可能形成龙卷,对生命财产构成严重威胁。自动算法通常有助于识别带有这些特征的风暴,简化寻找这些风暴的工作。但是,由于这些算法并非万无一失,所以宣布这些风暴是否构成风险的决定(并发布天气预警)仍需由预报员做出。

(7)龙卷特征信号:龙卷是极其强大的小尺度涡旋环流。如果它们发生在与雷达非常近的地方,它们可能看起来像小的中气旋(补充电子材料 e07.4)。它们的风速经常超过雷达的奈奎斯特(Nyquist)速度,而且它们尺度小(通常只有数百米)使得旋转特征很难分辨。更容易观测到的是,在母体中气旋的中央有几个谱宽极大的像素元,显示出强烈的湍流环流的存在。双偏振数据也可以提供一些帮助,因为龙卷卷起的碎片具有随机形状,因此,其在一定反射率下具有特别低的共偏振相关系数

ρ_{CO} 特征信号和异常低的 Z_{DR} 值;但在大多数情况下,如图 7.12 所示,这类数据再怎么解释都还是比较困难的。

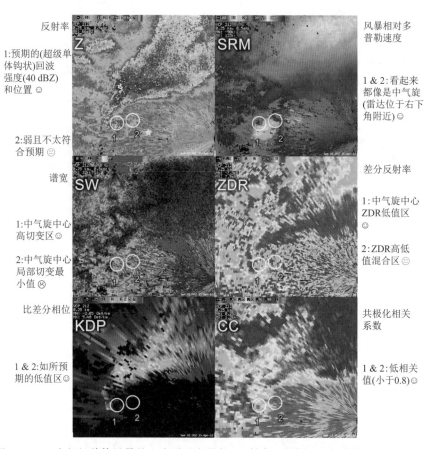

图 7.12　一个超级单体风暴的六个雷达变量场(反射率、雷暴相对多普勒速度、谱宽、差分反射率、差分相移率和共极化相关系数)PPI 图,对风暴中的两个低 ρ_{CO} 指示的潜在龙卷碎片回波特征信号进行了比较。特征♯1 满足龙卷碎片特征的所有条件,而特征♯2 具有太多无法预料的属性,因此无法订正。图片来自 WDTB(2013)

　　为了帮助解决风险检测这一极为耗时的工作,雷达处理系统通常具有各种检测算法。其中最常见的三种算法是中气旋、下击暴流和弱回波区(WER)(或相反,悬垂降水回波)的检测算法。所有这些算法都基于一个导致强天气的风暴演化概念模型,并且当观测结果与概念模型的预期相匹配时,就会触发这些算法。例如,最强烈和寿命较长的龙卷通常是在先前存在的中气旋中形成;因此,龙卷状况的早期预警始于中气旋的迅速检测。由于中气旋在多普勒数据上有一个特殊的"肾状特征信号"(图 5.15),因此,中气旋算法的设计是为了在多普勒雷达数据中寻找大小合适的肾状特征。Johnson 等(1998)和 Stumpf 等(1998)的研究中可以找到实现强天气检测算法的例子。这些算法非常有用,可以帮助我们将注意力集中到更有可能造成风险的风暴数据集上,但它们也不是万无一失的。并非所有的中气旋都会产生龙卷,并不是所有的肾状特征都是中气旋。因此,一旦算法识别出与强天气相匹配的特征,它仍然需要预报员根据风暴演化的整个过程以及识别的特征在观测的天气前后过程中是否合理,来确认那是一个有潜在危险的情况还是一个虚假警报。只有在确定这一点后,才能考虑发出警报。为了尽量减少误报的情况,雷达数据探测算法可以与来自其他来源的信息(如模式输出的信息)相结合,以帮助发布更好的预警(图 7.13)。

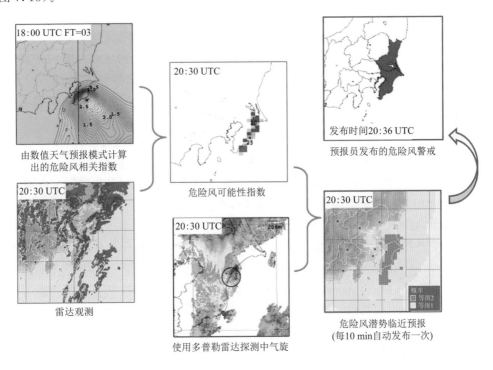

图 7.13　雷达数据和其他信息结合的预警方法示例。它被日本气象厅用作危险风潜势预警的指导。来自 Joe 等(2012),©版权 2012 InTech,根据 Creative Commons 3.0 规则获得许可

7.3.3　风险预期

　　一旦确定了目前的风险,必须描绘出将很快受到这些风险影响的区域。如果可能,必须根据目前的观测预期未来风险的发生。在这方面,必须回答以下问题。

　　(1)总的来说,风暴的风险是在增加、保持不变,还是减少?虽然难以准确预测某一特定风暴的演变过程,但应该能够确定整个雷达覆盖范围内的雷暴是否正在变得更加严重。另外,风暴总体上是进入还是离开预报区域?

（2）风暴向某一地区移动对风暴发展有利还是不利？下游的不稳定度或阻力是更强还是更弱？当雷达总的来说无法提供这一问题的答案时，气候学和熟悉当地地域及较大尺度强迫可能就是唯一可靠的信息来源。

（3）风暴正在向更脆弱的地区移动吗？有些地区比其他地区更为脆弱，或者比其他地区更能从提前预警中受益。城市就是一个很好的例子。此外，不同的地区或多或少容易受到不同类型的破坏：城市和山区的小溪容易遭受暴洪，森林地区容易遭受闪电袭击，等等。

（4）哪些风暴有较长生命史或有较长生命史特征？首先，一个风暴组织得更好并且更大则意味着风暴有更长的寿命。孤立的超级单体风暴通常寿命较长。

（5）新单体正在形成，还是预期会形成？这可能是最难完成的任务之一。在风暴发展的早期阶段，卫星数据在图像被砧状云和卷云填满之前可能会有所帮助。能够成功预见到风暴形成的罕见情况之一是来自晴空回波的边界碰撞（补充电子材料e07.6），这种情况在本质上确保暖空气因相遇的冷气团挤压而强迫抬升，可能足以冲破覆盖逆温层。

（6）过去的累积雨量与近期的累积雨量的总和，是否会超过暴雨的阈值？

为了帮助预测风险，雷达处理系统通常还有各种算法。有些用于追踪过去的风暴，试图用这些信息来展示它们未来的位置。其他算法可能会计算预报降水的时序。对近期未来的预报本身就是一个话题，将在第10章进一步讨论。

诚然，这一概述较为简短。还有大量关于不同类型对流系统动力学以及与它们相关的雷达模式的知识。这一知识体系正在不断发展，对这个问题的研究也从未间断。Markowski 和 Richardson（2010）及 Trapp（2013）提供了对中尺度气象和风暴结构详实的介绍，而 Jorgensen 和 Weckwerth（2003）就研究前景和展望也做出了同样介绍。就以理论为基础的业务应用而言，美国"对流风暴结构和演变（主题7）远程学习操作课程学生指南"（WDTB 2014）等培训手册的对流天气部分更有价值（请注意，该手册的参考文献已发生变化，并可能随着时间的推移而不断变化）。与此同时，MetEd（http://www.meted.ucar.edu/）提供了几个培训模块，特别是"强对流天气的雷达特征"，其中展示了很多例子。

第8章 监视大尺度系统

8.1 雷达、大尺度系统及威胁预报

8.1.1 反应时间

雷达彻底改变了对流风暴的监测方式,因此它主要被认为是一种用来观察尺度较小、演变更快系统的仪器(图8.1)。如果在对流天气和雷达之间建立了这种联系,其不良后果是:当预测较大的或缓慢发展的大尺度系统时,我们经常不再查看雷达数据,而主要依靠其他信息来源。

不可否认,至少有两个很好的理由来淡化雷达在大尺度系统中的作用:①有许多其他的工具来分析大尺度系统,从卫星图像到地面和高空观测,此外还有基于模式的预测等;②与大多数大尺度系统相比,单个雷达的覆盖范围较小(如图1.4和图8.1),不适合对天气情况进行完整的评估。

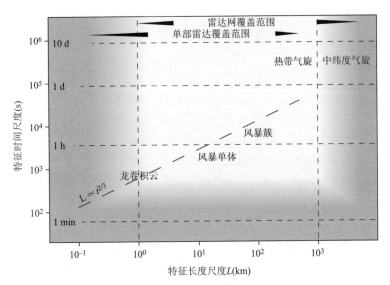

图8.1 不同天气现象特征长度与时间尺度的关系。灰色阴影区域对应于单个天气监视雷达或雷达网无法很好识别的时空尺度

然而,由于大尺度系统也可能是破坏性的,任何可以帮助评估可能天气威胁的

工具都应该被使用。此外,雷达组网正在进行,目前在更大范围内获取雷达信息并方便地访问在某一个雷达预测区域之外的雷达数据成为可能。最后,预报员在预测对流系统时可以获得他们所缺少的奢望之物:时间。在这种情况下,他们有几分钟的思考时间来考虑雷达提供的更细微但丰富的信息,而不是仅仅对快速演变的形势做出反应。

因此,额外的时间可以让我们做更多事,而不仅仅是对现有的威胁做出预警。当雷达提供当前预报所期望的观测和实际观测之间的重要差异信息,进而提供关于如何修改预报的额外线索时,它在大尺度系统中是最有用的。因此,雷达不再像在对流观测中那样是主要的探测工具,而是承担一个帮助调整预报的关键角色,尤其是在 0 到 12 h 的时间框架内。这一角色,加上对大尺度天气威胁的预警不需要在对流情况下所需要的即时反应,要求采用更多的分析方法来充分发挥雷达的潜力。

这里将考虑两种类型差异很大的大尺度系统:中纬度气旋和热带气旋。此处讨论将其分组到同一类别的主要原因是,它们都发展得相对缓慢,而且根据雷达数据对其进行预报的方式是类似的。实际应用中,由于热带气旋会有快速发展的部分,如嵌入式龙卷和对流单体,因此反应性和预测性预报方法的结合是必要的。

8.1.2 定义天气信息需求和威胁

为了帮助确定雷达在大尺度天气中的作用,重要的是要从一次天气预报中总结需要什么信息。在许多领域,两种不同类型的用户推动着预测需求:航空用户对机场附近及高空的天气有特殊需求,而从民用部门到公共部门的一系列用户则更关注地面天气。

航空旅行受天气影响很大。在机场周围,航空用户需要非常特定的风、能见度和降水信息。例如,起飞时,飞机必须无冰。在雪或冻雨期间或之后,它们必须被除掉。但是使用的除冰液的数量和类型取决于在当前和未来 $15 \sim 30$ min(该时间段内飞机从除冰站到达起飞跑道)内预测的降雪或冻雨率。飞机的安全飞行也得益于它们的预期飞行路径上风和湍流的预测以及到达机场附近的云和降水信息。如果飞机飞过过冷云层或冻结降水区域,导致飞机降落延迟的同样坏天气也会导致飞机在机场上空盘旋时结冰。因此,为了最好地帮助航空业,我们需要观测和预报空中的风、湍流以及可能会影响到机场附近飞行活动的天气。

其他用户也需要知道什么天气会影响他们的活动或造成损害。损害主要来自降水和风。当道路上有天气造成的碎片、水、雪或冰等障碍物时,地面交通等活动会受到阻碍。

那么超过什么界限,大尺度天气会造成损害或严重的不便呢?答案取决于天气的不同类型和强度如何影响你的预测领域内的人们以及他们的活动。不同的地区对风和降水有不同的易致灾性阈值,在一定程度上是由气候学、在任何给定地区预计发生的天气类型以及应对这种天气的不同适应能力决定的。预测能在多大程度上对适应能力产生积极影响,这也很重要。

也许解释这一点的最好的例子,就是考虑降水是如何影响活动和造成损失的。我们喜欢在靠近水体的地方建造房屋,但又不能很接近,否则我们的家园每年都会洪水泛滥;所以,我们经常在预期洪水少于每 20 a 一次的区域建造房屋。我们还建立了下水道等基础设施来处理"正常"的降雨,比如每隔几十年发生一次更为频繁的天气。因此,洪水造成的破坏通常始于上游流域的降雨超过我们所说的 20 a 的降雨量,或者只是统计上预期在该地每隔 20 a 观察到一次的天气类型。在一个地区这个阈值是 24 h 降水达 50 mm,而在另一个地区同一时间段达 500 mm,这是无关紧要的:重要的因素是,对于特定地区的基础设施,这一天气事件非常罕见,足以使其面临水灾的风险。而对于超过一定规模的流域来说,其主要表现为可以引起洪水的大尺度天气事件(图 9.3)。然后,我们必须考虑特定区域的问题:在山区,强降水除了严重阻碍公路和铁路运输外,还会引发泥石流和其他本地特有的破坏。在海边,强降水、近岸风和涨潮结合在一起使得损失达到最大。最后,降水不一定都会造成破坏:这取决于降水的类型。10 mm 的雨量很少会影响到任何人,但同样数量的水作为冻雨或雪下落会是另一个问题,尤其对于交通而言。在这里,这些天气事件会造成多大的问题,取决于这些天气是否在气候上被预测:在莫斯科或罗马同样的暴风雪将造成不同的破坏,因为一个城市有处理雪和冰的基础设施而另一个城市没有。但是,这种基础设施部署的有效性很大程度取决于预报的质量,以及对预报的解释和反应,如过晚或过早地派遣除雪队员将大大削弱他们应对天气的能力。

最后,不同的区域对不同的天气事件有不同的限度和弱点。因此,正确预测破坏性天气必须首先建立起风、雨、雪等可能影响人类活动和基础设施的阈值。此外,我们应对这种破坏性天气的能力最终取决于预测的准确性。由于大尺度系统所造成的很多破坏与风和降水有关,因此雷达的反射率、多普勒和双偏振测量能提供很多帮助。

8.2 雷达能做出什么贡献

由于大尺度系统是大规模的,并且发展缓慢,所以我们通常在天气影响我们的预测区域之前使用模式输出或卫星图像清楚地了解预期的天气和威胁。然后,雷达数据的作用是监测观测到的降水和环流形势是否与预期的模式预测相一致,如果不一致,确定这些差异是否大到足以改变预期威胁的性质或程度。这些系统的大规模和缓慢发展有两个后果。第一,这些系统的最初 12 h 能很好地预测,雷达数据可以提供相关信息,因此预测和实际天气之间的差异通常很小。发现这些差异需要一些彻底的侦查工作,而且通常只有当天气形势的微小变化会导致非常不同的威胁结果时这些差异才有价值。第二,任何差异都可能扩展到大面积区域。因此,位于上游的雷达也可以用来发现这些差异,从而获得几个小时来修正当地的预测;如果天气没有像预期的在 300 km 以外发生,它很可能会沿着这一趋势继续下去;关于如何改变当地天气预报的有价值的信息可能会在邻近地区的雷达上找到。

预期演变的微小改变可能导致具有威胁性的较大改变的情况包括如下。

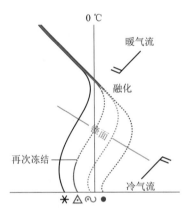

图 8.2　空中出现锋面时温度的垂直廓线,导致地表观察到雪(＊)、冰丸(△)、冻雨(∾)和雨(●)。实线代表固态降水,点线代表液态降水。雷达观察到明显特征的现象被标注在图中

(1)0 ℃附近的降水:取决于空中的温度廓线和地面温度。各种降水类型有截然不同的影响,它们都可能出现在地面:可能在地面冻结或未冻结的毛毛雨(暖雨过程)或雨(冷雨过程);雪、冰丸和对流存在时一些罕见的水凝物粒子如雪粒。这在暖锋前尤其符合(图 8.2);寒冷的冬季,当暖锋靠近时,降水可能首先以雪开始,然后可能变成冰丸、冻雨和雨。如果有准确的顺序,这个顺序取决于锋面活动和锋面下方的冷空气平流、锋面上方的暖空气平流的强度和厚度。在这种复杂的情况下,雷达可以提供非常有用的帮助:首先,它可以探测亮带的出现和消失(图 5.10 和图 8.3)。在某些情况下,可以检测到与冻结相关的双偏振特征,尽管它通常发生在非常低的高度,可能很难观测到(Kumjian 等,2013)。雷达还可以显示锋面的高度,因为其对应高度的风正

迅速改变方向:低于预期的锋面通常意味着空中有更厚的暖空气层,预示着未来雪消失的速度比预期的要快,反之,如果锋面更高,也是正确的。最后,可以测量锋上和锋下的风速和风向,并与模式得出的期望值进行比较。锋上更强或更多的极向风通常意味着更多的降水和可能比预期更快的向雪消失方向的过渡;锋下也就是在地面以上的位置,更强或更多的吹向赤道的风会加强冷空气的维持,使这一层的降水重新冻结,从而延缓非冻雨的到来。为了进行这样的评估,最好检查更高仰角的 PPI、垂直剖面和 VAD(速度方位显示法)得出的风。然而,雨和冻雨不能被雷达区分,因为冻结发生在与地面接触的过程中;为了区分它们,需要地表温度信息或地面观测数据。

(2)冬天的降水:一旦我们知道即将到来或者正在发展中的降水是雪、冰丸还是冻雨,下一个问题是"有多少?"。关于量的预报可能会被证明是不准确的,要么是因为风暴的轨道偏离了重要的 50～100 km(这可能代表了预测期间风暴所走的总距离的 5%～10%),要么是由于一些意料之外的本地的影响。在这种情况下,对比预期

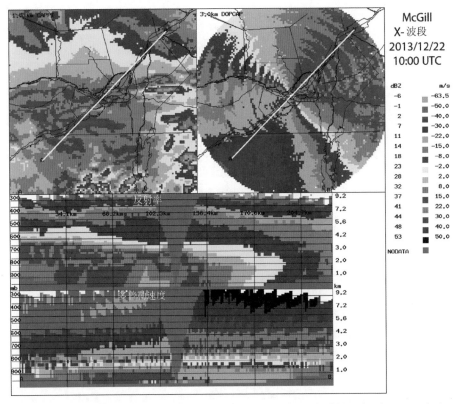

图 8.3　上图:一次冬季风暴中,反射率(左,1.5 km 高度)和多普勒速度(右,3 km 高度)
CAPPI。下图:从西南(左)到东北(右)的反射率(上)和多普勒速度(下)垂直剖面图。在
反射率剖面图上,可以看到亮带从西南方向延伸到雷达的东北方向约 10 km 处,在 CAP-
PI 上以东西向的增强回波线结束。在这种情况下,地面的降水包括:该回波线以北的雪、
以南的冰丸和冻雨,此时地面温度维持在 0 ℃以下

和观测到的降水形势能提供最有用的信息(图 8.4)。最后但同样重要的是,预计的
降水发生时间可能需要修改。

(3)可能的洪水条件:热带气旋和较弱的中纬度低压系统会产生大规模洪
水(图 8.5)。如果降水形势向下降的坡地缓慢移动,洪水就会加剧。其他地表条
件,如已经饱和的土壤或地面积雪,会进一步增强新降雨造成的影响。尽管大多
数大尺度风暴一般都能较好预测,但在风暴的轨迹和强度上可能会出现小的误
差。这些误差,或某些雨带的意外演变,可能会改变降雨峰值发生的地点;例如,
注意图 8.5 中艾琳飓风第一次登陆后降水的峰值是如何移动到其预期的位置和风
暴路径的西部的。

(4)破坏性的风:我们通常可以准确地预测地表风的强度和这些风中可能超过
临界值的位置。但是,风暴路径和强度的小的误差可能影响洪水预报,同样也会影

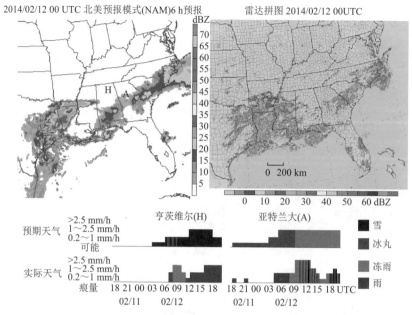

图 8.4　上图:美国南部一次正在加强的冬季风暴模式雷达反射率预报指导产品(左,
NWS 提供)与观测到的反射率对比(右,© 2014 UCAR,许可使用)。仅在 6 h 后,图像的
左侧形成的风暴观测比模式得出的位置更偏东,表明模式预测可能需更新。下图:在
亨茨维尔(Huntsville)和亚特兰大(Atlanta)的预期和观测到的降水的时间序列,在上面
的预测图上标注为 H 和 A

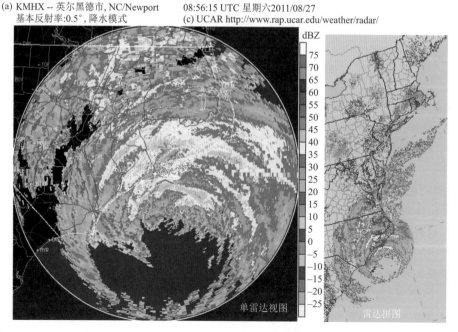

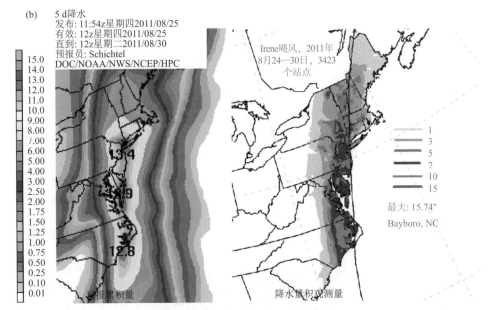

图 8.5　（a）飓风 Irene(2011)登陆时单部雷达图（左）和雷达拼图（右）。注意到最大扫描半径为 230 km 的单部雷达几乎可以完整地观测到飓风最危险的部分（© 2011 UCAR 许可使用）。（b）飓风 Irene 累积雨量预报（左）和观测（右）（图片由 NOAA 提供）。累积量以英寸为单位（1″＝25.4 mm）。注意该区域预报和观测的雨量均超过 175 mm（7″），该累积量与北部各州百年一遇风暴的 24 h 预期累积量相当

响到破坏性风的预期。

　　（5）风向转变的时间：空中飞行特别是低空飞行对风向的快速转变有很大兴趣。这些都能用雷达较准确地测量：在冷锋中，风向首先从地面开始转变，它们的演变可以在低层的 PPI 上被监测到（图 5.14）；在暖锋中，锋面最先出现在高空，VAD 风速的时间序列或一个 2°～4°PPI 动画通常可以准确地提供锋面到达地面的时间。

　　除了上面列举的例子，雷达还可以帮助探测可能影响飞机飞行的各种来源的湍流（图 5.7）。特别是，暖锋锋面可以作为切变引起的开尔文-亥姆霍兹波（K-H 波）的很好的中介，这些 K-H 波有时可以在扫描雷达上看到（图 8.6）。在下沉的降水尾流底部，有雪的升华，也预计会出现严重的湍流（图 4.10）。同时，在冷锋等大尺度降水结构中的嵌入式对流也会产生湍流。

　　最后，航空业特别关注的是结冰预报。过冷云（温度低于 0 ℃的液态水云）、冻雨、尤其是寒冷的毛毛雨引起的结冰可能会是严重的威胁，尤其是对小飞机。这样的水凝物粒子会冻结在飞机机翼和控制表面的接触处，影响飞机的飞行能力。没有直接的方法来探测云或降水是否为过冷状态。但是，如果已知温度，问题就会缩小为探测液态水云和降水。由于过冷云反射率回波较弱，通常波长的扫描雷达几乎不

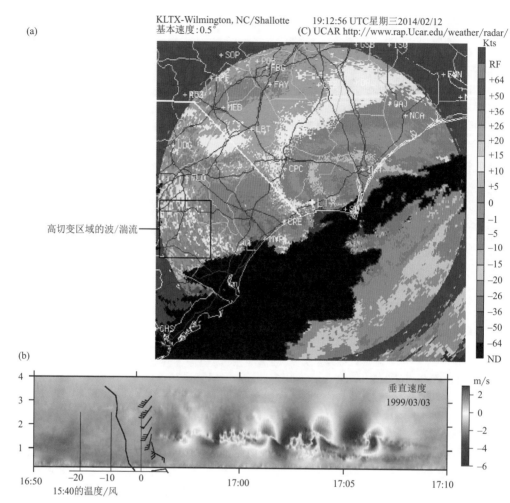

图8.6 （a）冬季中纬度气旋多普勒速度的0.5°PPI图。风向发生快速转变，从东北部近地面暖锋前部到南部2 km高度和暖锋锋面之上雷达覆盖区边缘。在显示图像的西侧边缘附近，可以观测到由切变导致的扰动引起的不同多普勒速度的蓝色和黄色线条。20 min后飞机在该区域报道了中度至重度湍流（© 2014 UCAR，许可使用）。（b）暖锋前部另一个例的垂直速度时间-高度剖面图。可以在约1.5 km海拔处观测到特别强烈的Kelvin-Helmholtz波，这里观测到强烈的静力稳定和风切变。17:00左右，更为细致地研究揭示了不同尺度的多个波列。在最糟糕的位置情况下，飞机降落将经历接近±1 g的连续垂直速度变化

可能探测到。但是其对于雪的影响或许可以检测出来，特别是在垂直入射的情况下：覆盖飞机机翼的冰云同时也会包裹在雪花上，引起下落末速度略有增大（图5.4）。如果这些凇附雪花在下层融化，会观测到一个比通常情况弱的亮带。研

究人员仍在寻找与此过程相关且清晰的双偏振信号。冻毛毛雨也很难区分,因为它的雷达信号通常与低层的小雪相似,可以出现在相似的温度里。如果冻毛毛雨混在雪中,通过分析垂直入射的多普勒谱,可以推断出冻毛毛雨的存在(图 4.4)。

8.3　冬季风暴预报个例研究

上面描述的许多概念先前并未很好地记录归档,因此说明他们的最好方法是将其应用到特定的案例研究中。我们考虑一下美国东南部 2014 年 2 月 11 日晚上的天气情况。一场潜在的破坏性冬季风暴正处于发展阶段,并基于模式指导做出了预报。为达到这次练习的目标,我们将会关注两个城市,亨茨维尔(Huntsville)和亚特兰大(Atlanta),这两个城市期待着在午夜到来的时候(美国东部世界时 03:00—10:00)看到冬季的降水(美国东部世界时 03:00—10:00)。随着风暴临近,越来越多的证据表明预报会发生变化(图 8.4)。但是如何改变? 又基于什么条件呢?

在亨茨维尔,预期的降水预报是在世界时 06:00 左右开始(图 8.4)。观测和模拟的风暴主要来自西边,模式预测与观测之间不匹配的主要区域在西南方向 500 km 处,不会影响亨茨维尔降水开始的预期时间。当天上午早些时候下了雪,是之前移过大西洋的一个风暴,同样的情况预期发生在夜晚和白天(图 8.7),地面温度在 0 ℃ 左右徘徊。然而,向南 100 km,风暴前部被抬升的暖锋预期足够温暖可以融化空中的降雪;一些数据甚至暗示这也同样会发生在亨茨维尔的个例中(图 8.8):北美预报模式(NAM)预测 850 hPa 处的温度在 0 ℃ 以上,并且会保持好几个小时。因此,不同的预报工具对当晚晚些时候预计的降水类型存在分歧。

图 8.9 显示了亨茨维尔在世界时 03:00 采集的雷达数据,这一时间在预计开始降水前 3 h。预计风和温度的形势与 3 h 之后的图 8.8 很相似。可以发现,预期场和实测场之间存在一些差异。首先,850 hPa 的实测风(从所有三部雷达上东南方约 8 m/s)比预期的(2.5～5 m/s)要更强,在该地区上空有更多南面来的空气平流。零度(0 ℃)层高度可以从每部雷达周边最小共极相关系数环顶部的高度来推断。在南部和东部,零度(0 ℃)层明显在 850 hPa 以上,意味着温度比预期要高。然而,在西部,850 hPa 处的温度比预报结果要低,与预期的 2～3 ℃ 相比,亮带顶部就在 KGWX 雷达以北,刚刚达到 850 hPa。那就是说,融化发生在三部雷达周边,甚至是在官方预报中预计会下雪的 KGWX 雷达的北部(图 8.7)。基于所有这些因素,预报亨茨维尔发生降雪的可能性不大,因为高空融化的区域比预期的更北,而且融化得到比 850 hPa 预报更强的南风支持。

同时,对于亚特兰大,预计冰雹会在高空融化,并在靠近地面时重新冻结,形成冰粒。相关系数图像上几乎没有再冻结的迹象;但是,由于在正常情况下很难识别重新冻结的信号特征,这并不构成天气预报和观测之间的主要差异。低空风如预期的那样,可能带有更多的北风分量,尽管还不清楚它们是否能形成冰粒需要的冷空气。但是这个论点根本站不住脚,实际上雷达并没有什么额外的线索来决定冰粒的

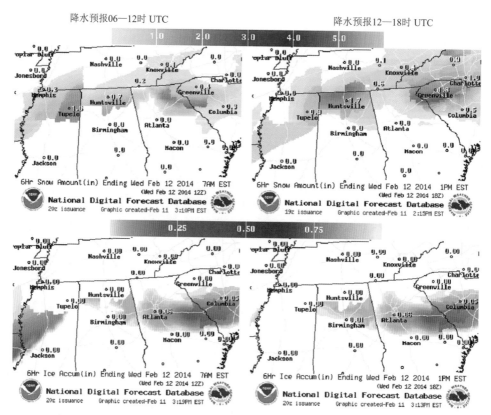

图 8.7　2014 年 2 月 12 日夜晚(左)和早晨(右)结束的降雪预报量(以英寸(in)为单位,1 in＝25.4 mm)(上)和冰冻降水量("冰",下)。图片来自 NOAA

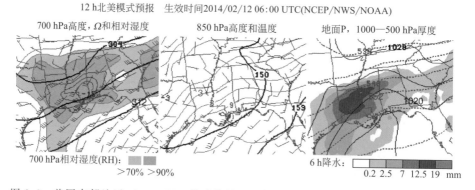

图 8.8　美国南部地区 06:00 UTC 模式指导预报结果,预计风暴此时到达享茨维尔地区。左:700 hPa 风,高度(黑色等高线,间隔 10 m);垂直速度(Ω,棕色),相对湿度(彩色)。享茨维尔(H)和亚特兰大(A)的位置已标注。中间:850 hPa 风,高度(黑色等高线,间隔 10 m),温度(彩色线,单位为 ℃)。右:地面气压(黑色等高线,单位是 hPa),1000—500 hPa 厚度(彩色等值线,间隔 10 m),前 6 h 的降水量(彩色区域)。图片来自 NOAA

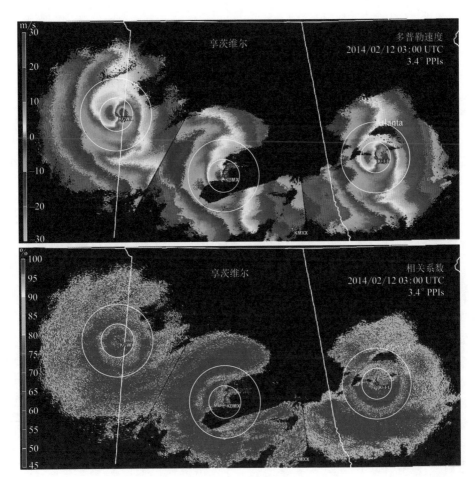

图 8.9　享茨维尔南部三部雷达在世界时 03：00 的多普勒速度 3.4°PPI(上)和共极相关系数
　　　 (下)的合成图。每部雷达附近的两个同心圆表示 850 hPa 和 700 hPa 层的高度

预报是否正确。只有地面温度和露点温度都在 0 ℃或者 0 ℃以上时，才能说明低层
温度可能太暖使得冰粒无法成为地表的主要降水类型。

　　虽然这个例子是用水平地图制作的，但也可以将由模式得到的探空与风廓线和
雷达获得的零度(0 ℃)层相比较。这可以利用上游的雷达在雷暴到达预报区域之前
进行，也可以用在降水类型可能进一步发生变化的过程中。将雷达数据用于冬季风
暴的另一个个例在补充电子材料 e08.1 中展示。

8.4　热带气旋呢

　　图 8.10 很好地展示了热带气旋的水平结构。中心是飓风眼，一般是没有降水的
区域。周围是飓风眼壁，这是一个对流降水带，附近有最强的风。眼壁可能是完整

图 8.10 得克萨斯州南部 KBRO 雷达观测到的飓风 Bret(1999)登陆前的反射率(左)
和退模糊多普勒速度(右)PPI 图。注意雷达的位置以便更好地比较两幅图

的或部分的,对于特别强烈的热带气旋,可以观测到两个眼壁。眼壁外有许多雨带,
它们围绕着热带气旋(也可见补充电子材料 e08.2)。风暴中,螺旋雨带分布在风暴
中心周围,但情况并不总是如此。多普勒速度图中,在热带气旋的旋转中心,可以看
到一对巨大的中气旋。在这场主要的西移风暴中,入流风速达到 65 m/s,而出流风
速并不能达到 60 m/s,很好地说明了如果我们认为气旋前方是其运动方向,那么北
半球地面相对风在风暴的右侧最强。在如图 8.11 的垂直剖面中,很好地描绘了飓风
眼的 V 形结构轮廓(注意图中的水平和垂直尺度是不同的),周围是强对流眼壁,伸
展到高空,其自身被雨带包围。

　　和中纬度气旋一样,热带气旋的路径和强度预报能力还是比较好的。雷达的
作用是对这些预报和相关威胁、风力破坏、暴雨和风暴潮的预报提供确认或更新。
强度的变化可以通过多普勒风或通过观察眼壁的高度和强度来监测。注意,接近
完美的路径和强度预报并不能保证对威胁的完美预报:例如,如果风暴中心是预
期的地方,但是雨带以一种意想不到的非对称方式分布,那么降水峰值的位置可
能最终会发生偏移。图 8.5 所示的飓风个例中,很好地预测了它的第一次登陆,但
是其峰值降水向西偏移了 100 km,而登陆时在风暴前部的最强雨带,登陆后向左转
向。局部增强的洪水也会发生在那些雨带持续时间最长的地区。例如,在北半球风
暴的左侧,在同一点上雨带的旋转和风暴的向前运动可以相互补偿来维持更大的
降雨。

　　热带气旋的雨带变得更具有对流性,这并不罕见,其回波强度可与雷暴强度想
比拟。这些对流单体也可以在飓风的正面和右侧边缘产生小的龙卷,从而增加了其
破坏性(图 8.12)。这些小尺度的环流在热带气旋复杂且存在很强速度模糊的情况

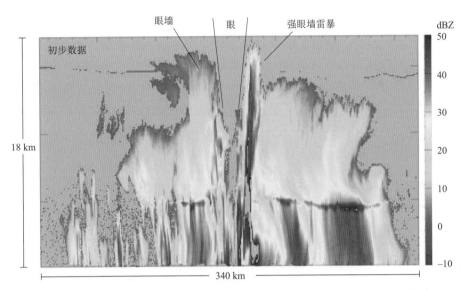

图 8.11　由 NASA 高空研究飞机 ER-2 上搭载的机载雷达拍摄的热带气旋反射率垂
直剖面图。改编自 NASA 网站上发布的原始图像

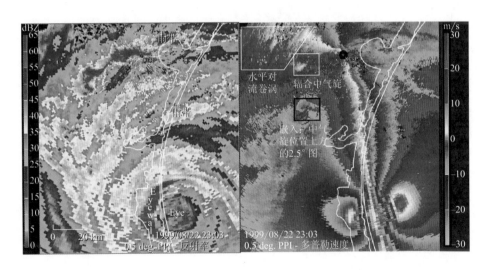

图 8.12　飓风 Bret 的 0.5°反射率 PPI(左)和存在(速度)模糊的多普勒速度(右)。说明
在热带气旋中观测到的一些较小的特征。在其他一些地方,还识别出一个中尺度气旋,
同时嵌入一个黑色方框显示该中尺度气旋位置上方 2.5°的 PPI 图像。对比真正的中尺
度气旋与风暴中心的信号特征。同时在解释多普勒图像时要小心速度模糊

下很难识别。可以观察到其他更具有危害的环流如水平对流卷涡,这在行星边界层
中也很常见(图 4.15)。对于这些小尺度现象发布预警是困难的,我们倾向于对它们

作出反应，就像我们对来自对流的威胁一样，而不是像对待其他来自大尺度系统的威胁。

但是热带气旋的主要威胁仍然是风暴潮和洪水造成的破坏。风暴潮预报的质量取决于风的预报质量。因此，确保所观察到的风的模式与预测的相似，是进行预报更新时的必要步骤。大范围的洪水一般会在热带风暴袭击的所有地区发生（图 8.5），但是对于一个特定对流雨带过境时间较长的地区，也会出现较小规模的洪水。

第 9 章 雷达估测降水

"因此,通过距离雷达某一点上(比如 100 km)的雷达回波,有可能较为准确地确定该点的降雨强度。"Marshall 等(1947)的这句话,引起了雷达应用于水文学的探索。虽然这项探索取得了巨大进步,但工作仍在继续。众所周知,雷达的确是一种非常好的遥感工具,可以用来测量在某一观测高度上反射率的空间分布。虽然该分布存在一定的不确定性,但可以假设它是瞬时降水强度的空间分布。然而,水文学上的要求是要精确测量一段时间内地面降水的累积量。此时,雨量计便是最好的测量工具:雨量计虽说不是一种很好的瞬时降雨强度的测量仪器,但其测量误差随时间的增加会迅速减小。正如本章将要讨论的,对于雷达并非如此。雷达水文学的艺术在于将高空的瞬时反射率和双偏振参量的时间序列转化为对地表降水的累积量的无偏估计。适当地将随时间变化的降水率累积起来,以获得准确的降水累积量,要求及时、系统地消除随时间累积的每一个误差,包括每一次测量的系统误差或者偏差。例如:由于 1 dB 雷达标定误差造成 15% 的低估。同样有问题且不是很显著的挑战来自于较长的相关时间及相关距离误差,即这些误差在时间、空间上不断变化,但其变化的时间常数与我们关注的累积时间相比是缓慢的。这种误差的一个例子是将 1 km 高空测量的结果外推到地面:从气候学上来说,高空的降雨与地面降雨的差异可能为零。但对于特定的某一天,可能存在依赖于低层湿度变化的净的蒸发或净的低层增长。多年来,我们已经认识到,消除这些误差是一项具有挑战性的任务,没有捷径可走。但是我们一直在尝试,因为雷达可以提供不可替代的降水空间分布的详细图像,而雨量计提供的是单点观测(不一定就没有偏差),这些单点观测丢失了需要用来合理预报洪水降雨模式的一些重要细节。

9.1 降水监测需求

在深入研究这个问题之前,首先要考虑的一个重要问题是确定某一特定情况下或某一特定用户的降水监测需求。是需要定量降水估计,还是定性的或半定量的估计就够了? 雷达是一种获得半定量降雨估计的极好工具:降雨率的动态范围约为 4 个数量级,即从 0.1 mm/h 到 100 mm/h;即使考虑到降雨双倍的不确定性(相当于 5 dB 的反射率误差),雷达也能清楚地识别出 $4/\log_{10}2$ 或 13 个类别清晰可辨的降水强度,这足以精确地绘制出降水强度随时间的变化图像。如果可以避免如由亮带污染而造成的严重误差,一张不受衰减影响的反射率 PPI 可以提供所需的充足信息,满足大部分雷达用户的需求。本章其余部分所讨论的问题与其他需要更高精度的用户或情形有关。

气象雷达数据在水文上的应用可以分为两类。一类是日常的或者系统性降水监测的一系列应用,比如为气候服务、模式检验、河流和下水道管理,以及精准农业,这些要考虑到过去和预期的降雨。另一类是对洪水的早期探测,以保护生命和财产安全。这两种用途在数据准确性方面都有共同要求,但第二类还面临一些额外的挑战,因为其需要更快地获得估测值,甚至有时在不具备所需的所有资料情况下,也要尽快向相关政府部门发出预警。

关键的挑战是在降水估测中相对较小的变化可能会产生很大的影响:在很多地方,一个百年不遇的灾难性降雨事件可能只比一个也很强但可控的 5 a 一遇降雨事件高出 50%。一部分是因为这一事实,即在地表停留的水量仅是总降雨量的一小部分,两种情况地面都吸收了一些雨水;因此,50% 的降雨差异通常会导致地表水和径流的差异要大于 50%。乍一看,50% 的降水误差似乎是相当大的,但实际上,我们发现雷达降水估计中有很多误差来源,而且这些误差来源的综合误差太容易达到甚至超过上面提到的数字,特别是如果我们考虑到降雨累积量也会跨越好几个数量级。获得准确的降水估计值可能是雷达气象学中对雷达数据质量最苛刻的要求。

尽管如此,因为降水模式有相当大的小尺度变化(图 9.1 和图 9.2),根据雷达

图 9.1 左图:阿尔卑斯山靠近意大利和瑞士交界的一次对流活动期间降雨累积量放大图。填充颜色对应于降水量(以 mm 为单位),等值线表示地形高度(以 km 为单位)。注意降雨从极大值变化到无降水的距离很短,参照距离圈间隔为 20 km。(图片由 Robert Houze 友情提供)右图:暴雨导致的山腰处瀑布水流。(照片由 Matthias Steiner 友情提供)

反演的小时和日降水累积量仍然是很有用的。对于较小的流域,拥有其他信息来源的可能性会减少。因此,雷达对于响应时间较短的小流域地区特别有用,在此区域,水位的突然上升可以迅速突破水库和大坝等流量管控基础设施承受的能力(图 9.3)。这些流域的城市下水道首当其冲地承担了小型河流网络的作用,一旦遭遇洪水,灾害导致的损失会迅速攀升。同时也有山地流域,这些流域:①会出现局地暴雨,②将雨水导入到水流湍急的峡谷中,③通常没有配备流量计或者雨量计。

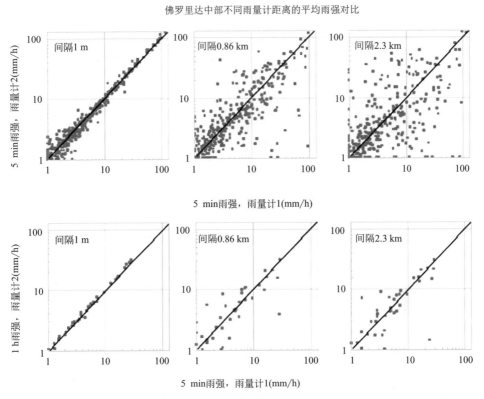

图 9.2　两个相同雨量计测得的 5 min(上图)和 1 h(下图)平均雨强对比;两个雨量计相距 1 m(左),0.86 km(中)和 2.3 km(右)。该图说明了降雨在空中的可变性以及用单个雨量计测量采样体积达 1 km³ 的雷达所测降水的难度。注意图中采用的对数-对数标尺。

数据由 Habib 和 Krajewski(2002)提供;图片由 Witold Krajewski 友情提供

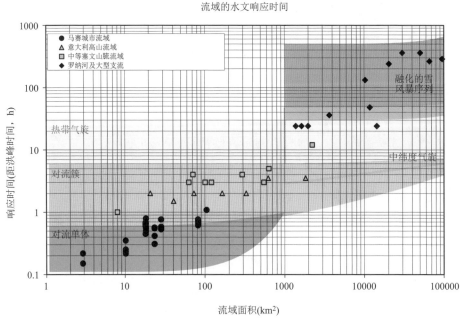

图9.3 与区域(图中符号表示不同区域)有关的流域响应时间及洪峰时间,与受不同类型洪水过程(颜色区域)影响的时空范围形成对比。图上响应时间数据来自地中海流域(Delrieu 等,2014);在不太复杂的地形中,其他流域的响应时间可能会慢一些。随着流域面积的增加,其响应时间也会增加;因此,不同天气类型会影响流域的变化,雷达对水文的贡献对图中左下方流域区域更为重要,因为当时间和空间均匀增加时,其他数据源(雨量计和流量计)会更具可用价值

9.2 估计误差的来源

几位作者采用不同的方法概括了雷达降水估计的误差,如 Wilson 和 Brandes(1979),Joss 和 Waldvogel(1990),Chandrasekar 等(2003),Berne 和 Krajewski(2013)。可将其分为三类。

(1)雷达在高空的测量(反射率和双偏振数据)误差,包括:①由于标定不好、障碍物波束遮挡及衰减,在测量反射率和差分反射率时造成的偏差;②由于雷达回波的起伏特性造成所有参数的不确定性;③由不想要的回波和噪声造成的污染,同时设计用来消除这些回波和噪声的信号或数据处理技术也会造成污染(图9.4)。

(2)地面估测参量的误差来源:高空测量值下一步必须转化为地表附近的估计值。由于水凝物的相态变化(例如从冰相到液态水)及各种各样的微物理过程(低层

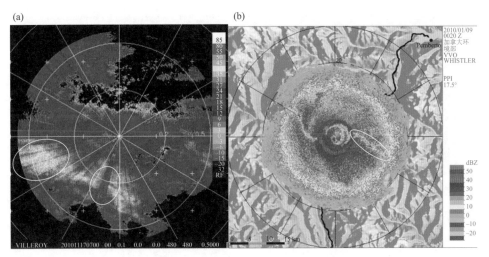

图 9.4　(a)反射率数据受遮挡影响的例子;(b)反射率数据受一种激进的信号处理算法影响的例子。该算法设计用于消除地面杂波,但同时也会消除一些多普勒速度为零的降水回波。(©加拿大环境部,2012;雷达图像由云物理和强天气研究所 Paul Joe 开发)

及地形引起的云滴增长、蒸发),降水过程会不断发生演变。因此,为了实现我们的目标,首先需要知道高空观测的是什么(雪、雨、冰雹或亮带所占的相对比例),还要知道在已知风暴动力学和地形的条件下,对于特定的降水事件,什么样的过程可能会影响到降水强度随高度的变化。雨滴确实需要花一定时间才能下落至地面,在这段时间内,降水会发生漂移以及沉降(图 9.5),而且在高空观测到的瞬时降水并不是当前降落到地面的降水。

(3)从地面的雷达估计量计算降雨量的误差:最后,根据地面雷达观测量的估计,必须获得一组降水率图像,这些图像是基于反射率、差分反射率和比差分相位与降水量存在相关性的假设而得到的,然后利用这些图像来计算最终的累积降水量。由于所有这些误差及偏差,需要进行基于雨量计的订正,其准确性取决于对比观测点上雨量计测量降水场的代表性。

以上三类误差不可避免地存在相互关联:比如,决定降水过程演变的微物理和动力学过程不仅影响粒子谱分布(因此也影响 Z-R 关系),同时也影响降水随高度的变化。最后还有一点,但并非不重要,即前面的订正步骤如果有问题,会对后面好的订正方法产生不好的影响。

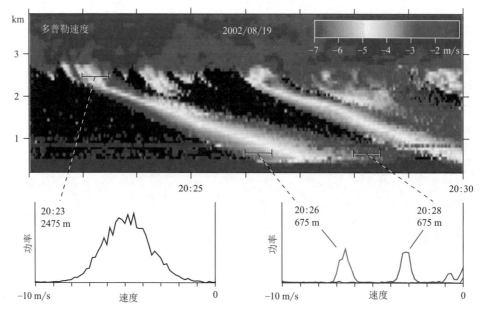

图 9.5　上图:2.5 km 以下,雨下落成为窄带状多普勒速度时间-高度剖面图。下图:三个不同降水轨迹上超过 30 s 的功率谱(回波功率随速度变化分布)。在顶部观察到所有大小的水滴,不同大小的水滴在不同时刻到达地表,导致雨滴谱分布(DSD)发生急剧变化。还要注意,在高空不同时间,不同地点观测到降水的时间差异,以及在地面上观测到降水的时间差异。当雨滴降落到地面时,雷达和雨量计给出的降水累积量之间的差异也很重要

9.3　基于雷达生成累积降水

如前文所述,雷达精确估测降水是一项很有挑战的工作,很多研究者(比如 Fulton 等,1998;Germann 等,2006;Tabary,2007;Harrison 等,2012)投入了相当大的努力给出了一定的解决方案,但很少有人能够成功地纠正所有可能存在的误差。下文将讨论一些关键性误差的解决方案。

9.3.1　雷达高空观测的测量误差

首先是要细致地测量高空的雷达参量,尽可能地与地面观测值接近,以最大限度地减小最终将这些参量值外推至地面带来的问题,但是也要注意不能太过,以避免由于杂波污染或波束遮挡造成的问题。作为一般规律,我们的算法中并没有考虑到由于波束遮挡带来的半永久性误差,像图 9.4 左侧这样的图像很少会出现在刊物上,但实际观测中却很常见。如果遮挡是因为较大的地形,则使用数字地形模式可

以从模拟结果中得到被遮挡的部分(Kucera 等,2004)。若出现植被或人造物体时,情况就会不一样。此时,需要进行长期的数据统计,因为这种情况随时间而变。另外,如果波束的反射率存在明显的垂直梯度,那么知道波束被阻挡的部分可能不足以正确地纠正遮挡(Donaldson,2012)。

但高空雷达测量误差最主要的原因是测量反射率和差分反射率时雨对雷达波束的衰减。观测强对流天气时,S 波段雷达波束会受到一定程度的衰减,对于 C 波段则更为明显,波长越短衰减越严重,有时甚至观测不到回波(图 2.12)。准确的衰减订正是具有挑战性的,因为无约束的订正算法是不稳定的(Hitschfeld 和 Borden,1954),尤其是当衰减超过 10 dB 的时候。如果以差分相位(Testud 等,2000)、地物回波强度的变化(Delrieu 等,1997)、噪声强度变化(Thompson 等,2011)以及多雷达联合观测(Chandrasekar 和 Lim,2008)等形式给出约束条件,这样得到的算法会更稳定。尽管这些约束条件与我们试图纠正的衰减路径没有完全的一对一关系。

要规避这一问题,在衰减明显的情况下,有些方法避免使用反射率,而依赖其他观测量,比如差分相位 K_{dp}。相比于反射率,K_{dp} 与降水之间的线性相关更好些,尽管它对水滴大小仍有一定的依赖,但在某种程度上,其优点是对任何可能造成回波污染(如遮挡或杂波污染)的降雨估计不敏感。不幸的是,其只在至少是中等强度降雨情形下工作得比较好,以使巧妙的算法可以规避大的 K_{dp} 估计噪声。最后,准确测量高空雷达参量的问题,可以通过对长距离的应用采用无衰减波长,使得测量误差问题最小化;或者是选择短波长,然后依靠 K_{dp} 做短距离的应用。

9.3.2　外推到地面

接下来集中讨论雷达反射率,它适用于所有的雷达测量。反射率随高度变化很大,尤其是冷季降水,除非采取订正措施,否则会造成相当大的偏差(Joss 和 Waldvogel,1990;Fabry 等,1992;图 9.6)。一般而言,在由冷雨形成的降水过程中,雷达波束穿过零度(0 ℃)层之前的空中观测还是相对比较准确的。然后,波束通过由于融化引起反射率增强的高度,与该高度对应的一段短的距离降水会被高估。接着,低估情况会加重,雷达测量逐渐减弱的回波,这些回波来自于冰相水凝物粒子。在降雪或者暖云降水过程中,随着距离和高度的增加,雷达低估地面降水越来越严重。这种低估和高估的程度可能会很大(图 9.6),特别是出现降雪或者当亮带接近地面时。

首先,需要建立起高空与地面反射率间的映射关系。这种映射关系通常可以通过假设一个垂直反射率廓线来计算,在给定雷达天线仰角和波束宽度的情况下,确定离雷达不同距离处的反射率观测值(Joss 和 Waldvogel,1990)。但是,当且仅当高空反射率分布和地面反射率分布具有相同宽度和形状时,该映射关系才成立,因为使用单个反射率垂直廓线进行订正的净效应是把一个(与距离有关的)dB 常数直接加到与它们大小无关的所有回波上。事实上,几乎不存在这种大小不相干的反射率廓线:在同一个风暴中,可能会形成类型差异很大的降水(暖雨对冷雨、对流降水对

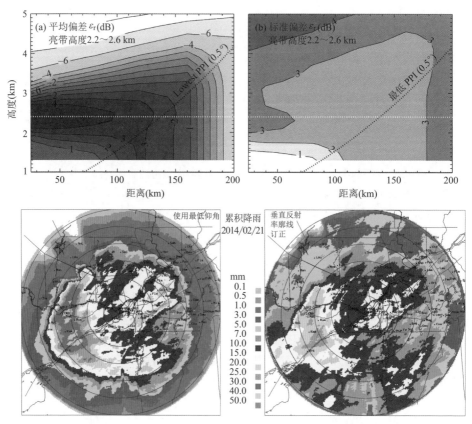

图 9.6　上图:根据不同距离和高度观测的反射率估计得到的地面反射率误差:订正前的平均偏差(左图)及订正后的标准差(右图)。在 15 km×15 km 的平坦地形基于 30 h 的反射率廓线得到亮带峰值范围为 2.2～2.6 km。虚线表示 0.5°PPI 采样的高度和距离。基于此分析,如果未进行廓线订正,则地面反射率的高估范围大概在 75～170 km,范围在此以外将会低估。出自 Berenguer 和 Zawadzki(2008),AMS 许可发布;版权许可中心有限公司(Copyright Clearance Center,Inc.)发行许可。下图:在一个亮带在 2.5 km 高度的降水个例中,计算出的达 240 km 距离的 24 h 降雨累积量,(左)未进行垂直廓线订正和(右)进行垂直廓线订正。注意,在没有订正时,计算的降雨量显示出明显的距离依赖性,而当订正后,这种依赖性就消失了

层状云降水),这些不同降水类型需要通过如回波强度和纹理来识别(Steiner 等,1995)。即使在相同的降雨形成类别中,反射率的垂直廓线也随降水强度而变化(图 9.7)。此外,局部地形会进一步增加其复杂性:相比于平坦地形,在复杂地形条件下,由于存在上坡气流,会有更多的低层增长过程。因此,在计算反射率垂直廓线时,一定要注意这一点。最终结果就是,如果雷达观测的像素离雷达及地面越远,精确订正雷达测量值与地面降水之间的变化就越困难(Berenguer 和 Zawadzki,2008)。

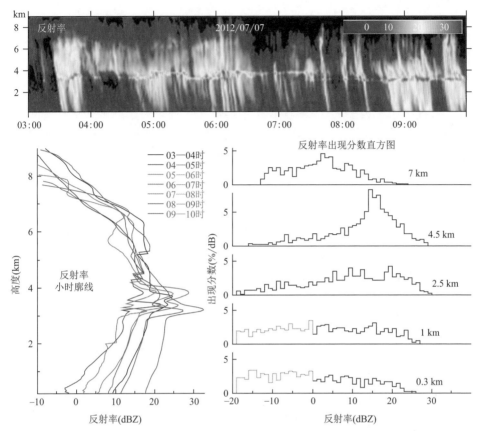

图 9.7　反射率垂直廓线订正具有一定挑战性的示意图。顶图:一场风暴的反射率时间-高度图;底图:(左)该降水过程小时反射率的垂直廓线,(右)五层不同高度反射率出现的频率直方图(0.3 km、1 km、2.5 km、4.5 km、7 km)。由于昆虫污染,低于 0 dBZ 的反射率值以及其他低反射率值,是有偏差的,表现为图中虚线区。4.5 km 处的单个反射率廓线表明了从高空到地面反射率分布的变化。在较低高度上的反射率频率分布直方图中,反射率值可能存在偏差,因为,反射率的垂直廓线会随降水强度而变,在这种情况下,强降水到达地面时存在少量蒸发

在反射率垂直廓线上叠加的是降水在观测高度与其降落地面之间的移动或漂移的影响(Mittermaier 等,2004;Lauri 等,2012)。通常会做这样的假设:空中观测到的降水会立即降落至地面。离地面 2 km 处观测到的降水需要花 3~10 min 才能降落到地面,降落耗时取决于雨滴大小;在雨滴下落期间,其还会随两层之间的平均风速水平移动,大概会水平移动几千米。如果降水过程一直持续一段时间,形成雨滴运动轨迹(图 4.6 和图 9.5),该轨迹曲线的斜率可以用来替代水平方向上的降雨模式。这适用于大面积降水,但是在对流性降水中不适用,降水演变太快,因此雨滴运动轨迹难以维持。一张正确的 t 时刻瞬时降水量图,理想的情况下,应该采用先前的

雷达数据进行水平订正。如果没有订正,会带来误差,在大范围降水以及在大的流域范围计算平均降水时该误差较小,但对于对流降水,在计算小时累积降水及在小范围内进行计算时(比如在一个很小的城市流域或者一个雨量站),该误差会很大。

9.3.3　转换为降水

推导出满意的地面雷达测量的估测值之后,通常使用一套恰当的反射率-降水或者 Z-R 关系来计算出降水率。从公式(3.6)到(3.7)中可以看出,Z-R 之间不存在精确的数学关系,与降水相比,反射率因子对大雨滴极为敏感,因此确定或者估计降水的尺度分布很重要。因此,针对不同地区、不同条件,多年来导出了很多种差异很大的 Z-R 关系。这种观测量的差异一部分是由于比较的数据来自于两种数据源这一难点,如雷达与地面雨量计测量;时间间隔短、采样体积不同,部分是由于导出两种数据集之间关系的方法(附录 A.3)。换句话说,Z-R 关系确实是变化的,并且这种变化必须加以考虑。一个更为严格的估计 Z-R 关系的方法需要全面地考虑形成水凝物增长的微物理过程以及粒子尺度分布的演变等。

9.3.3.1　形成滴谱分布的一些过程

雨滴直径 D 的增长速率与该雨滴体积、质量增加的速度有关,并且都与 D^3 成正比。我们首先来考虑如何让所有不同粒径的粒子以相同速率增长。如果

$$\frac{\mathrm{d}D}{\mathrm{d}Z} = \frac{1}{3D^2}\frac{\mathrm{d}(D^3)}{\mathrm{d}Z} = \mathrm{const} => \frac{\mathrm{d}(D^3)}{\mathrm{d}Z} = 3\mathrm{const}D^2 \tag{9.1}$$

或者质量或体积的增长率正比于水凝物粒子的表面积,则在单位下落距离内,雨滴直径的变化速率为常数。这就是云滴相互碰并增长成雨滴的情况,是通过暖雨过程演变为弱降水的主要过程,雪淞和霰的增长也是通过液态云滴的碰并(冻)形成。如果粒子尺度分布初始为指数分布 $N_i(D) = N_0\exp(-\beta_D D)$,$N_0$ 和 β_D 是正的常数,则对一个相当小的增量 ΔD,最终的尺度分布 N_f 将适用于除最小尺寸以外的所有尺寸:

$$N_f(D) = N_i(D - \Delta D) = N_0\exp\left[-\beta_D(D - \Delta D)\right] = \exp(\beta_D\Delta D)N_i(D) \tag{9.2}$$

这意味着对所有大小的粒子而言,粒子数浓度增加了一个常数因子。注意 ΔD 可能随地点而变,取决于雨滴增长发生的频率。但对于给定的粒子数量来说是不变的。如果是那样,Z 和 R 都会以相同的大小增加,使 Z 和 R 之间呈线性关系。这一现象在毛毛雨中有实际的观测(图 9.8)。

这一个例揭示了一种或几种过程的组合如何影响 $N(D)$ 与尺寸无关的分数变化,从而影响了 Z-R 之间的比例关系。如前所述,其可以在较小的暖云降水中观测到,但在很高降水量的情况下也会出现。什么时候雨滴发生碰撞、合并或破碎,取决于雨滴本身的大小以及碰撞时的能量。如果两种尺寸为 D_1 和 D_2 的液滴之间发生足够的碰撞,则可以预测这些碰撞导致的液滴分布。通过对所有 D_1 和 D_2 求和,可以通过碰撞来确定每个水滴的大小是如何变化的。经过大量的碰撞和破碎,初始

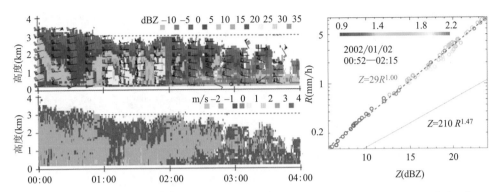

图 9.8　左图:加拿大蒙特利尔一场暖雨降水过程反射率(上)和多普勒速度(下)高度-时间分布图。右图:地面雨滴谱仪计算得到的 Z-R 关系分布,符号颜色代表时间变化(从午夜开始的数小时),在这场降水中,雨滴小并且下落慢,Z-R 关系为:$Z=29R$,呈线性分布,且与蒙特利尔的气候关系($Z=210R^{1.47}$)不一致。图片由 Isztar Zawadzki 提供

DSD(滴谱)的所有信息都丢失了,DSD 会趋于每个尺寸的雨滴数与任何其他尺寸的雨滴数保持一致。这就是所谓的由聚合和破碎形成的平衡 DSD(Valdez 和 Young,1985;Zawadzki 和 De Agostinho Antonio,1988)。在热带雷暴中心附近观察到很高的降雨率和大量的水滴碰撞现象。达到平衡时,任何导致降水增强或减弱的附加过程,将重新分配其对雨滴大小的贡献,因此 Z 和 R 之间的比例关系保持不变。

根据两个例子中的 Z 和 R 比例关系,有人可能会问,"标准"的 Z-R 关系,如式(3.9)的 $Z=300R^{1.5}$ 是怎么形成的? 为了使得 $Z=aR^b$ 关系式中指数 b 大于1,随着降雨量的增加,大水滴的数量必须比小水滴的数量增加得要快一些(图 9.9)。这可能发生在如上所述的撞冻增长过程中,此时直径变化 ΔD 太大而无法忽略小液滴数量的不足。然而,当聚集或合并与其他生长过程一起联合作用时,撞冻过程最常发生。

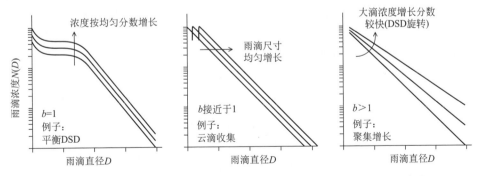

图 9.9　雨滴谱(DSD)和 Z-R 关系中的指数 b 随不同的主导增长过程变化的示意图。大滴浓度比小滴浓度增长快时,b 较大,使 DSD 明显旋转。如对 Marshall-Palmer 分布 DSD,如果以 $D=0$ 为轴旋转,则 $b\approx1.5$

聚并减少了小滴数量,增加了大滴数量,因此增加了反射率,而破碎刚好相反。如果孤立考虑,这些过程都不会显著影响降水率。因此,由于聚集、合并和破碎改变了 Z,而不是 R,主要对 $Z = aR^b$ 关系的前置因子 a 造成影响。相对于雨的合并,雪的聚合更为有效,这在一定程度上解释了为什么在雪中,反射率随高度的垂直梯度高,而在雨中低;还解释了为什么给定降水强度的冷云降水比暖云降水中的粒子大。当聚合发生在接近 0 ℃ 的深厚等温层时,可以观测到零度(0 ℃)层上有巨大的雪花,零度(0 ℃)层下面有大雨滴,则给定降雨率,其有大的反射率 Z(图 9.10)。

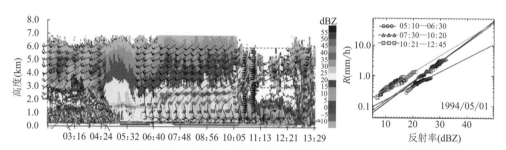

图 9.10 左图:降雨变化过程中反射率高度-时间剖面。降水初期(05:10—06:30),观测到具有高反射率的厚雪区域,在此区域发生了充分的聚合过程。随后(07:30—10:20),是一个很常见的冷雨剖面,最后(10:21—12:45),出现暖云降水。右图:三个时段的平均反射率与降雨率之间的关系。毛毛雨滴粒子比较小,对于观测的给定雨量,其反射率较小;当降水来自于反射率很大的厚雪区域时,从 Z-R 关系中可以看到,指数 b 增大,斜率减小(右图引自 Lee 和 Zawadzki(2005a)并经 AMS 许可再版;版权结算中心有限公司许可)

因此,是什么使得 b 发生变化的?是因为粒子尺寸增长过程(如云收集)和粒子大小再分配过程(如聚合)之间的共同变化或相互竞争。如果对于增长中的每一个增量变化,聚合过程都有很大变化,则 b 较大,否则,b 则较小,但仍大于 1。当扩散增长发生在有利于树状或针状冰晶生长的温度时,冰晶生长的微小变化所引起的聚集的巨大变化则可能发生,因为处于该温度条件下的这些冰晶在发生碰撞时能最有效地附着在其他冰晶上,而其他冰晶则不会(图 9.10)。

Rosenfeld 和 Ulbrich(2003)讨论了形成 DSD 的其他过程。结论是如果已知形成降水粒子增长的主要微物理过程,那么可以更好地选择 Z-R 关系。这些过程决定了在任何特定区域观测到的气候学上的 Z-R 关系(图 9.11):在大陆和温带地区,DSD 主要由冷云降水形成,雨滴比相同降雨率的海洋和热带地区大,海洋和热带地区暖云降水更为普遍。但是,气候学上的变化确实存在,而且主要与有关风暴事件的主导降水过程有关。

虽然描述有些复杂,但是通过研究回波强度和偏振特性随高度的变化,可以获得确定主要雨滴生长过程所需的许多信息。然而,对于如何确定最佳的 $Z = aR^b$ 关系前置因子 a 和指数 b 的正确定量分析,目前依旧未完成。这就是为什么不能给出

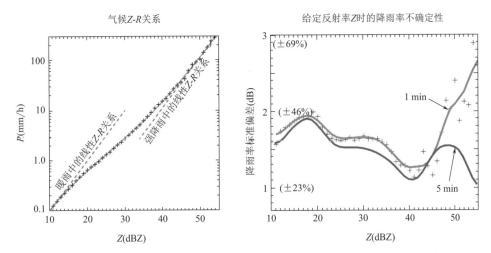

图 9.11　左图：加拿大蒙特利尔的反射率与降雨率之间的气候关系（通过雨滴谱仪观测获得）。在降雨率很小和很大情况下，Z 与 R 近似呈线性关系，对于中等雨强用幂律关系可以更好地描述。右图：基于 1 min 和 5 min 平均的雨滴谱（DSD）随反射率变化得到的降雨率（以 dB 表示）不确定性。右图左轴上，不常用的 dB（降雨率）单位转换为括号内的分数不确定性。对于 5 min 平均 DSD 而言，降雨率较高时，Z-R 转换具有较小的分数不确定性。图片由 Isztar Zawadzki 提供

一个关于如何选择特定事件的最佳 Z-R 关系的更明确的指导。而且这项工作可能并不容易，但是随着双偏振雷达的优势越来越大，可以估测平均粒子大小，这项工作终究可以完成。

9.3.3.2　基于偏振的方法

基于偏振的观测方法比如差分反射率和传播相位延迟，可以提供目标物特性的额外信息，因此可以用来估测降水。在第 6 章中，我们用三种额外的方法来估测降水：①共极相关系数 ρ_{co} 联合其他雷达参量，用来确定是否我们能独立处理降水问题以及处理其他雷达参量被其他目标回波污染的情况。②差分反射率 Z_{dr} 用来估计雨滴的平均形状，由此导出雨滴的尺寸。给雨滴谱一个约束条件，只要准确估计 Z_{dr}，允许的 Z-R 关系范围将大大减少。③比差分相位 K_{dp} 也可以用于提供降水的另外一种估计，其最大优点是不受校准和衰减的影响。然而，声称 K_{dp} 与粒子大小无关的说法被夸大了：虽然它不像 Z 对 DSDs 那么敏感，但在 K_{dp} 和降水量之间不存在一对一的关系，除非在平衡 DSD 情况下，Z、R 和 K_{dp} 都与 DSD 呈线性相关，否则就需要一个基于 Z_{dr} 的校正。使用 K_{dp} 的主要缺点就是噪声，它是一个难以准确估计的量，特别是对于弱降水。因此，基于 K_{dp} 的降水估测最适合于较长时间和较大流域的降水累积。

尽管如此，利用双偏振方法估算降雨的实验表明，与仅使用反射率相比，可以更

准确计算降雨率(Ryzhkov 等,2005;图 6.17)。从技术上来说,关键的挑战是获得一个准确的 Z_{dr} 或一个独立的雨滴大小估计。在科学上,雨滴平均轴比(图 6.1)是否会受到湍流或雨滴碰撞的影响,因此使其受 DSD 影响,这是所有偏振反演方法的另一个不确定性来源。因为这些原因,并且由于 Z_{dr} 会受衰减影响,尽管如果能够准确测量 Z_{dr},其在降水估测中有巨大价值,但基于偏振的降水估计在业务应用中趋于尽量减少对 Z_{dr} 的依赖。相反,联合 Z、Φ_{dp} 和 K_{dp} 的方法备受青睐,其中 Φ_{dp} 沿较长路径上的差异可用来修正 Z 的衰减和标定误差,而联合 Z 和 K_{dp} 可根据雨强估计局地降雨量。但研究还在继续,随着使用双线偏振参量的经验越来越多,我们将得到更好、更可靠的方法来获得降雨估计。

9.3.3.3 降雪估计

目前雷达在气象上的应用还有一个主要的挑战就是对雪的观测。对于降雨,可以通过测量差分反射率来反演粒子大小、下落速度等,从而将反射率转化为降雨率。对于降雪而言,尽管大的雪花聚合体比单个的冰晶或更小的雪团更接近球形,但是雪花形状、方向和雪花尺寸之间没有一对一的关系。而且雪花的下落速度取决于雪花密度,雪花的密度则更多地是由淞附程度而不是雪花质量来决定。因此,偏振数据使用起来不是很方便,我们被迫主要依靠反射率和它的垂直廓线来推断降雪强度。对于降雪,确实也存在等效反射率因子与降雪率的关系,Z_e-S,但这种关系比降水的 Z-R 关系更具不确定性,因为存在很多可能影响 Z_e-S 关系的因素。很多可能的过程都可以构造出 Z_e-S 关系,同时,使用实地观测传感器来验证这种关系存在难度。降雪率还随温度变化:在低温下,雪以单个小冰晶下落;随着温度的升高和冰晶的增长,它们开始聚集。接近 0 ℃ 时,处于亮带上面的雪的等效反射率比亮带下面大范围的雨的反射率低 1~2 dB(Fabry 和 Zawadzki,1995)。基于这一观测,$Z_e=200\ S^{1.5}$ 可以提供足够精度的 0 ℃ 附近降雪率。但在由于聚合形成亮带以上强的反射率梯度情形下,可以将前置因子 a 的值从 0 ℃ 附近的 200 稳定地降低到 -10 ℃ 附近的接近 100。比较清楚的是,到目前为止我们还没有找到利用最好的雷达数据估测降雪的方法。要了解更多关于雷达测量降雪及其挑战的信息,请查询 Saltikoff 等(2014)。

9.3.3.4 最终累积量

得到地面降雨率并不是最终步骤。必须给出正确的时间累积量。最简单的近似方法是假设在雷达观测期间,降雨率不发生变化,但这样的近似会导致累积量图像上出现不真实的特征(图 9.12)。与之前提到的降水漂移的影响并无两样,使用这种过于简单的近似,会造成严重的小流域观测误差及雷达-雨量计观测对比比较分散(Fabry 等,1994),但对大的流域长时间累积影响较小。大多数雷达处理系统,虽然很遗憾不是所有的系统,现在都会考虑风暴的运动以及它们在计算降水累积量时其连续图像之间的变化。

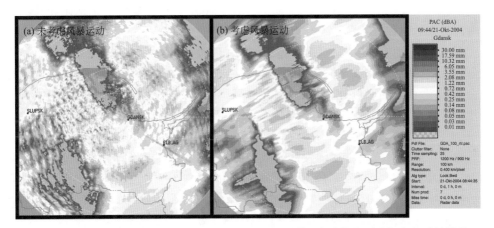

图 9.12 比较两个 1 h 累积降水量。左图：未考虑风暴的移动情况，右图：考虑了风暴的
移动。当不考虑风暴运动时，会在不同时间单个单体的位置生成人为的降雨结构。图片
由 Selex ES GmbH 公司许可使用

9.3.4 流域平滑及雨量计校准

减少雷达降水估计误差可以对流域进行平滑，并采用校准技术用雨量计订正雷
达测量的累积雨量。如果获得降水图像的目的是进行河流管理，则最重要的校正是
消除雷达估算中所有流域范围的偏差。一旦实现这一目标，雷达将捕捉到流域内降
雨的空间变化，以及整个流域的平均降雨量，从而给出河流水位的有用预报。

在这种情况下，可以将误差分为三类。

(1)偏差和相关距离的误差比流域尺度要大得多，这说明在某种程度上，误差的
符号和大小在流域内没有明显的变化。误差订正是必要的，但是由于它们的幅度几
乎是均匀的，因此它们也最容易通过雨量计订正来解决。其中包括由于校准和反射
率-降雨转换引起的误差。

(2)相关距离误差远小于流域尺度，意味着流域内误差的符号和幅度变化很快。
对于尺度较大的流域，来源于降水漂移或采用了较差的累积算法之类的误差属于这
一类。虽然对这些误差的修正可能看起来复杂，但不会明显影响净河流水位的预
测，因为它们基本上可以相互抵消。在很大程度上，可以忽略不计。

(3)相关距离误差与流域尺度相当：由衰减和反射率垂直廓线引起的误差属于
这一类。它们通常具有复杂的几何形状，而且从流域的一部分到另一部分有很大差
异。虽然平均误差可以通过外部数据源(如雨量计测量)来修正，但在调整后仍会留
下相当大的误差，将会影响到河流水位的预测。

注意到流域的大小决定了误差的类别：城市或山地小溪流域对小尺度误差的敏
感性比在低海拔地区普遍存在的较大的乡村流域更为敏感。因为第三类误差不能

通过雨量计或流域的平滑作用轻易修正,因此,在较早的阶段将误差性质和几何结构考虑进来对它们进行订正是很有必要的。

例如,考虑图 9.4a 中显示的误差。如果用于校正的雨量计位于雷达回波遮挡的外面,则由遮挡造成的降水低估无法修正;如果雨量计在遮挡区域下面,整个降水场将会增加,造成遮挡区域外大的误差;并且任何试图在不考虑误差几何结构的情况下使用雨量计联合雷达来进行降水测量,都会导致降雨场的误差具有很长的相关距离,这将在水位预测中引入主要误差。

在制定雨量计修正雷达测量降水策略时,需要考虑这些细节。最简单、最稳妥的方法是计算雨量计对雷达降水估计的平均值,即 G-R 比,用该比值来修正整个降水场的平均偏差。这已被证明是修正雷达图最精确和最安全的方法,这种方法对具有不寻常几何结构的误差进行合理订正的效果最好。

因此,使用多个雨量计布网建立校正场很有诱惑力,但在实际中,由于上一段中讨论的原因,这种努力的结果通常是不成功的:因为许多雷达误差遵循球面几何学(在指向雷达的辐射条形状上,或者以雷达为中心的圆圈上),如果算法假定误差模式是各向同性的,则会使得误差订正的结果失真。因此,任何雨量计订正都应该是雷达计算积累过程的最后一步,而且还要非常小心。

9.4 应用

尽管存在缺陷,但采用雷达测量降水积累量在各个国家仍有各种各样的用途。通常由雷达数据处理系统得到的较短时间(1~3 h)和较长时间(6~24 h)的降水累积量,可以帮助预报员监控洪水的潜在威胁。这些也被用作水文模型的初始值中,模式将降水和地形信息结合起来预报河流或下水道的流量。雷达联合雨量计测量降水,可以验证天气预报模式和精准农业的降水预报模式。

相比于雨量计和其他许多仪器,雷达在洪水预报方面具有额外的优势,特别是对于区域降水来说,它不仅能够定量估计过去的降水总量,而且还可估计近期即将发生的累积降水的潜力。

第10章 临近预报

10.1 临近预报需求和方法

几乎每个看过雷达图像实时动画的人都想知道：接下来的天气会怎么样？会向哪个方向运动？它会到达我的位置吗？如果是，什么时间？会持续多久？天气会很严重吗？这些是临近预报系统和技术旨在回答的问题。

对于各种应用，需要几分钟到几小时的超短期预报。这些可能包括为预警目的而需要确定特别严重风暴未来运动的路径，或者估计在接下来的几个小时内将落入指定区域的降水。由于天气以意想不到的方式迅速变化，因此这种预报必须经常进行重建，通常每小时重复几次。因为数值天气预报模型必须首先等待几分钟才能获得所有需要的数据，然后在最终做出预报之前生成初始时刻的正确分析，目前还无法满足我们非常频繁的预报更新需求。此外，它们通常在比较短的预报提前量方面表现不佳（图 10.1）。因此，在更为简单和快捷的预报方法方面存在可以挖掘的空间。

从词源来说，临近预报（nowcast）来自"现在"（now）和"预测"（forecasting）这两个词的缩写。它指的是专门用于在相对较短的时期内进行预测的技术，通常在 12 h 提前量以内。这些通常不那么复杂，并且设计为在短时间尺度上比基于数值模式且覆盖大部分大陆地区的传统天气预报更有效地运行。例如，根据家用气压计的压力趋势进行短期预报时，我们实质上是在进行一次临近预报。临近预报技术特别适合使用来自遥感观测仪器（如雷达和卫星）的数据。雷达数据可用于以下不同类型的临近预报技术中。

（1）降水临近预报，使用降水场历史数据来估计未来降水将在何处发生。

（2）恶劣天气临近预报，首先识别危险天气区域，然后估计其预期路径。

（3）中尺度预报系统，其中雷达数据与其他数据一起同化到数值天气预报系统，然后生成短期预报。

前两种临近预报方法通常被整合到天气或水文预报台使用的雷达数据处理系统中。最后一种方法需要更多的计算能力，通常要更为集中地运行。本章介绍这三种方法的基础。

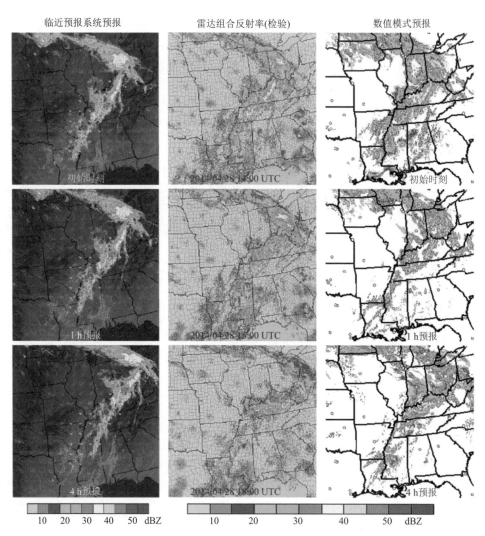

图 10.1 使用临近预报系统(MAPLE,Turner 等,2004,左列)、雷达观测(中间列)和数值预报模式(HRRR,Alexander 等,2010,右列)制作的 1920 km×1920 km 区域反射率形态比较(初始时间:顶行,1 h 预报:中间行,4 h 预报:底行)。注意:①初始时刻模式降水与雷达观测存在怎样的细微差异,②模式在某些区域(例如,对于 1 h 预报,在中心和南部区域附近)迅速产生降水并消散,在这些区域,模式的动力条件与观测提供的初始降水场不相容,③临近预报如何不能正确捕获降水的演变以及获得更长的提前时间。因此,临近预报在较短的预报提前量方面表现较好,因为其可以更好地捕获初始条件,而数值预报可以延长预报提前量,因为其可以更好地处理风暴演变。左列图片由 Alamelu Kilambi 提供;中间列由© 2014 UCAR,许可使用;右列由 NOAA 提供

10.2　简单临近预报系统的基础:外推

要获得一个非常短提前量的预报需要什么?首先考虑一个极端的例子:30 s 的预报。对于如此短的预报提前量,一种非常简单但非常有效的方法是假设持续性,即目前观察到的天气是 30 s 后出现的天气。因此,这种短期预报需要的是出色的观察,可以预报的量仅限于可以观察到的量以及可以从这些观测结果中直接推断出的量。雷达以较高频率的时间间隔(几分钟)和精细的空间分辨率(~1 km)提供降水系统以及降水系统中径向风的独特观测。因此,单独使用雷达数据的临近预报系统只能预报雷达探测到的降水模式和恶劣天气。请注意,在实践中,30 s 的预报并不是非常有用,并且很难在其出现之前得到该预报结果,但其可以作为说明临近预报概念的有用示例。

如果现在将预报时间延长到 5 min,则持续性开始无法满足,特别是在试图预报降水强度和对流天气时,主要是因为风暴的运动。对于 5 min 的预报,临近预报系统必须考虑到这种运动,而在大多数情况下仍然可以忽略风暴的演变。因此,预报的方法是首先要确定过去风暴的运动,然后是推断其未来的变化。这基本上就是当我们观察雷达图像的动画以确定风暴将移动到何处时所做的事情。基于这种方法的系统有时被称为满足拉格朗日持续性假定,意味着风暴的运动方向和速度存在持续性。基本上所有临近预报系统都使用基于风暴运动的外推来确定现有风暴或威胁的未来位置。

对于超过 5 min 的预报,仅依靠拉格朗日持续性的系统会产生可察觉的错误,因为风暴会发生演变并改变方向。需要记住的一个关键事实是,较小尺度的天气特征比较大尺度的天气特征演变得更快。重新审视图 8.1,可以预期 10 km 大小的孤立雷暴将在 30 min 内经历相当大的演变,而 100 km 宽的风暴群将在几个小时内完成相同的演变。由于这种复杂的演变很难预报,特别是对于基于简单规则的简单系统,它对临近预报系统可预报不同尺度天气现象的最长提前量设定了限制。换句话说,随着提前量的增加,当前观察到的威胁在该提前量仍然存在的概率迅速减少。尽管通过随意查看雷达动画可能会出现这种情况,但是在 60 km 外观察到并预计在一小时内到达的风暴单体通常会在到达您的位置之前减弱;更有可能的是,另一场尚未形成但来自同一个对流复合体的风暴,将带来降水和恶劣天气,并且可能不是正好在 1 h 内。

最后,在涉及临近预报时,世界上某些地方比其他地方更为幸运。在相对平坦的地形中,远离温暖的海洋,大尺度降水模式往往来自上游地区。因此,尽管无法长时间预报单个单体,仍可通过外推有效预报大的降水区域。在世界其他地区,如热带沿海地区或山区附近,大部分降水都是在当地产生的。这样,为这些区域设计的临近预报系统必须承担预报风暴初生的复杂任务。这一现实使得临近预报系统的发展包含了两种截然不同的哲学,即由现有系统外推的变化所支配的预报,另外一种，即需花费大量精力来确定风暴可能发生的地点和时间。

10.3 降水预报

由于不同类型的用户有不同的预报需求，因此存在着各种各样的临近预报系统。为降水临近预报而设计的系统往往是面向场的：降水场被认为是一个可以随时间移动和变形的单一形态。临近预报的第一步是通过计算一组速度矢量来确定该实体的变形程度，一组速度矢量对应一个固定大小的区域（图 10.2），并使用它们来预测未来的回波运动，如图 10.1 所示。有不同的方法来计算这些速度：基于模态的交叉相关最大化（Bellon 和 Austin，1978，相关背景信息可见附录 A.4），或基于光流约束，但适用于经过平滑的回波场（Bowler 等，2004）。当需要多个矢量时，可以修改程序，考虑一致性约束，同时计算所有矢量，该一致性约束使运动计算的结果较为稳定，如 Germann 和 Zawadzki（2002）所述。

除变形外，预报的降水模态还可以调整其强度，以考虑其增强和减弱。然而，事实证明，这一努力令人沮丧，因为降水强度的发展趋势往往是短暂且不断变化的（Tsonis 和 Austin，1981；Radhakrishna 等，2012）。只有非常大尺度的趋势，如受昼夜周期影响的趋势，才可能具有一定的可预报性，但这些趋势因地点和季节的不同而有很大的差异。因此，大多数降水预报系统在预报中不包括增长和减弱，而包含增长和减弱的系统预报减弱的表现要更好一些。

然而，实际上，降水确实随着时间的推移而变化，因此，临近预报系统的预报结果必然会包含一个不断增加的带有预报提前量的误差，应对这一误差进行评估。因此，越来越多的降水预报系统试图计算其预报的预期不确定性。为了进行这种评估，将生成一组可能的预测结果，称为集合预报；然后，目标使用每个点降水预报分布的宽度来量化预报的不确定性。在实际应用中，集合预报是这样制作的：以初始的临近预报作为起点。在每一个预报时刻，对预期变化很大的较小尺度模态进行平滑，只保留较大尺度的可预报模态。这意味着，随着预报提前量增大，判断为可预报的降雨模态变得越来越平稳。以这种平滑的降雨模态为基础，对每个集合成员添加一些随机模态，这些模态具有通过平滑消除回波的空间特性和统计特性。不同的随机模态被添加到每个集合成员的底图中，其结果就是预报的集合，这些预报将具有相同的可预报模态，但在预期不可预报的模态中会有所不同。

每次预报的分布情况提供了有关预报不确定性以及不同结果发生概率的信息，这是发布警告或决定如何管理流域所需的关键信息。Seed（2003）和 Berenguer 等（2011）提供了关于这类系统实现的更多详细信息。

降水临近预报系统的预报技巧取决于输入雷达数据的质量和空间范围。当应用于单个雷达数据时，有用的临近预报可达 2 h，该提前量受雷达数据最大有效范围限制。当应用于雷达组网合成资料时，有用的预测范围可以扩展到大约 6 h。较差

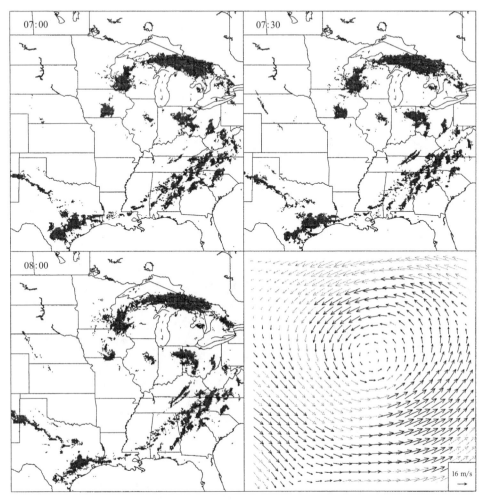

图 10.2 三部雷达合成图像(2001 年 5 月 25 日 07:00、07:30 和 08:00)及通过追踪反射率形态获得的相应回波运动场。图中只有反射率大于 10 dBZ 的区域被着色。计算的矢量在有降水回波区域最为可靠(黑色箭头),而远离任何降水的区域,必须小心解释(浅色箭头)。Germann 和 Zawadzki(2002),AMS 许可再版(2002 年);通过版权许可中心有限公司许可

的雷达质量会妨碍所有提前量的预报精度;即使有高质量的雷达数据,要记住的一个重要事实是,对于 1 h 预报,大约一半的降雨量预报误差是因为在初始时刻将雷达测量场转换到雨量场所造成的(Fabry 和 Seed,2009)。通过比较临近预报系统和数值模式的预报结果,可以看出,目前平均而言,在 3 h 内,临近预报比中尺度模式预报的效果更好(图 10.3)。许多国家都在气象或水文服务中使用降水临近预报系统,但对于洪水是主要天气灾害的国家,往往更为常见。Pierce 等(2012)详细介绍了现有系统及其工作原理。

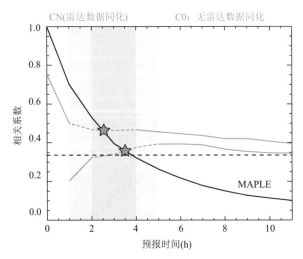

图 10.3 美国本土观测到的反射率场（以 dBZ 为单位）与临近预报系统（MA-PLE，黑色线条）及中尺度模式（风暴尺度集合预报系统，Xue 等，2008）预测的反射率场之间的相关系数。其中橙黄色表示模式初始化时使用了雷达数据同化，青色表示未使用数据同化。五角星标明了交叉点，在交叉点之后，数值模式预报结果优于临近预报。阴影区域表示模式和临近预报的技巧差异随事件的不同而变化，橙色阴影区域对比了临近预报与使用雷达数据同化的模式预报，青色阴影区域是未进行雷达数据同化的对比。图片由 MadalinaSurcel 提供

10.4 强天气预报

降水临近预报系统是为预报未来降水场及其不确定性设计的，而专门用于预报强天气的系统则预测（灾害性）天气威胁的结果。其作用是帮助预报员决定是否需要发布预警（回忆 7.3.3 节）。这些系统使用各种算法从实时雷达数据中检测恶劣天气区域，特别是有威胁性的雷暴、冰雹核、中尺度气旋等。被预报的一系列威胁取决于临近预报系统是为航空用户、气象局还是为民防局设计的？这些系统的基础与降水临近预报相同：在之前的体积扫描中，可能已经在同一风暴中检测到了许多在当前时间观测到的威胁；如果可以追踪，则可以在不久的将来预报它们的位置。

由于这些威胁中的每一个通常都与一个由客观规则定义的具有边界的非常特定区域相关联，因此它们通常被描述为对象。每种类型的对象都具有可表征的特性：峰值回波强度或旋转速度的位置和大小、阈值以上的回波面积或体积等。这些目标对象中的每一个也可以彼此独立追踪，也可以从降水场本身追踪。因此，恶劣天气的预报包括：①建立当前威胁目标及其特征的列表；②如果可能，将该列表中的每个对象与之前扫描的相应对象相关联；③利用每个对象的过去移动来预测未来可

能的路径(图 10.4)。Dixon 和 Weiner(1993)及 Johnson 等(1998)提供了雷暴单体识别和追踪方法的描述示例。将目前的威胁与过去的威胁联系起来的任务是具有挑战性的,因为威胁性天气会随着时间的推移而迅速演变:例如,一个强风暴可能会分裂成两个,或者一个中尺度气旋可能会随着在探测阈值附近振荡的强度而变化。因此,如果体积扫描之间的时间较长,那么跟踪这些对象则会更加困难。

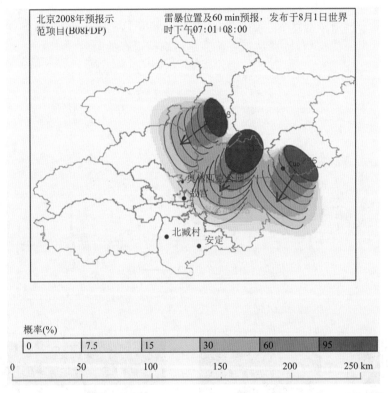

图 10.4　2008 年北京奥运会示范项目雷暴交互预报系统(Bally,2004)的一次雷暴临近预报实例。每个强雷暴的位置用一个数字来标识,单体的形状用一个完整的椭圆来表示。箭头和部分椭圆表示这些雷暴可能发生轨迹的平均强度和范围,颜色阴影则表示命中概率。来自 Joe 等(2012),©版权 2012 InTech,根据 Creative Commons 3.0 规则获得许可

尽管有这些挑战,强天气临近预报系统在众多的气象服务中得到了广泛应用,各个国家对于强天气预报的需求有所不同也使得每个系统的重点也存在一些轻微的差异。Joe 等(2012)给出了 2010 年前后使用的部分系统的列表和简要描述。由于主要关注恶劣天气,考虑到大多数对流引起的环流最长的生命史,通常预报的提前量是只到 1 h。大部分系统仅预报现有威胁的运动,而不会试图预报新的威胁的出现,如对流的初生。

对此描述的明显例外是 Auto-Nowcaster(自动临近预报系统)(Muller 等,2003;Roberts 等,2012)。在落基山脉的山麓地区(科罗拉多州),该系统最初就是为此区域而设计的,基本上所有的对流天气都是本地生成的(图 7.3),表明基于现有现象的追踪方法是不太合适的。成功的预测对流初生需要结合雷达观测到的信号如反射率细线(图 5.14)及其外推,卫星观测到的积云增长以及从模式得到的大气稳定度信息(图 10.5)。允许预报员输入以帮助系统确定反射率细线的存在,否则很难自动检测到。同时帮助系统确定哪一种信号在气象上是更为重要的。归功于所有这些输入,在预报初生方面已经显示出一些技巧,特别是当对流强迫组织得很好的时候。

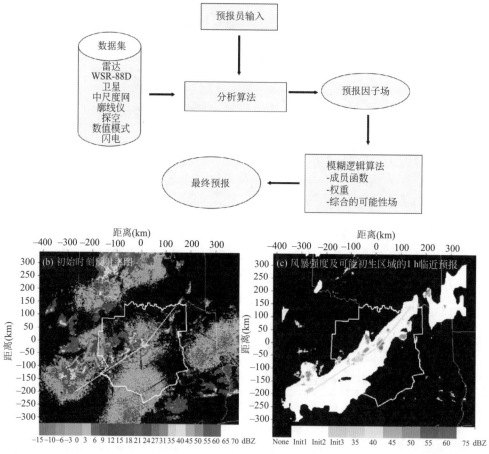

图 10.5 (a)使用自动临近预报系统(Auto Nowcaster)制作临近预报的要素及过程的概念流程图。(b)制作预报时的低层雷达反射率拼图。黄色曲线表示在 1 h 以内预计会出现边界层辐合。(c)最终的 1 h 对流风暴临近预报场。灰色阴影区域代表风暴初生可能性增加的三个级别,而彩色阴影显示(b)中现有风暴的预期位置和强度。概念流程图由 Rita Roberts 提供;底部两幅图像经 Roberts 等及 AMS 许可再版发布(2012 年);通过版权许可中心有限公司许可

10.5 进行雷达数据同化的中尺度模式

为了扩展传统临近预报系统的预报水平,并试图超越其技巧,大量的研究工作正致力于开发同化雷达资料的预报系统。这种方法基于这样一种观点:数值天气预报是最精确的天气预报方法,因为它是唯一一种综合了所有关键大气过程的方法。但是天气预报是物理学家所说的一种初值问题,因此有必要对当前的大气状态有最为准确的了解,小的初始误差随时间迅速增长。为了最大限度地减少这些误差,需要一种方法来优化组合当前天气的所有可用信息。这一方法及其延伸以确定大气当前状况的一套技术,被称为数据同化。这些技术首先用于全球尺度模式,但中尺度和对流尺度模式现在也普遍使用它们。在这些较小的尺度上,雷达提供了有关风和降水形态的独特信息。因此,雷达数据同化对于短期预报至关重要。

Sun 和 Wilson(2003)介绍了最重要的雷达同化技术,而 Lewis 等(2006)则提供了基本的理论及其使用的符号。它们都是基于两组信息的组合:大气状态的现有知识,即"背景"或"先验",以及使用雷达和其他仪器从观测中收集到的新的知识。数据同化的目标是优化组合这两组信息,以确定当前条件的最佳估计值,称为"分析"或"当前状态"。为了得到最佳组合,数据同化依赖于额外的信息源,如预期的背景误差、观测误差、从给定的模式场模拟观测的算法误差,有时还要考虑其他约束条件,如场的平滑度或需要遵守的模式方程。不同数据同化方法的主要区别在于如何实现这种最佳组合以及必须考虑非线性的程度。图 10.6 说明了数据同化如何适应天气预报的环境,以及它通常是如何实现的。

为了尽量减少分析中的错误,从而确保数据同化的成功,必须具备以下条件。

(1)良好的背景先验信息:背景或先验是指在考虑新信息之前对大气现状的初始估计。它通常来自以前的预报。由于雷达将主要对降水和风的一个分量提供新的观测约束,有关其他场的信息,如温度、湿度和切向风分量必须来自于该背景。然而,这些未观测到的场最终导致了风暴的发生。因此,如果背景没有正确的动力学或热力学来维持雷达观测到的场,那么通过增加雷达观测对降水场进行的任何修改都将很快被丢失,如图 10.1 所示。因此,成功的数据同化需要尽可能接近现实的背景。这在首次开始数据同化循环时可能无法实现,但希望随着时间的推移背景会改善,并用新的观察重复数据同化过程。

(2)准确的背景误差结构:背景会存在误差,但对该不确定性或对该信息预期误差的充分了解将允许可用信息的最优组合。但是,由于某个位置某个量的误差,例如地面以上 1 km 处的垂直风速,通常是由其他位置其他量的误差引起的,如该高度以下风的辐合或温度误差,我们不仅需要描述每个位置每个量的预期误差有多大,而且还需要描述每个误差是如何与背景场中的其他所有错误相关联的。描述背景误差复杂结构的任务取决于背景(或先验)误差协方差矩阵。该协方差矩阵将每个

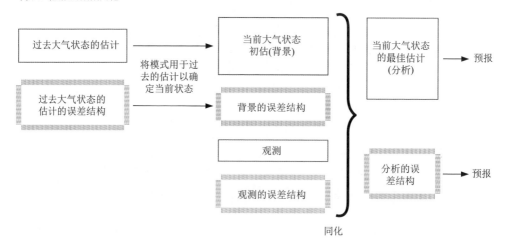

(a) 天气预报的数据同化

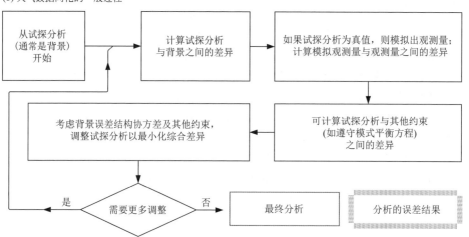

(b) 大气数据同化的一般过程

图 10.6　说明(a)同化执行环境及(b)大气数据同化过程流程图。图中,数据同化过程分为四个步骤,以便更清楚地说明要实现的目标;实践中,数据同化算法将这四个步骤结合在一个计算中

误差的大小以及每个误差与其他量和位置的误差的关联程度进行编码。在很大程度上,数据同化的成功取决于对误差的描述:这是数据同化系统对下述问题加以认识的主要途径,即如果背景场(如降水)与观测的形态不对应,那么背景中未观测到的上升气流、温度和湿度场也一定是错误的,它使用背景误差协方差矩阵来评估如何以遵从这些所期望的误差关系的方式来修正所有场。如果这些误差关系缺失或者估计不足,数据同化就很难约束未观察到的场。基于常识或模式物理的附加约束,如"湿度饱和与观测到回波的地方存在上升气流",可用于支撑误差信息从一个

场传播到另一个场,但它们不会完全有效。根据所使用的数据同化方法,可以预先设定背景误差协方差矩阵,也可以根据当前大气状态估计的集合动态地计算(Bannister,2008)。不合适的误差协方差矩阵仍然是许多数据同化努力不能达到预期效果的主要原因。

(3)无偏的和未受污染的观测:数据同化中使用的理论和方法依赖于这样的假设,即所使用的信息可能有误差,但这些误差在每个位置的平均值为零,或者在任何地方都没有系统偏差。因此,不完美的数据质量,如由地杂波和地杂波去除算法引入的反射率标定偏差或多普勒速度偏差,对于数据同化是不利的。与能够学会容忍坏的数据但在给定区域没有信息时感觉非常沮丧的人类用户相反,数据同化算法可以处理信息缺乏,但如果数据受到污染,则会生成非常不真实的分析。因此,当一个位置的数据质量有问题时,最好删除新的信息,而不是想当然地提供有偏差的值。请注意,"无信息"与"无回波"是非常不同的,因为没有回波是有用的信息,这对于从分析中消除不存在的降水非常有价值。

(4)模拟雷达观测的精确算法:为了能够使用真实观测作为约束条件,数据同化系统必须能够模拟雷达或其他仪器在任何给定大气状态下观察到的情况,以验证真实观测与该状态的相容性。这种观测模拟是由一种称为"观测算子"的算法完成的,有时也被称为"前向"算法。雷达观测算子的例子可以在 Thompson 等(2012)的参考文献中找到。如果试探分析是正确的,给定观测几何模型(方位角、仰角和波束宽度,详见附录 A. 1)和试探分析模式场,如三维风和降水量场,观测算子将计算得到观测到的反射率或多普勒速度。然后,数据同化系统使用这些模拟观测来计算模拟观测和真实观测之间的差异,同时考虑观测误差(通常得到比较充分的估计)和对观测算子自身所作的假设(通常被研究人员错误地忽略)带来的误差。为了设计合适的观测算子,必须①在模拟雷达场时正确考虑波束图和反射率场;②正确考虑模拟反射率时产生的误差:模式场通常能很好地描述降水量,但在将降水量转换为反射率时必须作出假设,这与使用 Z-R 关系从反射率估算降雨量的问题并无不同(回顾9.3.3节)。这种假定伴随着一些误差,这些误差的大小和相关距离还不能很好地了解,但通常比观测本身的误差要大得多。

只有在数据同化完成后,才能通过模拟大气预期演化的数值模式计算出预报结果。可以理解的是,这种数据同化和天气预报相结合的过程在计算上比传统的预报技术要求更高。在控制试验和模拟中,在保证背景及其误差协方差矩阵正确的情况下,其技巧要优于后者。尽管如此,在撰写本书时,还没有在 $0\sim2\,h$ 的时间框架内(如图 10.3)将其转化为现实世界的好处,这主要是因为在获取准确的背景及其误差结构实时估计方面存在挑战。因此,对于通常与恶劣天气有关的非常短的预报时间,传统的临近预报方法的技巧仍然是参考标准。然而,数据同化方面的工作仍然是一个非常活跃的研究领域,不仅用于预报风暴,而且用于风暴研究,在这种研究中,人们可以反复调整背景,直到其结果与观测的时间序列一致为止。

与大尺度同化相比，中尺度和对流尺度的数据同化具有特殊的挑战性。为了在全球范围内计算得到好的分析，可以使用来自各种仪器的各种测量量。这与简单的近似方法（如地转平衡或静力平衡）一起，允许用观测量来限制所有场，放宽了对精确背景误差结构的需求。然而，对于中尺度或对流尺度预报，雷达数据提供了大部分新的信息，它们主要是提供风暴过程的结果，例如降水，而不是其原因，例如温度、压力和湿度（表10.1）。这些原因使得雷达数据同化具有挑战性。例如，其强调需要精确的背景误差协方差，包括观测量和未观测量之间的协方差。还强调高质量雷达数据和精确观测算子的重要性，因为如果雷达数据不准确，基本上没有其他信息来源可以用来否定雷达的观测。因而，一方面，雷达是一个非常好的信息源，可以在次天气尺度上进行数据同化和预报，绝对要加以利用；另一方面，雷达无法观测到的量没有任何其他可比的信息源，使得对雷达数据进行合理的数据同化特别困难。因此，我们必须探索其他获取附加信息的方法，以帮助约束初始条件。

表 10.1　与对流单体尺度相当的 10 km×10 km 区域范围内每小时任意大气变量的测量。在此练习中，一个典型的地面站将被认为要提供五个变量(气压、温度、露点、风和降水)信息

数据源	观测数量
使用飞机,无线电探空仪,GNSS 接收机等得到的任意变量高空观测	0～10(0～8 关于热动力)
任意变量的地面观测	0～10(0～4 关于热动力)
地球静止卫星(每个通道)	25～300
径向速度,假定风暴有 60% 的回波覆盖	约 15000
雷达反射率	约 25000

第 11 章　其他雷达观测及反演

反射率、径向速度和多个偏振测量所提供的数据是非常有价值的。然而,特别是在研究应用中,需要有关未观测的场或者数据质量的辅助信息来更好地解释雷达数据,理解并预测天气现象,如:风的切向分量是怎样的? 气压、温度或湿度场如何? 雷达数据在多大程度上受衰减或非瑞利散射影响? 许多问题不能用雷达来回答。但是有些问题可以通过组合来自多个雷达的信息或者以一些特别的方式对雷达数据进行处理。本章将介绍这些方法背后的一些概念。

11.1　使用多个观测视角

雷达数据的主要局限之一是仅可测得风的三个分量之一。该问题的解决方案是将现有的测量与来自另一部雷达,或至少来自另一个视角的测量相结合。一旦测得第二个风的分量,就可以导出第三个分量,这在本节结束时会讲到。

由多部多普勒雷达得到风的分析依赖于来自至少两个部分独立的风的分量的测量(图 11.1)。理想情况下,我们希望测量两个相差 90°的水平风分量,以便能够简单地导出风的 u(东西向)和 v(南北向)分量。在实践中,即使两个分量之间不是

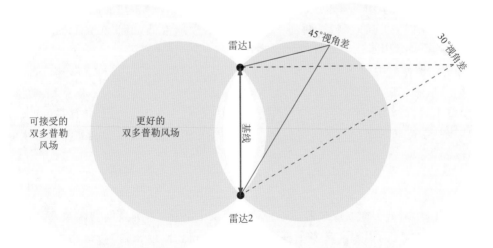

图 11.1　双多普勒风场分析的水平面示意图。视角差最大时,可以获得更为精确的风,使得径向速度测量最为独立。给定两部雷达,可望得到可接受的(30°视角差)和更好的(45°视角差)双多普勒风场区域分别用浅黄色和橙色阴影表示

90°,只要它们有足够的差异,就可以做到这一点。大多数研究人员认为这两个分量必须至少相差30°,这样每个分量上的测量误差不会影响所导出切向分量的质量;在这种情况下,足以进行双多普勒风场分析的区域在两部雷达之间基线的两侧形成两瓣,如图 11.1 所示。增加基线距离扩大了分析区域,但降低了其分辨率,并限制了在最低层获得风的能力。为覆盖更大范围或改进分析数据,需要增加更多雷达。

图 11.2 中展示了用于获得多于一个风分量的另外两种技术。第一种使用快速移动的雷达,通常在飞机上,沿两个方向进行圆锥扫描,使得在某个时间从一个方向观察到的空间区域将在几秒到几分钟之后从另一个方向观察到(如 Jorgensen 等,1996)。移动雷达的测量必须考虑到平台的速度和姿态(俯仰、偏航和侧倾)的变化。像这样的机载雷达用于各种风暴研究,同时也用于监视接近中的热带风暴(Lee 等,2003 及文中的参考文献)。获得另一水平风分量的另外一种方法通过使用距主雷达几千米以外的附加(双基地)接收机实现(图 11.2;Wurman,1994)。与其他方法相比,其优势是它可以同时测量来自每个区域的两个多普勒分量。其主要局限是附加的接收天线波束宽度大,这对于从多个方向获得每个发射脉冲的信息来说是必要的,但也因此导致其灵敏度、覆盖范围有限以及显著的旁瓣污染(de Elía 和 Zawadzki,2000)。另外一种获得多于一个多普勒分量的技术是使用具有间隔天线的干涉测量方法(Zhang 和 Doviak,2007)。长时间采用较长波长观测相同采样体积的最为理想的雷达是风廓线仪(Cohn 等,2001)。

所有这些技术都是测量目标速度 $\boldsymbol{V}_t$ 的分量。如果这些目标是降水,$\boldsymbol{V}_t$ 为(u,v,$w-w_f$),其中(u,v,w)分别是风的东—西、北—南和垂直分量,而 w_f 则是水凝物粒子的反射率加权平均下落末速度。对于大多数多个多普勒雷达的配置,由于需要获得具有显著水平覆盖的测量,两部雷达的仰角必须非常低,因此在大的区域内直接测量 $w-w_f$ 非常困难。也许最重要的是这样一个事实,即不可能仅通过测量将 w 与 w_f 分离。即使雨中的下降速度可以用差分反射率或通过反射率与下落速度的关系来估计,但除了最强烈的风暴以外,所有得到的垂直风速的误差与 w 都是相当的,或者超过了其自身的大小。因此,通常使用水平风场来推导出 w 的估计是最好的。

当补偿空气密度 ρ 随高度的变化时,垂直速度随高度的变化率由水平辐合引起,这样:

$$\frac{\partial(\rho w)}{\partial z} = -\rho\left(\frac{\partial u}{\partial x} + \frac{\partial v}{\partial y}\right) \tag{11.1}$$

因此,给定一个地面或风暴顶部垂直速度的起始值,作为高度的函数,垂直速度可以通过在高度上积分来自多个多普勒风分析的辐合(或辐散)获得。积分可以从风暴顶部或从地面开始。在风暴顶部,通常假定垂直速度为零。在地面,给定地面地形高度 $z_s(x,y)$,地面的垂直空气速度 $w_s(x,y)$ 可表示为:

$$w_s(x,y) = u_s(x,y)\frac{\partial z_s}{\partial x} + v_s(x,y)\frac{\partial z_s}{\partial y} \tag{11.2}$$

(a) 使用机载雷达的多普勒扫描策略

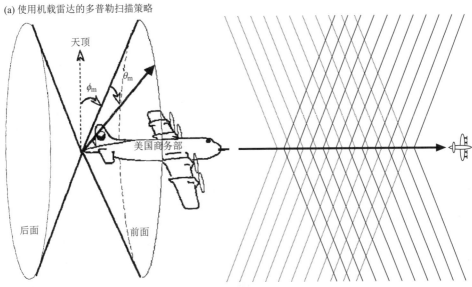

(b) 使用附加接收机的多个多普勒测量

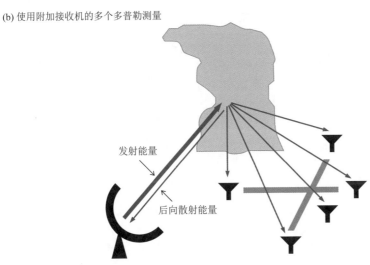

发射能量

后向散射能量

发射机：标准多普勒雷达
(NEXRAD，TDWR或者
快速扫描雷达)

接收机：低成本/被动/
非扫描，宽波束

图 11.2　获得一个以上风分量的另外两种方法的图示：(a)在两个角度使用机载(或其他快速移动)雷达扫描，一个在运动方向的稍前(前面)一点，一个在运动方向的稍后(后面)一点。扫描结果显示在右侧。引自 Jorgensen 等(1996)©版权 Springer 1996；Springer科学和商务媒体惠许；(b)使用一个发射机和多个接收机，如在机场周围，测量多个风分量。通过 Wurman(1994)获 AMS 许可重新发布；通过版权结算中心获得许可

式中,$u_s(x,y)$ 和 $v_s(x,y)$ 为地面的水平风分量。因为 ρ 随高度增加而减小,自下而上积分与自上而下积分相比,辐合估计的不确定性会导致更大的垂直速度误差。一般而言,综合从顶部和底部的积分可以获得 w 的最佳可能估计。

从文献中可以找到双多普勒风场分析的许多例子,因为这是用于理解强风暴动力学的常用技术(图 11.3)。实现这些技术的软件包已经有一段时间了(如CEDRIC,Mohr 和 Miller,1983)(译者注:CEDRIC,Custom Editing and Display of Reduced Information in Cartesian space(笛卡尔空间中简化信息的自定义编辑和显示软件),是 NCAR/MMM 支持的中尺度数据分析程序,用来处理规则笛卡尔和经纬度网格上的数据集)。然而,目前风场分析通常使用类似于 10.5 节中提出的雷达数据同化的变分方法进行(如 Gao 等,2004)。有关多普勒风场分析最新进展的信息,请参阅最近雷达气象学会议外场试验分会报告的扩展摘要。

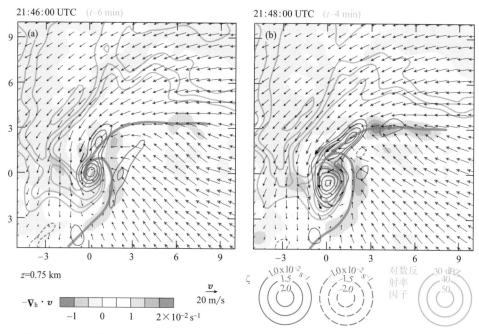

图 11.3　高度为 0.75 km 的水平辐合($\mathbf{V}_h \cdot v$,彩色阴影)、垂直涡度(ζ;红色等值线,$|\zeta| > 0.01 \ \mathrm{s}^{-1}$,间隔 0.005 s^{-1};等值线负值表示为虚线)、反射率因子(绿色等值线,反射率 $Z \geqslant 30$ dBZ,间隔 10 dBZ)以及相对风矢量(v;用黑色箭头每三个网格点绘制一个)图。来自于超级单体风暴内龙卷形成(t 时刻)之前相隔 2 min 的两个双多普勒风合成。阵风锋用加粗的蓝色线条表示。在这两个分析中,可以分析出旋转区域及其随时间的增强。坐标轴标签以 km 为单位。经 Markowski 等同意由 AMS 重新出版(2012);通过版权审查中心许可

11. 2　多个多普勒反演

从多个多普勒雷达测量的风场分析可以扩展到反演未观测的量,例如气压和温度场(如 Sun 和 Crook,1997)。这可以通过分析反射率和风场的时间演化来实现。例如,牛顿定律指出运动的变化是由力引起的。在大气中,风速的变化与气压梯度力有关,因此,风速加速度可以用来获取气压梯度。结合流体静力学方程和理想气体定律,压力梯度随高度的变化也可以与温度梯度相联系,这为获取空间温度扰动打开了大门。同时,垂直运动产生降水:下沉气流导致蒸发,而饱和环境中的上升气流导致云的生成;然后云发展生成降水,其演变可以通过反射率来观察。因此,反射率的时间序列可以为上升气流、下沉气流及湿度提供线索。最后,考虑到凝结/蒸发的热交换和可能由辐射引起的净的热量增加,可以获得关于温度的辅助信息。因此,当考虑所有这些相互作用时,理论上可以利用反射率和两次或更多次估计得到的风场分析提取大量大气状态信息。将雷达信息的时间演化与大气动力学和热力学方程相结合的过程是反演的基础。

因为反演很复杂,它们越来越多地在数据同化框架内完成,特别是因为可以得到并获得诸如 WRF 模式及其数据同化研究试验平台之类的学术界工具的支持(DART;Anderson 等,2009)(译者注:DART 是由美国国家大气研究中心(NCAR)的数据同化研究部(DAReS)开发和维护的社区版集合数据同化软件系统)。雷达最难获取的大气参量是湿度,因为温度和气压变化会引起雷达观测到的大气流场变化,而湿度的变化却不会,除非发生凝结或蒸发。

11. 3　近地面折射指数

如果重复观测一个固定的地面目标,会发现观测得到的该目标平均相位会随时间缓慢变化。回顾式(2.16),如果到目标的距离是固定的(r 是常数),且雷达发射和内部频率没有发生变化(f 为常数),那么相位随时间的变化必定由沿路径的折射指数 n 的变化引起(图 11.4)。如果对于所有固定地面目标重复计算,则可以得到 n 的场或至少 n 的变化。这一设想形成了估计近表面折射指数的基础(Fabry 等,1997)。但不要与 2.2.2.2 节中看到的折射率小尺度变化所引起的晴空回波测量相混淆。尽管如式(2.8)所示,折射率是气压、温度和湿度的函数,但折射率的水平变化可以表现出湿度的形态,特别是在夏季天气条件下。

在实践中,由于每个地面目标的确切位置不能达到绝对折射率测量所需的精度(优于 1 mm),通过测量相位的变化只能得到两个时间之间折射率的变化。然而,由于这两个时间可以相隔几年,所以我们也许可以在利用其他方法估计折射率场的条件下选择参考时间,提供一个接近绝对的测量。由于 n 的估计只能沿着地基雷达

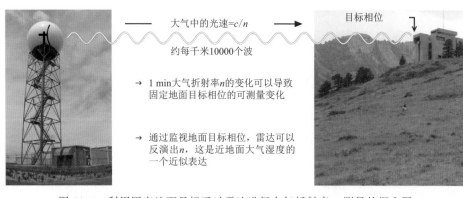

图 11.4　利用固定地面目标通过雷达进行大气折射率 n 测量的概念图。来自 Roberts 等，2008；©版权 2008AMS

和地面目标之间的路径获得，推断出的湿度测量仅代表非常接近地面的大气条件。而地球曲率和地面目标的数量随着距离增加而减少，将 n 的范围限制在大约 40 km。

　　最初担心只有发射频率非常稳定的雷达才能可靠地进行这种测量，这种担心被证明是不必要的（Parent du Chatelet 等，2012；Nicol 等，2013）。已经使用多个采用稳定度较低的磁控管发射机的雷达成功地实现了折射率测量。然而，几乎没有雷达存储所需的相位数据来估计近地面折射率形态，并且目前很少有雷达系统反演折射率。其中一个具有挑战性的主要原因是消除当前时间和参考时间之间存在的相位差模糊：信号出乎意料地巨大，对于 S 波段雷达，一个 30 km 以外目标的相位可以在一年内改变超过 20000°。然而，如果地面目标的数量足够大，则可以使用短路径上的信息来帮助解决相位差模糊。

　　尽管存在与合理测量折射率相关的许多困难，折射率场为我们提供了一个不同寻常的视角以审视中尺度湿度的空间模式（图 11.5，补充电子材料 e11.1）。经常可以首先在折射率测量中观测到气象上重要的信号，比如辐合线，然后才会从反射率测量中看到清晰的分界线（Weckwerth 等，2005）。同时它也提供了可用于数据同化的温度和湿度场的有效约束。

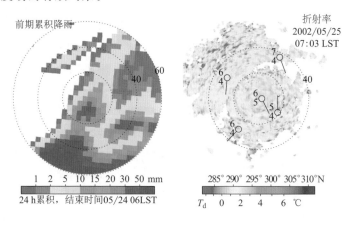

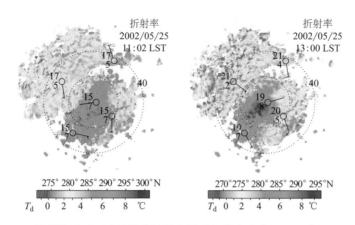

图 11.5 24 h 累积降雨(左上图)导致折射率随时间发生变化($N = 10^6(n-1)$),在其后的图像中显示)以及雨后第一个晴朗的早晨相应的露点温度(T_d)。由于前几天风很弱且降雨不均,我们观察到逐渐出现不同湿度区域,前几天湿度较大区域与暴雨区域相对应。距离全间隔 20 km。来自 Fabry(2006),©版权 2006 AMS

11.4 多频及衰减测量

雷达测量的等效反射率因子有时是很难解释的,因为其受许多过程的影响:回波是由服从瑞利散射的小目标支配,还是有许多较大的目标必须被视作米散射粒子?回波是否主要来自晴空反射?也许最重要的是,测量是如何受到衰减影响的?由于解决多个未知问题的常用方法是增加更多的约束,使用多个发射频率得到的数据是帮助解决这类歧义的自然选择。

可以考虑两种截然不同的情景。波长较长时,衰减可以忽略不计,水凝物大小从云滴到冰雹表现为瑞利散射体。在这些频率下,主要的歧义是回波是否来自瑞利散射体或来自大小为波长一半粒子的折射率变化(2.2.2.2 节,图 2.4)。但是对于这两种类型的目标,反射率随波长的变化是不同的:对于瑞利散射粒子,它不会随雷达波长 λ 发生显著变化,因为反射率因子式(3.1)和雷达方程式(3.2)被设计为其结果与频率无关;对于由折射率变化导致的回波,也称之为布拉格散射体,反射率变化为 $\lambda^{11/3}$,对应于波长增加 1 倍,反射率增加 11 dB。用两种不同频率进行测量,可以很容易地区分瑞利和布拉格散射体(图 4.14,也可见 Knight 和 Miller,1998)。最强的布拉格散射体起源于云顶、逆温层、边界层不均匀性,偶尔来自火灾及火山喷发。

多波长测量可以提供额外见解的第二种情况是:在较短波长,对水凝物反射率测量的解释可能由于非瑞利散射和衰减被复杂化,而不幸的是他们经常同时发生。在非常短的距离且无液态降水条件下,衰减常常被忽略,两个波长反射率之间的差异主要是观察到的冰晶或雪花尺寸和形状的函数。然而,随着路径长度增加,特别是在液态降水时,衰减成为两个雷达波长之间反射率差异的主要原因。衰减是一个有趣的估计量:在较短波长($\lambda \leqslant 1$ cm),远离降水时,它主要作为湿度的函数而发生变化,因此它的测量可以提供湿度信息(Ellis 和 Vivekanandan,2010)。在稍长的波长(1~5 cm),降水中的衰减实际上可以用来测量降雨量(Atlas 和 Ulbrich,1977;Ryzhkov 等,2014)。

Thompson 等(2011)提出了一种有趣的方法用于评估业务雷达天线罩和降水造成的衰减,其基于这样的概念,即好的吸收体也是有效的发射体,并且在衰减引起降水相当大的方位上,与其他方位相比,由于降水的微波发射,期望会有更高的噪声水平。因此,通过精确测量噪声强度,可以估计在该方位中发生了多少路径积分衰减。

上述最后两种想法,结合不同波长雷达测量,以及测量来自降水的发射,也成为许多设计用于研究空间云和降水的系统的基础。

第 12 章 云雷达与机载雷达

从 21 世纪初开始,雷达就有了新的角色。这来源于对云和全球降水的日益关注,一方面是希望更好地理解地球的能量平衡和水循环,另一方面是为了增强气候模式中云和降水的模拟。这两种需求都需要更短波长的雷达:在地面进行云的研究最好是利用具有较窄波束宽度,同时对于云滴和冰晶有更高灵敏度的雷达,而全球云和降水监测需要足够小的雷达可以放在卫星上,但仍有足够的分辨率和灵敏度来进行有效的测量。这些雷达的使用与天气雷达不同,其重点是更为关注云和降水微物理学及其长期统计特征,而非风暴过程和分分秒秒的天气监视和临近预报。这些关注点的差异导致了两个不同雷达气象学家群体的出现,他们大部分彼此独立地工作。在地面亦或星载平台使用这些较短波长的雷达,既为其带来了挑战,也带来了机遇,这些都是非常独特的,值得在本章中进行特别讨论。

12.1 云雷达

12.1.1 雷达用于云的研究

云对地球能量平衡的贡献,以及它如何因人为扰动如温室气体和气溶胶排放而改变,仍然是气候模拟和预测中不确定因素的最大来源之一。因此,需要更好地描述云的特征。同时,对云的形成和降水如何发生的过程的研究仍然是一个活跃的研究领域。这两个研究热点都需要使用新的数据。

但是所需的测量非常难。在研究行星辐射收支平衡的背景下,即使是由非常小的云滴构成的极其薄的液态云,也会显著改变可见光和红外辐射,因此应对其进行量化。保守计算表明,粒子大小为 5 μm,含水量为 0.015 g/m^3 的液态薄云反射率近似为 -55 dBZ,比传统天气雷达观测到的回波小许多个数量级(表 3.2)。除了雷达的其他用途外,最大限度地提高来自于微弱目标的返回功率非常必要:

$$P_r = \underbrace{\frac{1.22^2 \times 0.55^2 \times 10^{-18} \pi^7 c}{1024 \log_e 2}}_{\text{常数}} \underbrace{\frac{P_t \tau D_a^2}{\lambda^4}}_{\text{雷达参数}} \underbrace{\frac{T(0,r)^2}{r^2}}_{\text{路径}} \underbrace{\| K \|^2 Z}_{\text{目标特性}} \quad (12.1)$$

与降水系统相比,大多数云的尺度很小,更倾向于进行高分辨率测量,也意味着通过最大化 D_a/λ(式 2.11)以实现较短的发射脉冲 τ 和更小的波束宽度。综合这些要求推动了设计用来进行云的研究的雷达向更高频率或更短波长发展,如 Ka 波段(35 GHz 或 8.5 mm)和 W 波段(94 GHz 或 3.2 mm),目前最大限度地提高了云测量的能力(Kollias 等,2007)。这就是为什么这些毫米波雷达现在被称之为云雷达的原因。图 12.1 显示了云雷达收集的一个数据的例子,说明了由于其更高的分辨率和灵敏度可以观察到什么。

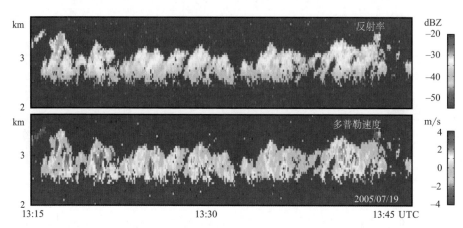

图 12.1　美国俄克拉何马州南部大平原站点大气辐射测量 W 波段云雷达观测到的积云反射率(顶部)和多普勒速度(底部)时间高度图。注意每个积云当小水滴由上升气流抬升长大时,反射率随高度增加。图片由 Parvlos Kollias 提供

　　图 12.2 在一幅图中说明了有关转移到较短波长的很多优点及其挑战。随着波长减小,雷达的灵敏度提高,并且由于空气折射率的变化而具有弱回波的风险减小。这对于积云尤其重要,积云在较长波长处的回波主要受空气温度和湿度变化的反射(图 4.13),掩盖了云滴本身的回波。转向较短波长的后果之一是降水大小的水凝物不断变成非瑞利散射体,其直径变得与波长的大小相当(图 2.2 和图 2.4)。结果是,与预期的瑞利散射体相比,最大水凝物的回波强度显著降低,导致 Z 正比于 D^6 的传统假设不再成立。除了由衰减引起的减少之外,这种减少在较短波长处变得同样重要。此外,因为受非瑞利散射影响的较大液滴下降得比未受影响的较小液滴快,所以测量的下降速度也将不同于较长波长。最终结果是,在降水中,定量解释毫米波雷达的测量值与在较长波长下得到的测量值相比更具挑战性。对于云和降水的综合研究,使用具有不同波长的多个雷达更为有利,因为它们能够提供补充的信息。

　　图 12.3 中的例子说明了云雷达和降水雷达回波之间的许多差异。在这类事件中,两种系统之间的灵敏度差异不会导致回波覆盖范围的大的变化,尽管 W 波段的回波比 X 波段雷达检测到的略高。更值得注意的是降水中的衰减效应和非瑞利散射效应。衰减在雨中最为明显,因为回波强度随着 W 波段观测的高度增加而持续稳定减小,当 X 波段的降水最强时,观察到大量被衰减的信号区域。路径积分衰减的时间变化也导致雪中反射率的垂直条纹。W 波段的非瑞利散射至少以四种方式表现出来:①即使在衰减可能产生显著影响之前,两个雷达之间在很低高度的反射率

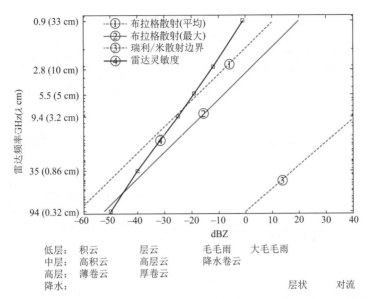

图 12.2　几个现有雷达系统灵敏度、反射率和雷达频率之间的典型依赖关系（实线④），由空气折射率变化引起的预期平均回波强度（虚线①）和峰值回波强度（实线②），以及天气回波的反射率（虚线③），超出该反射率，预期会出现明显的非瑞利散射。在反射率轴上，标示出不同云和降水目标的预期瑞利反射率。对于给定的雷达频率或波长，①、②和③之间的反射率值范围对应于服从瑞利散射的目标，因此对于大气研究更易解释。经 Kollias 等获 AMS 许可重新发布（2007）；通过版权许可中心有限公司许可

已然不同；②由大量湿的水凝物粒子形成的亮带在 W 波段基本消失；③由于对较大和下落较快的水凝物的敏感性相对丧失，降雨中的多普勒速度，以及在降雪中要小得多的多普勒速度都减小了；④对于功率谱，1.7 mm 直径的雨滴，可以观察到返回功率的相对最小值。最后一个效应将在下一节中进一步讨论。最后但并非最不重要的是，由诸如云雷达的窄波束雷达测量的多普勒频谱与较宽波束系统的比要窄，使它们具有更强的分辨多峰频谱的能力。本例中，W 波段系统可以比 X 波段雷达更好地观察到小的次要的毛毛雨。当组合来自具有不同频率雷达的信息时，其中的每一个差异中都代表了机会。

　　即使在毫米波长，雷达还是会错过小的液态云和非常薄的冰云。因此，与任何别的雷达研究领域相比，这些雷达可能更多地与其他仪器如激光雷达和微波辐射计相配合，以补充其测量。激光雷达或"光雷达"是基于激光的遥感仪器，其在接近可见光或在红外波长（λ 通常在 0.3 和 10 μm 之间）下运行。因此，它们探测到的大气特性更接近于影响辐射过程的因素。但是，就像我们的眼睛一样，它们缺乏透过光学上比较厚的云进行观测的能力。微波辐射计测量源自氧气、水汽、云和降水的微波辐射，并使用不同频率的测量来区分不同发射体的贡献。它们的波长与云雷达的

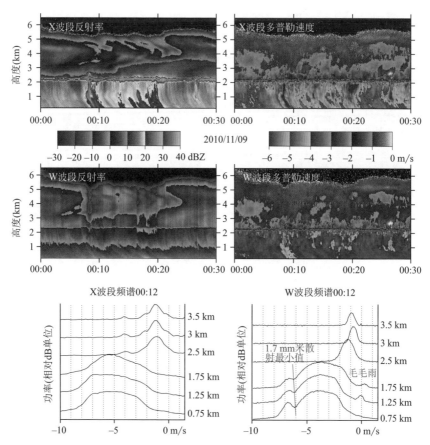

图 12.3　加拿大蒙特利尔两部并置在一起的雷达收集的数据比较：一部 1.8°波束宽度 X 波段雷达和一部 0.25°波束宽度 W 波段雷达。顶图：对比了两种波长测量的反射率和多普勒速度时间-高度剖面。底图：显示了几个高度两部雷达 00:12 测量的多普勒频谱。请注意在雨和雪中，W 波段的频谱比 X 波段窄，导致检测到弱毛毛雨。还要注意与 1.7 mm 直径雨滴相对应的功率如何形成凹口

波长相当，可用于量化云量。但由于它们是无源遥感器，因此无法进行高分辨率距离测量，而且其数据通常仅限于路径积分量。因此，这些仪器均未提供理想的测量组合；但是可以将它们的数据结合起来，利用各自的优势，并从协同观测中受益，如图 12.4 所示。结果可以得到更为完整的云覆盖统计，或者成功地反演有关云属性的其他信息（如，Frisch 等，1995；Hogan 等，2001）。

　　对于各种云的研究应用，选择的扫描策略是垂直指向雷达。这种简单的扫描策略通过最小化云的观测范围以及增加任意采样体积的观测时间来提供最高的灵敏度和分辨率，同时也将设备维护需求控制在一定范围内。它还允许云雷达获得其最宝贵的测量之一：多普勒频谱。

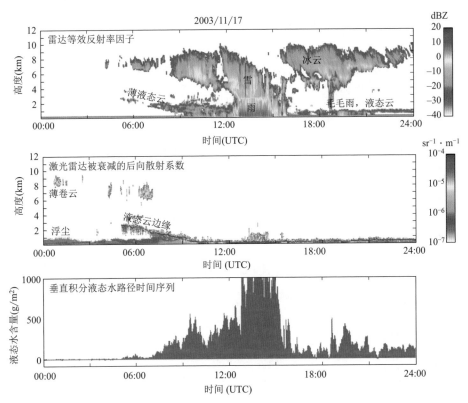

图 12.4　W 波段云雷达反射率测量提供的补充信息图示(顶图);未做衰减订正的激光雷达后向散射系数(或信号强度)(中图),以及从微波辐射计反演得到的垂直积分液态水含量(底图)。上述在英国 Chilbolton 观测 24 h。经 Illingworth 等通过 AMS 许可重新发布(2007);通过版权许可中心有限公司许可

12.1.2　云雷达的多普勒频谱

多普勒频谱提供给定采样体积内目标的多普勒速度分布。垂直入射时对应于目标的下落速度分布(图 5.3)。多普勒频谱通过各种雷达测量和归档,如较长波长的风廓线仪和垂直指向的天气雷达,以提供风暴的动力学,如上升气流和下沉气流,以及微物理特性等。最初是希望使用多普勒频谱估计上升气流和雨滴尺寸分布,但其受到各种因素影响,使得对频谱的解释变得复杂化:使用气象雷达波长,很难考虑平均垂直气流速度的影响;使用廓线仪波长,将晴空回波与很小的降水回波分开,证明是极具挑战性的;而在所有波长下,各种现象展宽了多普勒速度的测量分布(图 5.2)导致频谱被平滑,其中频谱中的邻近的窄的峰值展宽后合而为一,使得许多云和降水微物理学的研究努力受到挫折。

至少有两个因素有利于使用来自云雷达的频谱进行大气研究,特别是在 W 波

段。首先,云雷达的较窄波束宽度减少了多普勒频谱的展宽。虽然这种减少不足以忽略该问题,但频谱锐度得以增加,例如,使开始区分云滴与最小的降水粒子变得可能(Luke 和 Kollias,2013)。其次,在特定情况下(当降雨包含一些大的水滴,但还未强到以至于完全将雷达信号衰减掉),降雨的 W 波段雷达频谱可用于反演垂直风速。这种意外的结果是由米散射引起的。对于某些特定的粒子尺寸,返回的功率大大降低。在 X 波段(3.2 cm 波长),对于直径为 17 mm 的粒子(图 2.2),如果它们经常在自然界中发生,则会是首先观察到其功率减少。在 W 波段(3.2 mm 波长),1.7 mm 粒子也会出现相同的现象(图 12.3)。由于可以通过给定空气密度计算 1.7 mm 粒子下落速度随高度的变化,因此这些粒子观测和预期下落速度之间的差异必然归因于空气速度(Lhermitte,1988)。虽然米散射最小值的观测检测和解释可能因湍流而变得复杂,但这种空气速度估算对于各种微物理和动力学研究来说是一个有用的奖励(Giangrande 等,2012)。

云雷达在一些国家用于微物理研究,并且使用它们正在逐渐扩展到支持与气候相关的研究。他们的数据和其他传感器的数据对于验证用于研究全球气候的其他雷达(星载雷达)的测量结果也是很宝贵的。

12.2　星载雷达

很大一部分陆地区域和大多数海洋区域地基雷达是无法观察到的。因此,为了获得真正的全球视角,星载平台上的雷达是必需的。自 20 世纪 90 年代末以来,气象雷达就已经在从太空进行观测,增强了我们对降水和云的理解,特别是在远离地基雷达覆盖的区域。

表面上来看,星载雷达与其他雷达应该没有什么显著的差异。在实践中,星载雷达在发射时必须轻巧紧凑,才能运载到轨道上,并且它们不能消耗太多的电力。在低轨道上,雷达速度相对于地面接近 8 km/s,这限制了其停留时间并使得多普勒测量变得复杂。在地球静止轨道上,距离地面 36000 km 的范围带来了其他挑战,特别是在空间分辨率方面。因此,对灵敏度和紧凑性的这些高要求经将星载雷达推向更短的波长,其方式类似于对云雷达的限制。

12.2.1　卫星平台及其特性

如图 12.5 所示,不同测量几何和轨道力学产生的空间雷达测量有一些特殊的特征。

即使在低地球轨道上,雷达远离地面之上对流层预定目标也会产生各种后果。尽管波束宽度较窄(图中为 0.7°),但雷达照射的区域相当大,直径约为 5 km。如果雷达离开垂直方向扫描,则任何给定范围内的脉冲在波束的一侧与另一侧相比将具有不同的高度(注意图 12.5 展示的对流层内三个波束的小段发射脉冲线轴)。这也将来自地面目标的污染在高度上延伸。另一个结果是,对流层中预期目标的距离间隔很小,无论是绝对值还是相对于卫星的总距离。这种几何结构最大限度地减少了衰减的影响,允许雷达在接收到回波之前可以传输许多脉冲,并导致灵敏度随距离(或高度)变化很小。因此,例如,GPM 降水雷达(Ku 波段)规定的灵敏度约为17 dBZ。

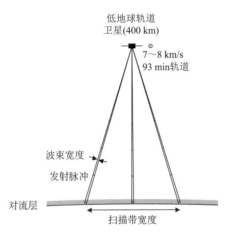

图 12.5　低地球轨道(400 km 高度)星载雷达测量几何比例图示(除了卫星大小)。该例中,受全球降水测量(GPM)任务核心卫星的 Ku 波段雷达特征启发,示出了覆盖两个端点以及扫描带中心的三个波束,尽管在其间还有更多波束。这里假定卫星沿轨道运行到页面以外

　　轨道力学也影响着雷达测量策略。如果雷达扫描最低点,必须非常迅速,因为低地球轨道上的卫星相对于地面以接近 8 km/s 的速度移动。这限制了任何单个波束的平均(或停留)时间以及可扫描的角度数量。扫描的角度数量限制了测量所采用的扫描宽度和扫描带内测量的分辨率。接下来,由于在这样的高度上轨道时间略高于 90 min,而地球在极轨卫星下的旋转,下一个测量线或扫描带可能与前一个相差 2500 km 远,宽度则最多为几百千米量级。因此,根据纬度的不同,重访同一地点可能需要很多天。这种限制使得在低地球轨道上使用雷达进行业务天气监测是不切实际的,但气候学研究人员已经能够接受。最后,许多低轨卫星都在所谓的太阳同步轨道上,这意味着其过顶时间都在相同的太阳时发生。例如,CloudSat 和 A-Train 的其他卫星都位于 01:30 的轨道上,并且由于所选轨道的机制,它们都在太阳时大概 01:30 和 13:30 进行所有测量。太阳同步轨道的使用特别适用于依靠可见光的传感器,以保证半过顶时有好的光照,但对利用获取的数据集得到的气候统计类型和数值进行了限制。这就是为什么雷达作为主要传感器的卫星往往不在太阳同步轨道上的原因,如 TRMM 和 GPM 核心卫星。

　　然而,来自太空的观测为雷达的定量解释提供了意想不到的优势,特别是对于

衰减校正。第一种情况是由于海面对雷达波的部分反射引起的回波镜像的形成(图12.6)。因此可以获得具有相同反射率图案的两个图像,一个是直接的,另一个来自地面反射。然后可以比较互补的自下而上和自上而下的视图,以估计雷达衰减强度随高度的变化。这种方法被称为镜像技术(Li 和 Nakamura,2002)。第二种方法称为地面参考技术(Meneghini 等,2000),依赖于地面回波的预期强度与雷达测量回波之间的差异。因此,该技术还可用于提供由降水引起的路径积分衰减估计。

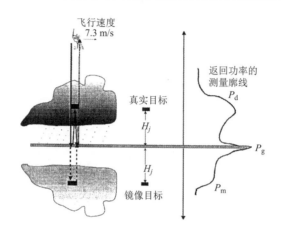

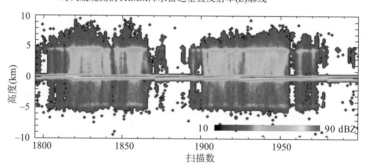

图12.6 上图:导致地面以下镜像回波过程的描述。右侧绘制了来自直接回波(P_d)、地面或海面(P_g)及镜像(P_m)返回功率的测量廓线。经 Li 和 Nakamura(2002)同意,并获 AMS 许可后重新发布;通过版权许可中心有限公司许可。底图:1998 年 6月 25 日对天底观测的 TRMM 降水雷达测量的反射率垂直剖面图,显示了直接、海面和镜像回波。图片由 Kenji Nakamura 提供

12.2.2 星载雷达的背后

星载雷达仍然处于起步阶段,主要是因为需要更好地描述全球降水和云的特征。目前,星载雷达要么专注于降水观测,如 GPM;要么关注云的观测,如 CloudSat

和 EarthCARE。难以进行气候研究的降水测量:必须选择波长以避免由于衰减造成的偏差,并尽量减少不同 Z-R 关系的影响,但系统必须能够量化较弱的极地降水区域和热带地区最强的对流核。气候需求比任何其他研究要求更多,估计中存在的偏差是不能容忍的,特别是如果其随时间或地点而变化。这些限制促进了双波长星载雷达的发展,例如 GPM 上的一台雷达(图 12.7),其中来自两个波长的信息可以与镜像和地面参考技术相结合,以更好地估计衰减以及降水强度。对于云的研究,实现所需灵敏度是一个关键的设计参数。因此,目前星载云雷达采用高灵敏度非扫描 W 波段系统。

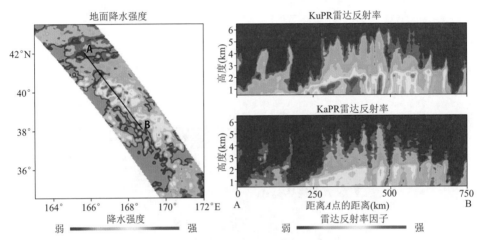

图 12.7　由 GPM 核心卫星降水雷达收集的首个数据图像。左图:导出的地面降水率。A-B 连线显示出右侧制作的垂直剖面图的位置。右图:Ku 波段($\lambda=2.2$ cm,右上图)和 Ka 波段($\lambda=8.5$ mm,右下图)雷达反射率垂直剖面。图片由 NASA 和 JAXA 提供

为了帮助完成其科学任务,星载雷达通常与微波辐射计(用于以降水为重点的任务)和激光雷达(用于面向云的任务)组合在一起。这些补充,和地基云雷达一样扩展和帮助了对星载雷达测量的理解。这种传感器组合中雷达的优势仍然是它们能够以高分辨率进行云或降水测量,同时可以研究地球上云和降水的垂直和水平结构(图 12.8 和图 12.9)。

挑战仍然存在。有充分的证据表明,星载雷达的灵敏度尚不足以探测弱的降水和如那些在极地地区发现的薄云,而大多数雪的事件其反射率也弱于 GPM 雷达的探测阈值。与此同时,对抗衰减并将反射率和多普勒速度测量转换为气候研究所用的可靠的长期降水测量仍然存在问题。但这并没有也不应该阻止研究人员的梦想。有些人已经想象将天气雷达置于 36000 km 高度的地球静止轨道的可能性,以便更好地监测恶劣天气,特别是在海洋上空。

TRMM雷达导出的降水频率,1998—2008年

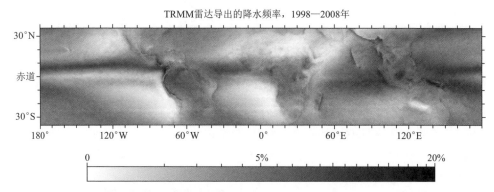

图12.8 采用 Nesbitt 和 Anders(2009)提供的数据,使用 TRMM 降水雷达在 1998 年 1 月至 2008 年 12 月期间探测到的降水频率。在没有地理边界图覆盖的图像上,清楚地揭示了大陆、岛屿和山脉对降水的影响。热带辐合区(ITCZ)也非常清晰地描绘出来

云量随高度的变化,在纬度带上进行平均

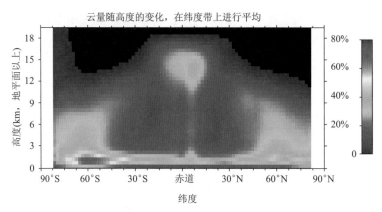

图12.9 从 2006 年到 2011 年,由 CloudSat 雷达和 CALIPSO 激光雷达得到的纬向年平均垂直云量。图片由 Jennifer Kay(科罗拉多大学)使用 Kay 和 Gettelman(2009)中描述的方法提供

第13章　雷达真正测量的是什么

到目前为止,雷达的测量过程一直都被当成一个黑盒子,在前面的章节中仅介绍了让非研究用户理解雷达数据以及这些数据如何受到测量过程的影响所必需的内容。但所使用仪器的能力决定了我们可以测到什么,并且因此影响了我们对现实的感知。要正确理解所观察到的事物,首先需要很好地了解我们所使用的仪器的能力。特别是雷达,其观察对象和仪器特性之间的依赖关系往往很复杂,其受到测量过程的理论与工程之间复杂关系的支配,同时也取决于被观测物理量场的性质。要回答"雷达真正测量的是什么?"这一问题需要更深一层地了解工程、物理及气象方面的考虑是如何交织在一起的。理解这一点对于观测的正确定量解释是必不可少的。

本章首先从物理学和工程学的视角对测量过程重新进行审视,然后通过考虑增加气象因素,形成完整的图像。

13.1　雷达系统

图 13.1 和电子附件 e02.1 说明了雷达系统的基本要素。为了更好地理解它们,我们将遵循雷达脉冲行程中的许多步骤,首先关注雷达硬件。

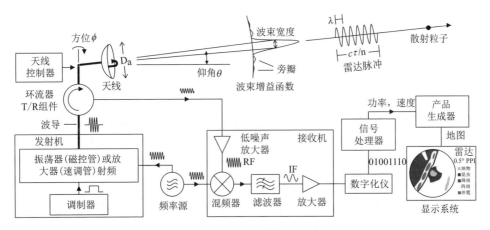

图 13.1　单站(单个天线)天气雷达框图

13.1.1 从发射机到天线

雷达波的传播始于发射机。对于大多数天气雷达,发射信号通常是由调制器或波形发生器整形的短的高功率脉冲,尽管也有雷达使用连续波信号(Skolnik,2008)。发射机可以细分为两个系列。第一个系列,雷达脉冲由高功率振荡器产生,该振荡器馈送强电流脉冲并发出强烈的微波脉冲。最常见的振荡器是磁控管,用于许多雷达和大多数微波炉。第二种类型的发射机中,低功率频率源产生一个短脉冲,并经速调管这样的专用放大器进行放大。从历史上来看,这种差异还是很重要的,因为只有基于放大器的雷达才能用于获取多普勒信息,但现在情况已不再如此。然而,基于放大器的雷达仍然可以进行更好的相位测量,并提供更多的灵活性,比如有意向相位编码(Sachidananda 和 Zrnić,1999;Frush 等,2002)。脉冲雷达通常以单一频率发射微波,这决定了大气中雷达波的波长。根据发射机或天气雷达的类型,发射脉冲可以达到几百瓦到几兆瓦的峰值功率。这些脉冲通常具有非常短的持续时间 τ,大约为 1 μs 量级。脉冲的持续时间确定照射目标的脉冲长度 $c\tau/n$。此外,除非使用脉冲压缩或处理技术,否则雷达在扫描距离或范围内的分辨率由脉冲长度确定。发射脉冲后,发射机保持静默,使雷达接收机部分可以捕获散射回雷达的弱回波。

在此发生之前,发射脉冲在一个具有矩形截面的中空金属管中向天线传播,该金属管道称之为波导。途中经过环流器。环流器充当交通警察的角色,将发射机功率导向天线,而即将到来的回波则导向接收机电路,而发射-接收(T-R)开关则进一步确保没有任何高发射功率进入到超敏感的接收机。

13.1.2 天线和波束成形

天线的作用可视为雷达系统和大气之间的一个接口。在天气雷达方面,我们希望把尽可能多的能量集中在一个特定方向上,这个方向由顺时针方向的方位角 ϕ 和地平线上方的仰角 θ 来决定的。一般来说,雷达指向的方向在天线控制器的指挥下随着时间而改变。

图 13.2 用图形说明了反射器天线的工作原理。简单来说,在波导中行进的雷达波通过馈源导向反射器。如果您想近距离观察这样的设置,只需前往附近销售卫星电视系统的电子商店查看显示屏上的接收天线。雷达波被反射器散射出去。系统的几何形状,即馈源的位置和反射器的形状,确保将尽可能多的辐射聚焦在一个方向上。工作在较长波长($\lambda \gg 10$ cm)的系统中,构建大型的反射器是不切实际的。为了获得图 13.2 中的干涉图案,一般不采用单个反射器在适当的相位反射雷达波,而是使用天线阵列来实现相同的结果(附件 e13.1)。

给定天线能够在一个方向上聚焦能量的指标取决于波长、馈源和反射器的设计以及发射辐射的潜在障碍物,例如保护天线和天线座系统免受风、雨影响的天线罩。这样,不可能写出准确的方程来表示带有旁瓣的天线方向图。对于可以忽略旁瓣影

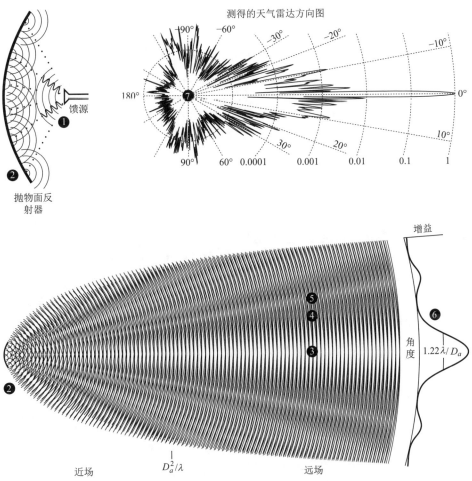

图 13.2 反射器天线的工作原理。在波导的末端,馈源将雷达波导向反射器❶。同心圆环表示波的相位到达特定值的空间位置,此处为 $\pi/2$。电磁波到达碟状反射器❷时会在所有方向上散射。但是,距离天线足够远的距离(远场),会出现一种模式:沿着天线指向的方位,反射器不同部分反射的波都是同相的,并且相长干涉❸。这样使得朝向该方向发射及从该方向接收的功率达到最大化。在其他方向上,由反射器的不同部分反射的波是异相的并且相消干涉,或者完全如❹,或部分地如❺。得到的波束图❻则为在天线指向方向上具有大约 $1.22\lambda/D$ 弧度半功率波束宽度的主瓣,以及当我们远离主瓣时逐渐减小的旁瓣。即使大部分能量集中在所需的方位上,其中一些能量也会从指向各个方向的旁瓣发射和接收。例如,在图的右上方,示出了麦吉尔大学 S 波段雷达发射时给定方向上的相对功率❼;这也是天线系统接收时的相对灵敏度

响的应用,常见的近似是假设天线方向图遵循高斯分布,天线的增益(或方向性)$G(\delta\phi,\delta\theta)$在仰角足够低($\theta<\pi/2-5\theta_{\text{beam}}$)时为:

$$G(\delta\phi,\delta\theta)\approx\frac{4\log_e2\cos\theta}{\pi\phi_{\text{beam}}\theta_{\text{beam}}}\exp\left\{-4\log_e2\left[\frac{(\delta\phi\cos\theta)^2}{\phi_{\text{beam}}^2}+\frac{\delta\theta^2}{\theta_{\text{beam}}^2}\right]\right\} \tag{13.1}$$

式中,$\delta\phi$ 和 $\delta\theta$ 是相对于波束轴的方位角和仰角偏差,而 ϕ_{beam} 和 θ_{beam} 是天线在方位角和仰角上的半功率波束宽度。在式(13.1)中,$\cos\theta$ 项可以简单地表示这样的事实:随着仰角的增加,恒定方位角的线变得更加接近。对于典型的气象天线设计,$\phi_{\text{beam}}\approx\theta_{\text{beam}}\approx1.22\lambda/D_a$,$D_a$ 是反射器的直径。方程(13.1)表示天线的单向指向性。对于雷达应用,天线要使用两次,即首先在发射时将能量聚焦在一个方向上,然后在接收时捕获从同一方向到达的信号。因此,描述雷达对不同方向上的目标的灵敏度的净角加权函数与 G^2 成正比($\approx\pi\phi_{\text{beam}}\theta_{\text{beam}}G^2(\delta\phi,\delta\theta)/(2\log_e^2\cos\theta)$)。因此,雷达从波束轴上的目标接收的功率是远离其轴的类似目标 $\theta_{\text{beam}}/2$ 的四倍。然而,由于天气目标的反射率可以跨越几个数量级(几十个 dB),如果天线指向非常弱的目标区域,则强目标 $2\theta_{\text{beam}}$ 仍然可以主导所接收的信号。因此,例如,强风暴的回波顶高往往被雷达高估,并且强的地面回波是通过比实际物理尺寸更宽的角度扇区接收的。

如果要包括旁瓣,那么 G 会变得非常复杂,并且通常没有可以代表它的解析函数。一个简单且可能是过分简化的近似是假设波束图可以通过表示主瓣模式的高斯函数和表示旁瓣模式的包络的指数函数的累加来重现。

$$G(\delta\phi,\delta\theta)\approx\frac{4\log_e2(1-f_{\text{lobes}})\cos\theta}{\pi\phi_{\text{beam}}\theta_{\text{beam}}}\exp\left\{-4\log_e2\left[\frac{(\delta\phi\cos\theta)^2}{\phi_{\text{beam}}^2}+\frac{\delta\theta^2}{\theta_{\text{beam}}^2}\right]\right\}$$

$$+\frac{0.306\cos\theta}{\phi_{\text{lobes}}\theta_{\text{lobes}}}f_{\text{lobes}}\exp\left[-2\log_e2\sqrt{\frac{(\delta\phi\cos\theta)^2}{\phi_{\text{lobes}}^2}+\frac{\delta\theta^2}{\theta_{\text{lobes}}^2}}\right]$$

$$\tag{13.2}$$

式中,f_{lobes} 是旁瓣的增益积分分数,而 ϕ_{lobes} 和 θ_{lobes} 分别是旁瓣包络在方位角和仰角上的半功率宽度。对于典型的扫描雷达,ϕ_{lobes} 和 θ_{lobes} 对应于大约 $10°$,而 f_{lobes} 大约为 0.25,导致在 $\delta\phi=\delta\theta=0$ 处旁瓣项比主瓣项约低 30dB。

13.1.3 接收信号

如果一些雷达波在所有三个维度上被目标散射,那么传输能量的一小部分必然会被反射回雷达。这个非常微弱的信号被反射器聚焦返回到馈源和波导中。然后到达环流器,由环流器将其重定向到接收机电路(图13.1)。

虽然天气监视雷达的发射功率通常接近兆瓦,但接收功率范围从几毫瓦到 10^{-15} W,即比发射脉冲要小 20 个数量级!因此,接收机的第一个任务是放大这一极弱的信号。一旦充分放大,以 f 为中心的微波频率接收信号与来自附近频率 f_{LO} 的内部本振参考波混和,以在其他信号中获得以 $f-f_{\text{LO}}$ 为中心的较低中频(IF)信号。这一信号可以首先通过滤波器选择,然后,相比原始回波信号更容易放大和数字化。

如果您的雷达是在 2025 年之后制造的，那么您所在时代的接收机很可能不再需要混频步骤，数字化部件可能变得足够快，可以在微波频率上直接处理接收信号。

如前所述，天线接收的信号功率由式(3.2)决定。同时，从沿雷达指向的路径发出而接收的大气噪声为：

$$P_N = kBT_A \approx kB \left[T_{co} T(0, \infty) + \int_0^\infty \alpha(s) T(s) T(0, s) \mathrm{d}s \right] \qquad (13.3)$$

式中，P_N 是噪声功率，k 是玻尔兹曼常数$(1.381 \times 10^{-23}$ J/K$)$，B 是接收机带宽(单位：Hz)，T_A 称为天线噪声温度。如式(13.3)所示，T_A 是宇宙微波背景噪声温度 T_{co}(2.7 K)的函数，一旦穿过具有透射率为 $T(0, \infty)$ 的大气，留下的宇宙微波背景就增加了来自大气的噪声。该大气噪声由位置 s 处的比发射率(和吸收率)α 的路径积分乘以局地温度 $T(s)$ 并且由该位置和雷达之间的透射率 $T(0, s)$ 修正。注意，透射率 $T(0, s)$ 通过下式与吸收率相关联：

$$T(0, s) = \exp \left[-\int_0^s a(s') \mathrm{d}s' \right] \qquad (13.4)$$

方程(13.3)和(13.4)是传统辐射传输方程，其中忽略了散射。由于衰减，在沿路径的每个分段 $\mathrm{d}s$，朝向雷达的能量减少到其原始强度的$(1 - \alpha(s) \mathrm{d}s)$，在其位置上增加了与$(\alpha(s) T(s) \mathrm{d}s)$成正比的新的部分。信号功率 P_r 和噪声功率 P_N 由雷达同时测量，噪声充当了我们想要测量信号功率的"竞争者"。采用式(13.3)，可以证明天线温度 T_A 通常限制在两个数之间：一端，完全透明的大气(各处 $\alpha(s) = 0$ 且 $T(0, s) = 1$)将产生一个 T_{co} 的 T_A；另一端，是不透明的大气(对于很小的 s，$\alpha(s)$ 很高，此外 $T(0, s) \approx 0$)，T_A 接近环境温度 T，通常约为 290 K。在后一种情况下，对于 1 MHz 带宽的接收机，P_N 达到 4×10^{-15} W。源自大气的噪声量将天线温度 T_A 设在这两个数字之间的某个位置，一个薄的透明大气，例如在高海拔以低频率观测产生最小的噪声功率，而路径衰减变得重要的低海拔测量会受到更强的噪声影响。

但是噪声的故事并未在此结束(补充材料 e13.2)。类似的辐射传输过程发生在雷达接收机自身内部：从波导到数字转换器的每一个部分都会有一些损耗。结果，在接收机的整个链路中，噪声功率相对于信号功率增加，与信号相比，噪声从各处增加了 1～15 dB，这取决于接收机的设计和来自大气源的原始噪声强度。它是经过数字化和处理后的噪声和信号的最终组合。

在关于噪声的讨论中，提到了接收机的带宽 B。在雷达系统内的一个或多个阶段，接收的信号被滤波以仅选择预期信号功率的频率。由于接收信号的幅度和相位波动，它不是具有单一频率 f 的波，而是由以 f 为中心但带宽为 $1/\tau$ 的频率分布组成(图 13.3)。为了正确地测量反射信号，接收机必须监听该频率范围，因此带宽至少为 $1/\tau$ 的量级。然而，由于将带宽扩展到超过 $1/\tau$ 具有只是增加接收噪声的负面影响,所以接收机通常被设计为具有大约 $1/\tau$ 的带宽。对于 $1\ \mu s$ 的发射脉冲,对应于 $1\ MHz$。

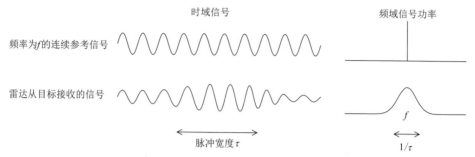

图 13.3　雷达信号带宽图示。左侧,示出了两个信号,雷达发射频率 f 处的参考信号及雷达接收的信号随时间的变化。当发射脉冲从一个距离移动到下一个距离时,由目标反射并由雷达接收的信号改变了幅度和相位。导致信号看起来在发射频率附近波动,波动率由脉冲持续时间 τ 决定,或者由雷达对完全不同的体积进行采样有多快来决定。右侧,显示了两个信号的最终功率谱。虽然参考信号只有一个频率 f,但从目标接收的信号显示以 f 为中心的频率分布,带宽接近 $1/\tau$

为了最大化雷达探测信号的能力,必须最大化信号 P_r 与噪声 P_N 的比率。在进入接收机之前,如果接收机的带宽是 $1/\tau$,则信噪比为:

$$\frac{P_r}{P_N} \approx \frac{1.22^2 \times 0.55^2 \times 10^{-18}\pi^7 c}{1024 k \log_e 2}\ \frac{P_t \tau^2 D_a^2}{\lambda^4}\ \frac{T(0,r)^2}{T_A r^2}\ \| K \|^2 Z \tag{13.5}$$

与雷达方程(3.2)相比,这一信噪比方程表明,延长发射脉冲比原先考虑的更为有利,因为更长的脉冲增加了发射的灵敏度,并允许使用更窄的接收机带宽,降低了噪声。这解释了为什么,例如,美国的 WSR-88D 雷达的晴空模式采用较长的发射脉冲具有比降水模式更高的灵敏度,其代价是由 $c\tau/(2n)$ 确定的一些距离分辨率。

13.1.4　从接收机到显示器

根据雷达系统的使用年限,接收机后面的组件会有很多变化(图 13.1)。在具有现代电子器件的系统中,模拟 IF 信号被数字化或转换成数字组,从中计算出具有相同参考信号的同相部分 $I\ (=A\cos\varphi)$ 及正交部分 $Q\ (=A\sin\varphi)$,A 是信号的幅度,φ 是相对于参考信号的相位差(图 13.4)。这些基本数据,被称之为 1 级或者 (I,Q) 数据,之后可以由通用或专用计算机进一步处理。

按照惯例,我们认为数字信号的处理是在两个不同的步骤中完成的。第一步称为信号处理。它有时是处理去除污染雷达数据的伪影,例如杂波抑制,然后进行基本量的计算,例如接收功率和多普勒速度,也称为 2 级数据。附录 A.5 介绍了一些用于计算反射率和多普勒速度的信号处理算法。第二个处理步骤是产品生成,其中

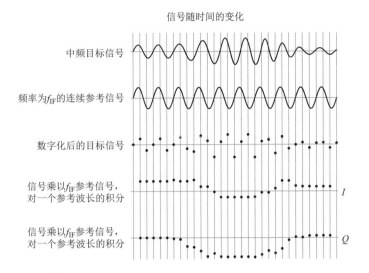

图 13.4　相对于参考信号的目标功率和相位确定过程图示。来自目标的信号（顶部波形），其频率以 $f_{IF}=f-f_{LO}$ 为中心，以规则的时间间隔数字化以获得一系列数字（第三行）。然后将这些数字与频率为 f_{IF}（第二行）的参考信号相乘，并在参考信号的一个（或几个）波长上积分，以获得 $I=A\cos\varphi$（第四行）。完成相同的操作，但是参考信号相位相差 90°，以获得 $Q=A\sin\varphi$（最后一行）。有关此过程背后的数学基础,请参见附录 A.5

进一步处理 2 级数据以生成气象使用的图像和产品，称为 3 级数据或产品。随着计算机系统变得越来越强大，信号处理越来越多地在通用计算机上执行，信号处理和产品生成之间的区别可能会变得不再那么明显。

13.2　天气回波及其涨落

如果在雷达指向的方向上只有一个目标，则在发射脉冲开始后的时间 t 测得的复合信号是：

$$I(t)+iQ(t)=A\exp[i2\pi f(t-2nr/c)]W_t(t-2nr/c) \qquad (13.6)$$

式中,i 为 −1 的平方根（参见附录 A.5 重温下复数），A 是距离雷达为 r 的目标信号幅度，发射频率为 f,n 为路径折射率,$W_t(t-2nr/c)$ 为描述发射脉冲感知形状的时间加权函数，这里为简单起见假设当 $-\tau/2 \leqslant t-2nr/c < \tau/2$ 时为该函数值 1，而其他地方为 0。如果存在多个目标，则信号变为：

$$I(t)+iQ(t)=\sum_j A_j\exp[i2\pi f(t-2nr_j/c)]W_t(t-2nr_j/c) \qquad (13.7)$$

式中,信号在由下标 j 标示的所有目标上求和。从该信号测得的功率与信号复共轭

的乘积成正比,得到:

$$P_r \propto I^2 + Q^2 = \sum_j \sum_k A_j A_k W_j W_k \cos[4\pi f n(r_j - r_k)/c] \tag{13.8}$$

式中,j 和 k 是标示各个目标振幅和距离的索引,而 $W_t(t - 2nr_j/c)$ 和 $W_t(t - 2nr_k)/c$ 已写为 W_j 和 W_k 以简化表示。回想一下 $\lambda = c/(nf)$,我们得到:

$$P_r \propto \sum_j \sum_k A_j A_k W_j W_k \cos[4\pi(r_j - r_k)/\lambda] \tag{13.9}$$

方程(13.9)表明当两个目标 j 和 k 同相时,或当 $(r_j - r_k)/(2\lambda)$ 是整数时,信号被增强,而当目标是异相的,例如当 $(r_j - r_k)/(2\lambda) = 1/2$ 时,信号减弱。我们可以将式(13.9)分为两个分量,一个是考虑到目标彼此独立产生的信号($j = k$),另一个是描述目标之间干扰的影响($j \neq k$):

$$P_r \propto \sum_j A_j^2 W_j^2 + \sum_j \sum_{k \neq j} A_j A_k W_j W_k \cos[4\pi(r_j - r_k)/\lambda] \tag{13.10}$$

式中,第一项正比于目标的数量及其各自信号幅度的平方;它是可以与各个目标属性相关联的量,例如导出雷达反射率因子(式(3.1))的散射截面(式(2.6))。第二项有时可能比第一项大得多,与这些目标物在空中的分布方式有关。如果所有目标距离(r_j-r_k)具有相同的可能性,如所预期的目标物在空间随机分布,那么当在足够长的时间内平均时,第二项趋向于零。得到的接收功率 $p(P_r)$ 的概率分布遵循负指数函数如:

$$p(P_r) \propto \frac{\exp(-P_r/\overline{P_r})}{\overline{P_r}} \tag{13.11}$$

式中,$\overline{P_r}$ 是 P_r 的平均值。由式(13.11),可导出单个功率测量具有 $\overline{P_r}$,或 100% 的不确定性,并且需要多个独立的功率测量来改善我们对平均接收功率的估计,进而改善反射率估计。式(13.10)说明目标之间的相对距离(r_j-r_k)必须在每次测量之间充分变化,平均为 $\lambda/4$ 量级,以使第二项取非常不同的值,从而可被认为是一个独立测量。

如果所有目标距离(r_j-r_k)在由脉冲权重函数 W 定义的雷达采样体积内可能性不一致,则会出现一个有趣的问题。特别是,如果目标倾向于聚集在一起,较小的(r_j-r_k)比较大的(r_j-r_k)更容易发生,在这种情况下,不能保证第二项的平均值趋于零。有雷达数据可以证明,在比雷达脉冲采样体积更大的尺度上,降水场自身在天气系统中组织成簇、嵌入到线状回波的单体或单体群组。当湍流充分时,人们可以直观地观察到雨滴聚集到 1 m 或更小的尺度(参见补充电子材料 e13.3)。值得注意的是,正是这种由湍流组织的聚集过程,其作用于温度和湿度场(图 2.3),产生了布拉格散射和通常在较长波长雷达下观察到的晴空回波。在小尺度上,对于降水大小的目标,两个过程相互对立。一方面,正如 Richardson 1922 年充满诗意的描述,"大的旋风几乎不旋转,它们以速度为源;小的旋风旋转不强,黏度也不大":湍流从大尺度级联到小尺度,并且正是湍流将所有气象场拉伸并折叠成具有低至毫米尺度结构的形态。另一方面，水凝物具有不同的下落速度，因此任何水凝物簇都倾向于快速垂直扩散，导致类似于垂直混合的过程，这种过程破坏了小尺度的簇；它还导致在垂直指向雷达上常见的降水拖曳的扩散（图 4.5 和图 9.5）。请注意，第二个过程特定于雪、雨等水凝物，而不适用于云、温度和湿度。目标聚簇的幅度以及其对雷达测量的影响仍然不确定，有关该主题的文献经常令人困惑或误导。但我们确实相信在大多数降雨条件下它不应超过几个分贝（dB）；否则目前在雷达和雨滴成像仪估算之间的不匹配应该是显而易见的。

13.3　测量的代表性

在每个距离库、方位角和仰角，雷达测量好几个观测量场。大气特性的每次观测都在由雷达脉冲和天线照射模式决定的采样体积内进行。但是这个采样体积没有一个简单的形状。在观测范围内，它由脉冲长度以及接收机内的滤波器如何部分变形来确定。在方位角和仰角上，它由 G^2（天线增益的平方）整形，这是一个没有尖锐边界的复杂加权函数，接着其在进行测量时通过天线运动进一步平滑。理想情况下，气象学家们希望在一个点上，或者在表示具有简单边界的一个体积（例如球体、立方体或具有盒子形状的体积）上测量其平均值。但这不是雷达提供的测量。因此，当我们假设雷达测量值对应于在一个点上的测量或在一个简单体积上的平均值时，我们会产生一个称为代表性误差的解释误差。代表性误差的大小取决于被采样场的空间变异性以及实际和假设的采样体积之间的不匹配性。然后，这些错误会对我们能将雷达测量的结果用得多好或对其进一步解释产生各种影响。

13.3.1　反射率的代表性误差

当测量的场在实际或假设的采样体积尺度上具有大的可变性时，就会出现代表性误差。该描述适用于由雷达测量的所有场，特别是反射率。内容丰富的图 13.5 将用于逐步说明这一问题。

考虑由垂直指向雷达收集的图 13.5a 中原始高分辨率反射率场。让我们假设它是一个固定距离的真实的场，并模拟在不同距离扫描雷达所测量的内容。图 13.5b 和图 13.5c 说明了如果在方位角和仰角上的观测具有非常高的数据分辨率，像 WSR-88D（用 1°波束宽度和 0.5°方位角扫描）的雷达将在 30 和 120 km 处看到什么。正如所预期的那样，风暴的结构被雷达波束平滑，因此大部分小尺度的细节在远距离处会消失。但是，系统的变化更为重要。在远距离处，回波图在垂直方向扩散，因此波束底部的强回波看起来好像它们是波束中心的较弱回波。这种不完整或部分波束填充可能导致对风暴回波顶和风暴结构的误解。此外，实际上，只会观测到这些点的一个子集，每个仰角和每 0.5°方位角一个，这将进一步使得代表性问题复杂化。

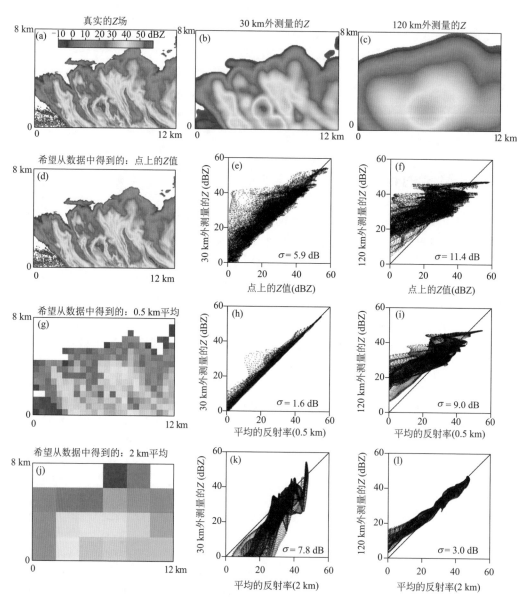

图 13.5　反射率代表性错误重要性图示。第一行:原始距离-高度剖面(a),假定处于恒定距离,以及在(b)30 km 和(c)120 km 距离处雷达观测的结果。第二行:假设希望的场是点值,希望的场显示在(d)中,(e)和(f)分别是在 30 和 120 km 范围内的估计的与真实的点反射率散点图。第三行:与第二行类似,但希望的场是 0.5 km 平均。第四行:与第二行类似,但希望的场是 2 km 平均。可以把这个图看作是一个表,顶行显示测量的场,最左边的列显示所需的场,每个行列的散点图显示每个测量场和每个所需场之间的比较。在散点图上,标示了测量和所需反射率之间的平均误差(标准偏差)

让我们使用同样的例子来评估代表性误差。如果假设测量的反射率代表波束中心的反射率,图 13.5e 和图 13.5f 分别表示在 30 和 120 km 距离处产生的误差大小。对于这个例子,30 km 处的代表性误差平均为 6 dB 或反射率的因子为 4,在 120 km 距离处攀升至 11 dB。此外,随着采样体积之间的失配增加,高分辨率图像上的弱反射率值的雷达测量越来越被高估,而强反射率值变得越来越被低估。即使做出更好的代表性假设,例如试图将半径为 0.5 km 边长的立方体与在 30 km(sin1°×30 km≈0.5 km)处观察到的模式匹配,误差会更小一些,但仍然超过典型的测量误差。并且当预期的和实际的采样体积不匹配时(例如,图 13.5i 和图 13.5j),代表性错误通常是巨大的。

这项练习的一个重要结论是,将来自一部雷达的观测与来自其他仪器或模式的具有不同视角或平均几何结构的观测或估计结果进行配对始终是困难的。在比较雷达和雨量计降水估计值以得到反射率-降雨率关系、使用两部雷达进行多个多普勒分析或者利用雷达观测来约束模式导出降水估计就是这种情况。例如,在将雷达数据同化到模式中时,必须量化这些代表性误差。

13.3.2 其他雷达场的代表性误差

反射率不是唯一受代表性误差影响的场,但由于其他场的动态范围和空间变化较小,因此产生的误差通常不太重要,但也不足以被忽略。然而,还有一个额外的复杂因素:所有其他雷达测量都是反射率加权的。例如,如果雷达观测波束中心的两个目标,一个以 2 m/s 移动的小目标和一个以 4 m/s 移动的大目标,雷达测量的速度是多少?答案不是 3 m/s,而是更大的值,因为具有最强回波的目标将主导信号。这至少有两个含义。首先,诸如多普勒速度、差分反射率和差分相移这样的场更能代表较大目标而非较小目标的性质。例如,对于强降雨,对雨量贡献最大的直径 $D(N(D)D^3$ 中的峰值)大约为 2 mm,这一直径对反射率贡献最大($N(D)D^6dD$ 的峰值),因此对于其他雷达测量场,大约是其两倍。其次,如果存在强反射率梯度,则具有较强反射率波束部分内的目标特性可能主导波束中心处的目标特性。例如,图 13.5c 中在真实回波顶部测量的风实际上发生在波束中心下方,因此在 8 km 高度附近测得的多普勒速度实际上来自 7 km 以下。在这种情况下,将雷达测量结果解释为代表在 8 km 处发生将是一个错误,这一结果将会影响进一步的数据解释,例如垂直切变的估计以及数据同化技术。

目标特性的反射率加权,特别是强梯度存在的情况下,可能导致非预期的测量,例如风暴单体后面的负 K_{dp}。图 13.6 描述了测量的 Φ_{dp} 如何在局部减小,即使沿着单个射线或部分波束的 Φ_{dp} 随距离增加而增加。这个过程是在没有任何差分后向散射相位延迟 δ_{co} 贡献的情况下发生的,这在强降水中也容易发生,只是因为遇到反射率的变化,每条射线对与总信号的贡献差异。每条射线 Φ_{dp} 的这种变化也将导致强降水梯度在离开雷达方向 ρ_{co} 减小,这种现象通常归因于波束部分充塞。

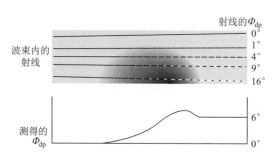

图 13.6　在波束内存在反射率梯度的情况下如何测量负的 K_{dp} 示意图解。顶图,一个波束内由五条射线,其增益相同,擦过以较暗的灰色阴影表示的反射率最大值。结果是每条射线的延迟不同,延迟的大小由每条射线上的白色虚线表示,右侧给出总数。但即使每条射线的 Φ_{dp} 随距离系统地增加,由雷达测量的 Φ_{dp} 还是由局部具有最高反射率的射线控制,这也是具有最大延迟的射线。结果,下图测得的作为距离函数的反射率加权 Φ_{dp} 显示出反射率梯度后减小的 Φ_{dp}

13.3.3　最小化代表性误差

如果必须将来自雷达的测量与来自其他仪器的测量相结合,则将代表性误差最小化变得至关重要。图 13.5 很好地说明了当两个仪器采样的体积的大小和形状变得相似时,这些误差的大小是如何减小的。因为通常更容易降低而非增加测量的分辨率,所以最简单的解决方案是平滑或组合较高分辨率场的相邻测量以模拟较低分辨率场的加权函数。然而,当组合来自具有复杂且不一致波束形状的两部雷达测量结果时,或者当同化来自雷达和具有非常不同形状的加权函数的另一仪器或模式网格数据时,这种方法是不可行的。这种情况下,降低两个数据集的分辨率直到它们的平均体积变得足够相似仍然是唯一的解决方案。例如,在尝试进行多重多普勒分析时,就学习了这些经验:平滑或者不考虑小尺度的回波形态模式,通常都会产生更好的结果,因为平滑可以使由代表性错误引起的不匹配最小化。

13.4　下一步我们去哪里

本章这个范围较广的概述说明的是,正确解释和使用雷达数据需要我们注意测量如何进行并且如何解释测量的细节。在这方面,雷达可能是一项非常难以使用的仪器。对于大多数雷达数据用户感兴趣的定性和半定量应用,这些问题在很大程度上是无关紧要的,这就是我选择仅在本书末尾提及它们的原因。但是,当雷达被定量使用时,对于这些因素的考虑必须受到很大关注,要远远超过现在的常态。话虽如此,雷达仍然是我们用来测量风暴的最好的仪器,特别是在次天气尺度。因此,我们别无选择,只能应对这些挑战。

　　但这不应成为绝望或放弃的理由。自 20 世纪 40 年代开始以来，雷达用于气象学已经取得了巨大的进步，并将在未来继续得到发展。我们必须接受面对挑战，因为忽视它们就会导致最终的失败。研究论文、许多雷达气象学和水文学会议的预印本以及偶尔的评论书籍都证明了我们这个领域的活力。这些也构成了值得探索的巨大宝库。

　　尽管未来可能取得进展，但很难设想任何可以取代雷达并提供类似风暴信息的遥感技术的物理基础。因此，雷达在气象学中的应用仍然存在。然而，未来将采用何种形态和形式将留待大家去想象。

参考文献 *

Alexander, C. R., S. S. Weygandt, T. G. Smirnova, *et al.*, 2010: High Resolution Rapid Refresh (HRRR): Recent enhancements and evaluation during the 2010 convective season. Preprints, *25th Conference on Severe Local Storms*, Denver, CO, October 11–14, 2010, American Meteorological Society, 9.2.

American Meteorological Society, cited 2014: Baroclinic instability. Glossary of meteorology. [Available online at: http://glossary.ametsoc.org/wiki/Baroclinic_instability].

Anderson, J. L., T. Hoar, K. Raeder, *et al.*, 2009: The Data Assimilation Research Testbed: A community facility. *Bulletin of the American Meteorological Society*, **90**, 1283–1296.

Angevine, W. M., A. W. Grimsdell, L. M. Hartten, and A. C. Delany, 1998: The Flatland Boundary Layer Experiments. *Bulletin of the American Meteorological Society*, **79**, 419–431.

Atlas, D., 1955: The origin of "stalactites" in precipitation echoes. *Proceedings of the Fifth Weather Radar Conference,* U.S. Signal Corps Engineering Laboratory, Fort Monmouth, NJ, September 12–15, 1955, American Meteorological Society, 321–328.

Atlas, D. (ed.), 1990: *Radar in Meteorology.* Boston, MA, American Meteorological Society, 806 pp.

Atlas, D., and C. W. Ulbrich, 1977: Path- and area-integrated rainfall measurement by microwave attenuation in the 1–3cm band. *Journal of Applied Meteorology*, **16**, 1322–1331.

Bally, J., 2004: The Thunderstorm Interactive Forecast System: Turning automated thunderstorm tracks into severe weather warnings. *Weather Forecasting*, **19**, 64–72.

Bannister, R. N., 2008: A review of forecast error covariance statistics in atmospheric variational data assimilation. II: Modelling the forecast error covariance statistics. *Quarterly Journal of the Royal Meteorological Society*, **134**, 1971–1996.

Bean, B. R., and E. J. Dutton, 1966: *Radio Meteorology.* National Bureau of Standards Monograph #92, U.S. Government Printing Office, 435 pp.

Bellon, A., and G. L. Austin, 1978: The evaluation of two years of a real-time operation of a short-term precipitation forecasting procedure (SHARP). *Journal of Applied Meteorology*, **17**, 1778–1787.

Bellon, A., and F. Fabry, 2014: Real-time radar reflectivity calibration from differential phase measurements. *Journal of Atmospheric and Oceanic Technology*, **31**, 1089–1097.

Berenguer, M., and I. Zawadzki, 2008: A study of the error covariance matrix of radar rainfall estimates in stratiform rain. *Weather and Forecasting*, **23**, 1085–1101.

Berenguer, M., D. Sempere-Torres, and G. G. S. Pegram, 2011: SBMcast – An ensemble nowcasting technique to assess the uncertainty in rainfall forecasts by Lagrangian extrapolation. *Journal of Hydrology*, **404**, 226–240.

---

* 参考文献沿用原版书中内容，未改动。

Berne, A., and W. F. Krajewski, 2013: Radar for hydrology: Unfulfilled promise or unrecognized potential? *Advances in Water Resources*, **51**, 357–366.

Bowler, N. E., C. E. Pierce, and A. W. Seed, 2004: Development of a precipitation now-casting algorithm based upon optical flow techniques. *Journal of Hydrology*, **288**, 74–91.

Brandes, E. A., and K. Ikeda, 2004: Freezing-level estimation with polarimetric radar. *Journal of Applied Meteorology*, **43**, 1541–1553.

Bringi, V. N., and V. Chandrasekar, 2001: *Polarimetric Doppler Weather Radar.* Cambridge, Cambridge University Press, 636 pp.

Brown, R. A., and V. T. Wood, 2006: *A Guide for Interpreting Doppler Velocity Patterns: Northern Hemisphere Edition.* Published by the National Severe Storms Laboratory. [Available at: www.nssl.noaa.gov/publications/dopplerguide/Doppler%20Guide%202nd%20Ed.pdf].

Chandrasekar, V., and S. Lim, 2008: Retrieval of reflectivity in a networked radar environ-ment. *Journal of Atmospheric and Oceanic Technology*, **25**, 1755–1767.

Chandrasekar, V., R. Meneghini, and I. Zawadzki, 2003: Global and local precipitation measurements by radar. In *Radar and Atmospheric Science: A Collection of Essays in Honor of David Atlas*, R. M. Wakimoto and R. C. Srivastava (eds.). American Meteorological Society Monograph #52, 215–236.

Chilson, P. B., W. F. Frick, J. F. Kelly, *et al.*, 2012: Partly cloudy with a chance of migration – Weather, radars, and aeroecology. *Bulletin of the American Meteorological Society*, **93**, 669–686.

Clark, R. A., and D. R. Greene, 1972: Vertically integrated liquid water – A new analysis tool. *Monthly Weather Review*, **100**, 548–552.

Cohn, S. A., W. O. J. Brown, C. L. Martin, *et al.*, 2001: Clear air boundary layer spaced antenna wind measurement with the Multiple Antenna Profiler (MAPR). *Annals of Geophysics*, **19**, 845–854.

de Elía, R., and I. Zawadzki, 2000: Sidelobe contamination in bistatic radars. *Journal of Atmospheric and Oceanic Technology*, **17**, 1313–1329.

Delrieu, G., S. Caoudal, and J. D. Creutin, 1997: Feasibility of using mountain return for the correction of ground-based X-band weather radar data. *Journal of Atmospheric and Oceanic Technology*, **14**, 367–385.

Delrieu, G., A. Wijbrans, B. Boudevillain, *et al.*, 2014: Geostatistical radar–raingauge merging: A novel method for the quantification of rain estimation accuracy. *Advances in Water Resources*, **71**, 110–124.

Dixon, M., and G. Weiner, 1993: TITAN, Thunderstorm Identification, Tracking, Analysis and Nowcasting – A radar-based methodology. *Journal of Atmospheric and Oceanic Technology*, **10**, 785–797.

Donaldson, N., 2012: Interaction between beam blockage and vertical reflectivity gradi-ents. *Proceedings of the Seventh European Conference on Radar in Meteorology and Hydrology*, Toulouse, France, June 24–29, 2012, Paper 8A.1, 5 pp. [Available at: http://www.meteo.fr/cic/meetings/2012/ERAD/extended_abs/DQ_080_ext_abs.pdf].

Ellis, S. M., and J. Vivekanandan, 2010: Water vapor estimates using simultaneous dual-wavelength radar observations. *Radio Science*, **45**, RS5002, doi:10.1029/2009RS004280.

Fabry, F., 1993: Wind profile estimation by conventional radars. *Journal of Applied Meteorology*, **32**, 40–49.

Fabry, F., 2006: The spatial structure of moisture near the surface: Project-long characterization. *Monthly Weather Review*, **134**, 79–91.

Fabry, F., and R. J. Keeler, 2003: Innovative signal utilization and processing. In *Radar and Atmospheric Science: A Collection of Essays in Honor of David Atlas*, R. M. Wakimoto and R. C. Srivastava (eds.). American Meteorological Society Monograph #52, 199–214.

Fabry, F., and A. Seed, 2009: Quantifying and predicting the accuracy of radar-based quantitative precipitation forecasts. *Advances in Water Resources*, **32**, 1043–1049.

Fabry, F., and I. Zawadzki, 1995: Long-term radar observations of the melting layer of precipitation and their interpretation. *Journal of the Atmospheric Sciences*, **52**, 838–851.

Fabry, F., and I. Zawadzki, 2001: New observational technologies: Scientific and societal impacts. In *Meteorology at the Millennium*, R. B. Pearce (ed.). London, UK, Academic Press, 72–82.

Fabry, F., G. L. Austin, and D. Tees, 1992: The accuracy of rainfall estimates by radar as a function of range. *Quarterly Journal of the Royal Meteorological Society*, **118**, 435–453.

Fabry, F., I. Zawadzki, and S. Cohn, 1993: The influence of stratiform precipitation on shallow convective rain: A case study. *Monthly Weather Review*, **121**, 3312–3325.

Fabry, F., A. Bellon, M. R. Duncan, and G. L. Austin, 1994: High resolution rainfall measurement by radar for very small basins: The sampling problem reexamined. *Journal of Hydrology*, **161**, 415–428.

Fabry, F., B. J. Turner, and S. A. Cohn, 1995: The University of Wyoming King Air educational initiative at McGill. *Bulletin of the American Meteorological Society*, **76**, 1806–1811.

Fabry, F., C. Frush, I. Zawadzki, and A. Kilambi, 1997: On the extraction of near-surface index of refraction using radar phase measurements from ground targets. *Journal of Atmospheric and Oceanic Technology*, **14**, 978–987.

Fleming, J. R. (ed.), 1996: *Historical Essays on Meteorology 1919–1995*. Boston, MA, American Meteorological Society, 618 pp.

Frisch, A. S., C. W. Fairall, and J. B. Snyder, 1995: Measurement of stratus cloud and drizzle parameters in ASTEX with a K-α-band Doppler radar and a microwave radiometer. *Journal of the Atmospheric Sciences*, **52**, 2788–2799.

Frush, C., R. J. Doviak, M. Sachidananda, and D. S. Zrnić, 2002: Application of the SZ phase code to mitigate range–velocity ambiguities in weather radars. *Journal of Atmospheric and Oceanic Technology*, **19**, 413–430.

Fulton, R. A., J. P. Breidenbach, D.-J. Seo, D. A. Miller, and T. O'Bannon, 1998: The WSR-88D rainfall algorithm. *Weather and Forecasting*, **13**, 377–395.

Gao, J., M. Xue, K. Brewster, and K. K. Droegemeier, 2004: A three-dimensional variational data analysis method with recursive filter for Doppler radars. *Journal of Atmospheric and Oceanic Technology*, **21**, 457–469.

Ge, G., J. Gao, K. Brewster, and M. Xue, 2010: Impacts of beam broadening and Earth curvature on storm-scale 3D variational data assimilation of radial velocity with two Doppler radars. *Journal of Atmospheric and Oceanic Technology*, **27**, 617–636.

Geerts, B., and Q. Miao, 2005: The use of millimeter Doppler radar echoes to estimate vertical air velocities in the fair-weather convective boundary layer. *Journal of Atmospheric and Oceanic Technology*, **22**, 225–246.

Germann, U., and I. Zawadzki, 2002: Scale-dependence of the predictability of precipitation from continental radar images. Part I: Description of the methodology. *Monthly Weather Review*, **130**, 2859–2873.

Germann, U., G. Galli, M. Boscacci, and M. Bolliger, 2006: Radar precipitation measurement in a mountainous region. *Quarterly Journal of the Royal Meteorological Society*, **132**, 1669–1692.

Giangrande, S. E., E. P. Luke, and P. Kollias, 2012: Characterization of vertical velocity and drop size distribution parameters in widespread precipitation at ARM facilities. *Journal of Applied Meteorology and Climatology*, **51**, 380–391.

Goddard, J. W. F., 1994: Technique for calibration of meteorological radars using differential phase. *Electronics Letters*, **30**, 166–167.

Gunn, R., and G. D. Kinzer, 1949: The terminal velocity of fall for water droplets in stagnant air. *Journal of Meteorology*, **6**, 243–248.

Habib, E., and W. F. Krajewski, 2002: Uncertainty analysis of the TRMM ground-validation radar-rainfall products: Application to the TEFLUN-B field campaign. *Journal of Applied Meteorology*, **41**, 558–572.

Harrison, D. L., K. Norman, C. Pierce, and N. Gaussiat, 2012: Radar products for hydrological applications in the UK. *Proceedings of the ICE – Water Management*, **165**, 89–103.

Hitschfeld, W., and J. Bordan, 1954: Errors inherent in the radar measurement of rainfall at attenuating wavelengths. *Journal of Meteorology*, **11**, 58–67.

Hocking, W. K., 2011: A review of Mesosphere–Stratosphere–Troposphere (MST) radar developments and studies, circa 1997–2008. *Journal of Atmospheric and Solar-Terrestrial Physics*, **73**, 848–882.

Hogan, R. J., C. Jakob, and A. J. Illingworth, 2001: Comparison of ECMWF winter-season cloud fraction with radar-derived values. *Journal of Applied Meteorology*, **40**, 513–525.

Houze, R. A., and P. V. Hobbs, 1982: Organization and structure of precipitating cloud systems. *Advances in Geophysics*, **24**, 225–315.

Huuskonen, A., E. Saltikoff, and I. Holleman, 2014: The operational weather radar network in Europe. *Bulletin of the American Meteorological Society*, **95**, 897–907.

Illingworth, A. J., R. J. Hogan, E. J. O'Connor, *et al.*, 2007: Cloudnet. *Bulletin of the American Meteorological Society*, **88**, 883–898.

Joe, P., S. Dance, V. Lakshmanan, *et al.*, 2012: Automated processing of Doppler radar data for severe weather warnings. In *Doppler Radar Observations – Weather Radar, Wind Profiler, Ionospheric Radar, and Other Advanced Applications*, J. Bech and J. L. Chau (eds.). Rijeka, Croatia, InTech, 33–74.

Johnson, J. T., P. L. MacKeen, A. Witt, *et al.*, 1998: The storm cell identification and tracking algorithm: An enhanced WSR-88D algorithm. *Weather and Forecasting*, **13**, 263–276.

Jorgensen, D. P., and T. M. Weckwerth, 2003: Forcing and organization of convective systems. In *Radar and Atmospheric Science: A Collection of Essays in Honor of David*

Atlas, R. M. Wakimoto and R. C. Srivastava (eds.). Boston, MA, American Meteorological Society, 75–103.

Jorgensen, D. P., T. Matejka, and J. D. DuGranrut, 1996: Multi-beam techniques for deriving wind fields from airborne Doppler radars. *Meteorology and Atmospheric Physics*, **59**, 83–104.

Joss, J., and A. Waldvogel, 1970: Raindrop size distributions and Doppler velocities. Preprints, *14th Radar Meteorology Conference*, Tucson, AZ, American Meteorological Society, 153–156.

Joss, J., and A. Waldvogel, 1990: Precipitation measurement and hydrology. In *Radar in Meteorology*, D. Atlas (ed.). Boston, MA, American Meteorological Society, 577–606.

Kay, J. E., and A. Gettelman, 2009: Cloud influence on and response to seasonal Arctic sea ice loss. *Journal of Geophysical Research*, **114**, D18204, doi:10.1029/2009JD011773.

Knight, C. A., and L. J. Miller, 1998: Early radar echoes from small, warm cumulus: Bragg and hydrometeor scattering. *Journal of the Atmospheric Sciences*, **55**, 2974–2992.

Kollias, P., B. A. Albrecht, R. Lhermitte, and A. Savtchenko, 2001: Radar observations of updrafts, downdrafts, and turbulence in fair-weather cumuli. *Journal of the Atmospheric Sciences*, **58**, 1750–1766.

Kollias, P., E. E. Clothiaux, M. A. Miller, *et al.*, 2007: Millimeter-wavelength radars: new frontier in atmospheric cloud and precipitation research. *Bulletin of the American Meteorological Society*, **88**, 1608–1624.

Kucera, P. A., W. F. Krajewski, and C. B. Young, 2004: Radar beam occultation studies using GIS and DEM technology: An example study. *Journal of Atmospheric and Oceanic Technology*, **21**, 995–1006.

Kumjian, M. R., 2013a: Principles and applications of dual-polarization weather radar. Part II: Warm- and cold-season applications. *Journal of Operational Meteorology*, **1**, 243–264.

Kumjian, M. R., 2013b: Principles and applications of dual-polarization weather radar. Part III: Artifacts. *Journal of Operational Meteorology*, **1**, 265–274.

Kumjian, M. R., A. V. Ryzhkov, H. D. Reeves, and T. J. Schuur, 2013: A dual-polarization radar signature of hydrometeor refreezing in winter storms. *Journal of Applied Meteorology and Climatology*, **52**, 2549–2566.

Lauri, T., J. Koistinen, and D. Moisseev, 2012: Advection-based adjustment of radar measurements. *Monthly Weather Review*, **140**, 1014–1022.

Lazo, J. K., R. E. Morss, and J. L. Demuth, 2009: 300 billion served: Sources, perceptions, uses, and values of weather forecasts. *Bulletin of the American Meteorological Society*, **90**, 785–798.

Lee, G. W., and I. Zawadzki, 2005a: Variability of drop size distributions: Time-scale dependence of the variability and its effects on rain estimation. *Journal of Applied Meteorology*, **44**, 241–255.

Lee, G. W., and I. Zawadzki, 2005b: Variability of drop size distributions: Noise and noise filtering in disdrometric data. *Journal of Applied Meteorology*, **44**, 634–652.

Lee, G. W., and I. Zawadzki 2006: Radar calibration by gage, disdrometer, and polari-metry: Theoretical limit caused by the variability of drop size distribution and application to fast scanning operational radar data. *Journal of Hydrology*, **328**, 83–97.

Lee, W.-C., F. D. Marks, and C. Walther, 2003: Airborne Doppler radar data analysis workshop. *Bulletin of the American Meteorological Society*, **84**, 1063–1075.

Lemon, L. R., 1980: Severe thunderstorm radar identification techniques and warning criteria. *NOAA Technical Memorandum NWS NSSFC-3*, NOAA National Severe Storms Forecast Center, Kansas City, MO.

Lewis, J. M., S. Lakshmivarahan, and S. Dhall, 2006: *Dynamic Data Assimilation: A Least Squares Approach*. Cambridge, UK, Cambridge Press, 680 pp.

Lhermitte, R. M., 1988: Observations of rain at vertical incidence with a 94 GHz Doppler radar: An insight of Mie scattering. *Geophysical Research Letters*, **15**, 1125–1128.

Li, J., and K. Nakamura, 2002: Characteristics of the mirror image of precipitation observed by the TRMM precipitation radar. *Journal of Atmospheric and Oceanic Technology*, **19**, 145–158.

Luke, E. P., and P. Kollias, 2013: Separating cloud and drizzle radar moments during precipitation onset using Doppler spectra. *Journal of Atmospheric and Oceanic Technology*, **30**, 1656–1671.

Mahrt, L., and D. Vickers, 2005: Boundary-layer adjustment over small-scale changes of surface heat flux. *Boundary Layer Meteorology*, **116**, 313–330.

Markowski, P., and Y. Richardson, 2010: *Mesoscale Meteorology in Midlatitudes*. Chichester, UK, Wiley, 430 pp.

Markowski, P., Y. Richardson, J. Marquis, *et al.*, 2012: The pretornadic phase of the Goshen County, Wyoming, supercell of 5 June 2009 intercepted by VORTEX2. Part I: Evolution of kinematic and surface thermodynamic fields. *Monthly Weather Review*, **140**, 2887–2915.

Marshall, J. S., 1953: Precipitation trajectories and patterns. *Journal of Meteorology*, **10**, 25–29.

Marshall, J. S., and W. Hitschfeld, 1953: Interpretation of the fluctuating echo from randomly distributed scatterers. Part 1. *Canadian Journal of Physics*, **31**, 962–994.

Marshall, J. S., and W. McK. Palmer, 1948: The distribution of raindrops with size. *Journal of Meteorology*, **5**, 165–166.

Marshall, J. S., R. C. Langille, and W. McK. Palmer, 1947: Measurement of rainfall by radar. *Journal of Meteorology*, **4**, 186–192.

Melnikov, V., and S. Matrosov, 2013: Radar measurements of the axis ratios of cloud particles. Proceedings, *36th Conference on Radar Meteorology*, Breckenridge, CO, September 16–20, 2013, American Meteorological Society.

Meneghini, R., T. Iguchi, T. Kozu, *et al.*, 2000: Use of the surface reference technique for path attenuation estimates from TRMM precipitation radar. *Journal of Applied Meteorology*, **39**, 2053–2070.

Mittermaier, M. P., R. J. Hogan, and A. J. Illingworth, 2004: Using mesoscale model winds for correcting wind-drift errors in radar estimates of surface rainfall. *Quarterly Journal of the Royal Meteorological Society*, **130**, 2105–2123.

Mohr, C. G., and L. J. Miller, 1983: CEDRIC – A software package for Cartesian space editing, synthesis, and display of radar fields under interactive control. Preprints, *21st Conference on Radar Meteorology*. Edmonton, AB, Canada, September 19–23, 1983, American Meteorological Society, 569–574.

Mueller, C., T. Saxen, R. Roberts, *et al.*, 2003: NCAR auto-nowcast system. *Weather Forecasting*, **18**, 545–561.

Nesbitt, S. W., and A. M. Anders, 2009: Very high resolution precipitation climatologies from the Tropical Rainfall Measuring Mission precipitation radar. *Geophysical Research Letters*, **36**, doi:10.1029/2009GL038026.

Nicol, J. C., A. J. Illingworth, T. Darlington, and M. Kitchen, 2013: Quantifying errors due to frequency changes and target location uncertainty for radar refractivity retrievals. *Journal of Atmospheric and Oceanic Technology*, **30**, 2006–2024.

Parent du Châtelet, J., C. Boudjabi, L. Besson, and O. Caumont, 2012: Errors caused by long-term drifts of magnetron frequencies for refractivity measurement with a radar: Theoretical formulation and initial validation. *Journal of Atmospheric and Oceanic Technology*, **29**, 1428–1434.

Park, H. S., A. V. Ryzhkov, D. S. Zrnić, K.-E. Kim, 2009: The hydrometeor classification algorithm for the polarimetric WSR-88D: Description and application to an MCS. *Weather Forecasting*, **24**, 730–748.

Pierce, C., A. Seed, S. Ballard, D. Simonin, and Z. Li, 2012: Nowcasting. In *Doppler Radar Observations – Weather Radar, Wind Profiler, Ionospheric Radar, and Other Advanced Applications*, J. Bech and J. L. Chau (eds.). Rijeka, Croatia, InTech, 97–142.

Politovitch, M. K., and B. C. Bernstein, 1995: Production and depletion of supercooled liquid water in a Colorado winter storm. *Journal of Applied Meteorology*, **34**, 2631–2648.

Pruppacher, H. R., and K. V. Beard, 1970: A wind tunnel investigation of the internal circulation and shape of water drops falling at terminal velocity in air. *Quarterly Journal of the Royal Meteorological Society*, **96**, 247–256.

Radhakrishna, B., I. Zawadzki, and F. Fabry, 2012: Predictability of precipitation from continental radar images. Part V: Growth and decay. *Journal of the Atmospheric Sciences*, **69**, 3336–3349.

Roberts, R. D., F. Fabry, P. C. Kennedy, *et al.*, 2008: REFRACTT-2006: Real-time retrieval of high-resolution, low-level moisture fields from operational NEXRAD and research radars. *Bulletin of the American Meteorological Society*, **89**, 1535–1548.

Roberts, R. D., A. R. S. Anderson, E. Nelson, *et al.*, 2012: Impacts of forecaster involvement on convective storm initiation and evolution nowcasting. *Weather and Forecasting*, **27**, 1061–1089.

Rosenfeld, D., and C. W. Ulbrich, 2003: Cloud microphysical properties, processes, and rainfall estimation opportunities. In *Radar and Atmospheric Science: A Collection of Essays in Honor of David Atlas*, R. M. Wakimoto and R. C. Srivastava (eds.). Boston, MA, American Meteorological Society, 270 pp.

Rotunno, R., J. B. Klemp, and M. L. Weisman, 1988: A theory for strong, long-lived squall lines. *Journal of the Atmospheric Sciences*, **45**, 463–485.

Ryzhkov, A. V., T. J. Schuur, D. W. Burgess, *et al.*, 2005: The joint polarization experiment: Polarimetric rainfall measurements and hydrometeor classification. *Bulletin of the American Meteorological Society*, **86**, 809–824.

Ryzhkov, A., M. Diederich, P. Zhang, and C. Simmer, 2014: Potential utilization of specific attenuation for rainfall estimation, mitigation of partial beam blockage, and radar networking. *Journal of Atmospheric and Oceanic Technology*, **31**, 599–619.

Sachidananda, M., and D. S. Zrnić, 1986: Differential propagation phase shift and rainfall rate estimation. *Radio Science*, **21**, 235–247.

Sachidananda, M., and D. S. Zrnić, 1999: Systematic phase codes for resolving range overlaid signals in a Doppler weather radar. *Journal of Atmospheric and Oceanic Technology*, **16**, 1351–1363.

Saltikoff, E., H. Hohti, and P. Lopez, 2014: Some challenges of QPE in snow. Proceedings, *the Eighth European Conference on Radar in Meteorology and Hydrology*, Garmisch-Partenkirchen, Germany, September 1–5, 2014. [Available at: http://www.pa.op.dlr.de/erad2014/programme/ExtendedAbstracts/036_Saltikoff.pdf].

Seed, A. W., 2003: A dynamic and spatial scaling approach to advection forecasting. *Journal of Applied Meteorology*, **42**, 381–388.

Seliga, T. A., and V. N. Bringi, 1976: Potential use of radar differential reflectivity measurements at orthogonal polarizations for measuring precipitation. *Journal of Applied Meteorology*, **15**, 69–76.

Sirmans, D., D. S. Zrnić, and B. Bumgarner, 1976: Extension of maximum unambiguous Doppler velocity by use of two sampling rates. Preprints, *17th Conference on Radar Meteorology*, Seattle WA, October 26–29, 1976, American Meteorological Society, 23–28.

Skolnik, M., 2008: *Radar Handbook*, 3rd edn. New York NY, McGraw Hill, 1328 pp.

Steiner, M., R. A. Houze Jr., and S. E. Yuter, 1995: Climatological characterization of three-dimensional storm structure from operational radar and rain gauge data. *Journal of Applied Meteorology*, **34**, 1978–2007.

Stimson, G. W., 1998: *Introduction to Airborne Radar*, 2nd edn. Mendham, NJ, Scitech Publishing, 576 pp.

Stumpf, G. J., A. Witt, E. D. Mitchell, *et al.*, 1998: The National Severe Storms Laboratory mesocyclone detection algorithm for the WSR-88D. *Weather and Forecasting*, **13**, 304–326.

Sun, J., and N. A. Crook, 1997: Dynamical and microphysical retrieval from Doppler radar observations using a cloud model and its adjoint. Part I: Model development and simulated data experiments. *Journal of Atmospheric Sciences*, **54**, 1642–1661.

Sun, J., and J. W. Wilson, 2003: The assimilation of radar data for weather prediction. In *Radar and Atmospheric Science: A Collection of Essays in Honor of David Atlas*, R. M. Wakimoto and R. C. Srivastava (eds.). Boston, MA, American Meteorological Society, 175–198.

Tabary, P., 2007: The new French operational radar rainfall product. Part I: Methodology. *Weather and Forecasting*, **22**, 393–408.

Tatarskii, V. I, 1971: *The Effects of the Turbulent Atmosphere on Wave Propagation* (translated from Russian by the Israel Program for Scientific Translations Ltd, ISBN 0 7065 0680 4), Reproduced by National Technical Information Service, US Department of Commerce, Springfield, VA.

Testud, J., E. Le Bouar, E. Obligis, and M. Ali-Mehenni, 2000: The rain profiling algorithm applied to polarimetric weather radar. *Journal of Atmospheric and Oceanic Technology*, **17**, 332–356.

Thompson, R. J., A. J. Illingworth, and J. Ovens, 2011: Emission: A simple technique to correct rainfall estimates from attenuation due to both radome and heavy rainfall. Proceedings, *8th International Symposium Weather Radar and Hydrology*, April 18–21, 2011, Exeter, UK.

Thomspon, T. E., L. J. Wicker, and X. Wang, 2012: Impact from a volumetric radar-sampling operator for radial velocity observations within EnKF supercell assimilation. *Journal of Atmospheric and Oceanic Technology*, **29**, 1417–1427.

Torres, S., and C. Curtis, 2011: A fresh look at the range weighting function for modern weather radars. Proceedings, *35th Radar Conference on Radar Meteorology*, Pittsburgh, PA, September 25–30, 2011, American Meteorological Society. [Available at: https://ams.confex.com/ams/35Radar/webprogram/Manuscript/Paper191117/Radar%20Conference%202011.pdf].

Trapp, R. J., 2013: *Mesoscale-Convective Processes in the Atmosphere*. Cambridge, Cambridge University Press, 377 pp.

Tsonis, A. A, and G. L. Austin, 1981: An evaluation of extrapolation techniques for the short-term prediction of rain amounts. *Atmosphere–Ocean*, **19**, 54–65.

Turner, B. J., I. Zawadzki, and U. Germann, 2004: Predictability of precipitation from continental radar images. Part III: Operational nowcasting implementation (MAPLE). *Journal of Applied Meteorology*, **43**, 231–248.

Valdez, M. P., and K. C. Young, 1985: Number fluxes in equilibrium raindrop populations: A Markov chain analysis. *Journal of the Atmospheric Sciences*, **42**, 1024–1036.

Wakimoto, R. M., H. Murphey, R. Fovell, and W.-C. Lee, 2004: Mantle echoes associated with deep convection: Observations and numerical simulations. *Monthly Weather Review*, **132**, 1701–1720.

WDTB (Weather Decision Training Branch), 2014: *Distance Learning Operations Course Topic 7: Convective Storm Structure and Evolution*. [Available online at: http://www.wdtb.noaa.gov/courses/dloc/documentation/DLOC_FY14_Topic7.pdf, and try replacing "14" by the current year].

Weckwerth, T. M., C. R. Pettet, F. Fabry, S. Park, J. W. Wilson, and M. A. LeMone, 2005: Radar refractivity retrieval: Validation and application to short-term forecasting. *Journal of Applied Meteorology*, **44**, 285–300.

Williams, E., 2014: *Aviation Formulary V1.46*. [Available online at: http://williams.best.vwh.net/avform.htm].

Wilson, J. W., and E. A. Brandes, 1979: Radar measurement of rainfall – A summary. *Bulletin of the American Meteorological Society*, **60**, 1048–1058.

Wilson, J. W., and W. E. Schreiber, 1986: Initiation of convective storms at radar-observed boundary-layer convergence lines. *Monthly Weather Review*, **114**, 2516–2536.

Wurman, J., 1994: Vector winds from a single-transmitter bistatic dual-Doppler radar network. *Bulletin of the American Meteorological Society*, **75**, 983–994.

Xue, M., F. Kong, K. W. Thomas, *et al.*, 2008: CAPS realtime storm-scale ensemble and high-resolution forecasts as part of the NOAA Hazardous Weather Testbed 2008 Spring Experiment. Preprints, *24th Conference on Severe Local Storms*, Savannah, GA, October 27–31, 2008, American Meteorological Society, 12.2. [Available online at https://ams. confex.com/ams/24SLS/techprogram/paper_142036.htm].

Zawadzki, I., and M. De Agostinho Antonio, 1988: Equilibrium raindrop size distributions in tropical rain. *Journal of the Atmospheric Sciences*, **45**, 3452–3459.

Zawadzki, I., W. Szyrmer, and S. Laroche, 2000: Diagnostic of supercooled clouds from single-Doppler observations in regions of radar-detectable snow. *Journal of Applied Meteorology*, **39**, 1041–1058.

Zeng, Y., U. Blahak, M. Neuper, and D. Jerger, 2014: Radar beam tracing methods based on atmospheric refractive index. *Journal of Atmospheric and Oceanic Technology*, **31**, 2650–2670.

Zhang, G., and R. J. Doviak, 2007: Spaced-antenna interferometry to measure crossbeam wind, shear, and turbulence: Theory and formulation. *Journal of Atmospheric and Oceanic Technology*, **25**, 791–805.

附录 A 雷达气象学的数学和统计

气象学的许多分支都非常依赖数学来帮助解释和描述各种现象。大多数气象学者，特别是那些最开始研究大气动力学的学者，主要使用微积分和微分方程；因此，这些数学概念得到了很好的传授，并且常用于气象学计划及课程。在许多方面，总的来说，仪器，特别是雷达，其数学基础更为基本，其植根于几何、实数和复数的代数学以及初级统计。但由于它们不常用于气象程序，因此往往被遗忘了。此外，风和降雨等地球物理学的场对其分析提出了特殊要求，这些挑战往往在入门性的统计课程中被忽略，导致甚至在科学出版物中都经常出现错误。本章通过关注特殊的雷达研究问题来介绍其中一些主题，这些问题需要特定的数学处理或统计方法来研究它们，并将这些问题用作介绍相关数学或统计概念的手段。然而，它不是数学和统计学参考文献的完完全全的替代品，但应该有助于读者提出正确的问题，并在这些书中找到相关材料。本附录还让我有机会补充或介绍前几章无法轻易涵盖的主题。

A.1 地基雷达测量的几何

要解释或模拟雷达测量，必须了解雷达测量几何的复杂性。除了其他因素，这种复杂性要归因于雷达测量和以地球为中心的坐标系要遵循不同的近球形几何原理。一方面，雷达沿着波束进行距离-方位-仰角(r, ϕ, θ)测量，波束具有一定宽度并且由于在大气中传播而存在弯曲现象。另一方面，测量的位置和轴相对于以地球为中心的坐标系，如纬度-经度-高度(L_p, l_p, z)，其中轴的指向如"东"和"向上"由于地球曲率会因地点的变化而发生改变。结果，以一定仰角从雷达向东的波束将指向的目标，其轴不完全是从西向东的，并且通常具有比雷达所指向的仰角更高。给定一个模式场，这些微小的变化对于雷达观测的正确模拟尤其重要。

A.1.1 单一射线的雷达测量

我们首先考虑雷达波束无限窄的情况，后面再考虑波束宽度。图 A.1 显示了该测量的几何形状，并说明了所使用的几个符号的含义。首先关注水平，对于纬度为L_{rad}，经度为l_{rad}及高度为z_{rad}的给定雷达，可以确定脉冲的纬度L_p和经度l_p，其是方位角ϕ、仰角θ和距离r的函数。

使用适用于距离r远小于地球半径a_e的球形几何形状，我们得到（如，Williams，2014）：

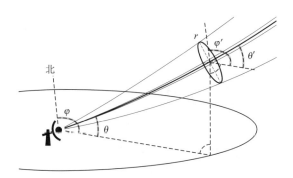

图 A.1 雷达指向方位角 ϕ 和仰角 θ 时的雷达波束路径图示。由于地球曲率和波束弯曲，在距离 r 处，波束轨迹与当地水平面之间的角度为 θ'，而相对于当地向北方向的角度为 ϕ'

$$L_p \approx \arcsin\left[\sin L_{rad}\cos\left(\frac{r\cos\theta}{a_e + z_{rad}}\right) + \cos L_{rad}\sin\left(\frac{r\cos\theta}{a_e + z_{rad}}\right)\cos\phi\right]$$

$$(A.1a)$$

和

$$l_p \approx l_{rad} + \arctan\left[\frac{\cos L_{rad}\sin\left(\dfrac{r\cos\theta}{a_e + z_{rad}}\right)\sin\phi}{\cos\left(\dfrac{r\cos\theta}{a_e + z_{rad}}\right) - \sin L_{rad}\sin L_p}\right]$$

$$(A.1b)$$

结果，在距离 r 处相对于本地向北方向的传播方位角 ϕ' 变为（图 A.1）：

$$\phi' \approx \pi + \arctan\left[\frac{\sin(l_{rad} - l_p)\cos L_{rad}}{\cos L_p\sin L_{rad} - \sin L_p\cos L_{rad}\cos(l_{rad} - l_p)}\right]$$

$$(A.2)$$

在北纬 45° 和 120 km 距离处，对于方位角 90°、低海拔位置，ϕ' 大约为 91°，纬度将改变相当于几千米（从补充材料 eA.1 可查看用于实现这些方程的简单表格）。因此，来自该位置南方的风将具有非零径向速度。

相反，要从雷达确定方位角和离开雷达的距离，达到最终的纬度 L_p 和经度 l_p，可以使用下式：

$$\phi' \approx \arctan\left[\frac{\sin(l_p - l_{rad})\cos L_p}{\cos L_{rad}\sin L_p - \sin L_{rad}\cos L_p\cos(l_p - l_{rad})}\right]$$

$$(A.3a)$$

和

$$r = a_e\arccos\left[\sin(L_{rad}\sin L_p + \cos L_{rad}\cos L_p\cos(l_{rad} - l_p)\right]$$
$$= 2a_e\arcsin\left[\sqrt{\sin^2\left(\frac{L_{rad} - L_p}{2}\right) + \cos L_{rad}\cos L_p\sin^2\left(\frac{l_{rad} - l_p}{2}\right)}\right]$$

$$(A.3b)$$

第二个方程(A.3b)在数学上等同于第一个,但更少受到短距离数字截断误差的影响。

由于地球曲率和由空气折射率 dn/dz 的垂直梯度引起的传播波束弯曲,仰角也会随距离发生变化。这会影响到雷达观测量(多普勒速度及对目标形状敏感的偏振量)的高度和仰角。估计高度 z 和传播仰角 θ' 的传统方法是结合 $k_e = 4/3$ 地球近似(式(2.13))使用余弦定律(图 A.2),得到(如,Ge 等,2010):

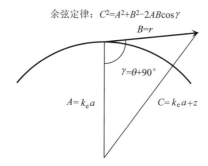

图 A.2　雷达指向距离 r 和仰角 θ 处的高度 z 的推导图。使用应用于有效地球几何的余弦定律,假定雷达高度 z_{rad} 为 0

$$z = \left\{ r^2 + \left[(k_e a_e + z_{rad})^2 + 2r(k_e a_e + z_{rad})\sin\theta \right] \right\}^{\frac{1}{2}} - k_e a_e \quad \text{(A.4a)}$$

和

$$\theta' = \theta + \arctan\left(\frac{r\cos\theta}{k_e a_e + z_{rad} + r\sin\theta} \right) \quad \text{(A.4b)}$$

式中,

$$k_e = \frac{1}{1 + \dfrac{dn}{dz}(a_e + z_{rad})} \simeq \frac{4}{3}$$

式中,

$$\frac{dn}{dz} \simeq -40 \times 10^{-9}\, \text{m}^{-1} \quad \text{(A.4c)}$$

方程(A.4a)和方程(A.4b)有些简单,因为它们基于 dn/dz 为常数的假设,通常假定在地面其接近1。为了精确计算雷达指向的高度,必须针对小的距离段进行迭代求解式(A.4)。补充材料 eA.1 中的表单使用 dn/dz 指数廓线执行一个这类计算的有限版本。还有更为复杂的方法,这些方法更好地考虑了捕获或负仰角等情况(Zeng 等,2014)。

A.1.2　雷达扫描和雷达数据结构

测量几何与雷达扫描策略相结合,同样决定了雷达数据的存档结构。即使看起来位置不合适,但在这里对这个结构进行简要描述对于后面引入需要的概念是有益的。

业务化雷达通常执行常规扫描程序,如每 5 min 在不同高度制作相同的一组 18 个 PPI。这种常规模式称为体积扫描(译者注:后简称"体扫"),而组成此体积扫描的各个 PPI 或 RHI 通常称为"扫描"(sweeps)。在雷达完成一个"扫描"所花费的时间内,会发射多个脉冲。在每个发射脉冲之后以规则的时间间隔对信号进行数字化以获得探测范围内的信息;探测范围中数据被数字化的每个位置被称为距离门(译者注:也称距离库)。对于扫描雷达,原始的距离门通常间隔为 $c\tau/(2n)$,或每个为 150～250 m 的量级;但有时候测量在归档之前要在测量范围内取平均,因此数据单元的间隔可以是 500 m 到 1 km。从每个发射脉冲产生的信息光束被称为处于特定方位角和仰角的径向。通常,在存档之前,对于 PPI,许多径向以 0.5° 或 1° 方位角进行组合,对于 RHI,以 0.2° 到 0.5° 仰角进行组合。因此,典型的 PPI 数据将由 360～720 个径向组成,它们本身由不同距离范围的几百到几千个数据单元组成。

图 A.3 说明了扫描雷达数据归档的典型结构。通常,每个体扫存档在单个文件中,因为该文件方便地包含了在该特定时间生成所有雷达产品所需的信息,需要使用来自多个体扫数据的降雨累积产品和回波追踪产品除外。每个体扫结构通常以称为体积扫描头的信息块开始,其提供诸如雷达特征和位置、时间、雷达健康状态信息等的上下文关联数据,以及预期有多少个"扫描"的信息。然后接着是一系列包含每个仰角数据的扫描结构。根据系统的不同,每个扫描结构都会描述一个观测量场的信息,如反射率或者所有观测量场。每个扫描结构本身由扫描头和径向结构组成,径向结构由径向头和数据单元结构构成。因为平均而言,在不到 5% 的单元中观察到雷达回波,所以通常不会存档所有距离门数据;通常,只有带回波的数据单元才存档,其他数据单元被设定为无回波。在每个数据单元块或结构内,每个字段的值通常被编码为必须使用公式"观测量场＝斜率×V＋偏移"解码的整数值 V,该特定观测量场的斜率和偏移数字会列在其中一个结构头中。通常,基于功率的观测量场以 dB 或 dBZ 为单位存档,基于速度的场以 m/s 为单位存档,基于相位的场以度为单位存档。

A.1.3 测量仿真

为了将雷达数据与来自其他来源的信息进行比较,通常需要模拟雷达在特定情况下观测到的情况。这种模拟的第一步是使用上面的一些或所有方程再现测量的几何结构。这些方程足以模拟由无限窄的波束和短脉冲进行的测量。为了进行适当的测量模拟,在数据归档之前,必须考虑采样体积及在距离和方位上进行平滑处理。

雷达测量一个采样体积的目标平均属性,该体积由两个独立的因素决定:在距离上,由发射脉冲和接收机特性决定;在方位-仰角上,由波束模式和几十毫秒内天线

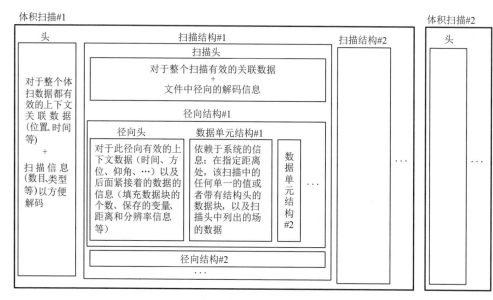

图 A.3　存档扫描雷达数据的通用结构

运动引起的拖尾造成,在这几十毫秒内,要对来自连续发射脉冲的测量值进行平均。由于体积没有明显的边界,我们定义两个独立的权重函数,描述雷达对每个体积元素反射率的相对灵敏度。在距离上,对于以距离 r 为中心并且相对于该中心距离偏差为 δr 的每个单元的权重函数 $W_r(\delta r)$,其严格来说是发射脉冲长度和形状、接收机滤波器和数字转换器特性的函数,也与其在距离上组合了多少原始测量值以获得需要模拟的雷达测量值有关。总的来说,当多个测量值在距离上组合时,$W_r(\delta r)$ 通常可以简化为阶跃函数,并且假设在 $[-\Delta r/2, \Delta r/2]$ 内的 δr 为 $1/\Delta r$,在其他地方为 0。如果不同硬件组件如何影响获得脉冲形状的细节很重要,那么 $W_r(\delta r)$ 会变得更加复杂(Torres 和 Curtis,2011)。但在大多数情况下,由于距离上的平滑要小于方位或仰角中的平滑,正确计算角度上的平滑比计算距离上的平滑更为重要,因而 $W_r(\delta r)$ 可以简化为阶跃函数而没有太大的精度损失。

相对于波束轴的角权重函数 $W_a(\delta\phi, \delta\theta)$ 是在每个发射脉冲上天线增益 G(式(13.2))的平方和:

$$W_a(\delta\phi, \delta\theta) = \frac{1}{n_p}\sum_{j=1}^{n_p} G^2(\phi_j - \phi, \theta_j - \theta) \tag{A.5}$$

式中,n_p 是在归档数据中组合信号的发射脉冲数(通常在 16 到 128 之间),而 ϕ_j 和 θ_j 是每个发射脉冲发射时天线指向的方位角和仰角。在没有 ϕ_j 和 θ_j 详细信息的情况下,对于 PPI,可以假设 $W_a(\delta\phi, \delta\theta)$ 为:

$$W_a(\delta\phi, \delta\theta) = \frac{1}{\Delta\phi}\int_{\phi_d = \bar{\phi} - \Delta\phi/2}^{\bar{\phi} + \Delta\phi/2} G^2(\phi_d - \phi, \bar{\theta} - \theta)\,\mathrm{d}\phi_d \tag{A.6}$$

式中,$\bar{\phi}$ 和 $\bar{\theta}$ 分别是天线指向的平均或中心方位角和仰角,而 $\Delta\phi$ 是对回波进行平均的方位角间隔。通常,为了避免最大误差,更重要的是考虑仰角而不是方位角的波束图,因为当忽略仰角波束图时,会发生最强的反射率梯度和模拟测量的最大偏差。

如果我们考虑波束模式和衰减,给定一个真实的反射率场 Z,雷达在仰角 θ、方位角 φ 和距离 r 处观测到的等效反射率因子 Z_e 为:

$$Z_e(\theta,\phi,r) = \frac{1}{\|K_w\|^2}\iint_{\theta_d\phi_d}W_a(\theta_d-\theta,\phi_d-\phi)\int_{r_d}W_r(r_d-r)T(0,r_d)^2\|K\|^2Z(\theta_d,\phi_d,r_d)dr_dd\phi_dd\theta_d$$

$$(A.7)$$

式中,$T(0,r_d)$ 是在距离雷达 0 和在距离 r_d 处体积元之间路径上的大气透射率,$\|K\|^2$ 是散射体的平均介电常数,而 $\|K_w\|^2$ 是液态水介电常数。测量模拟时,对于每个 (θ_d,ϕ_d,r_d) 组合,在计算沿着该路径的大气透过率时,方程(A.1)和方程(A.4)用于确定雷达波所经过的路径以及在目的地得到的纬度、经度和高度。

在路径的末端,Z 值是由我们试图模拟的测量模型或其他场以及所考虑的目标介电常数 K^2 所确定的。然后需要考虑权重函数 W_a 和 W_r 得到特定 (θ_d,ϕ_d,r_d) 组合对最终等效反射率因子的贡献。接着必须对所有 W_aW_r 足够大的 (θ_d,ϕ_d,r_d) 组合重复操作,以对最终结果提供有意义的贡献。

为了模拟其他雷达测量场,可以使用相同的过程,要记住每条射线的贡献也是返回信号强度的函数。对于幅度取决于仰角的场,例如多普勒速度 v_{DOP} 和测量的 Z_{dr},会更为复杂一些。计算用到的仰角不是天线的仰角 θ,而是波束相对于式(A.4b)中定义的水平线的仰角 θ'。因此,忽略信号处理问题引入的影响,为计算多普勒速度 v_{DOP},我们应该使用:

$$v_{DOP}(\theta,\phi,r) = \frac{\iint_{\theta_d\phi_d}W_a(\theta_d-\theta,\phi_d-\phi)\int_{r_d}W_r(r_d-r)T(0,r_d)^2\|K\|^2Z(\theta_d,\phi_d,r_d)s\cdot(v-w_fk)dr_dd\phi_dd\theta_d}{\|K_w\|^2Z_e(\theta,\phi,r)}$$

$$(A.8)$$

式中,$(v-w_fk)$ 是由三维风 v 及下落速度 w_f 推动的目标矢量速度,s 是垂直于雷达波阵面的单位矢量,使得 $s=\cos\theta'\sin\phi'i+\cos\theta'\cos\phi'j+\sin\theta'k$,$i,j,k$ 分别是指向东、北和向上的单位矢量,而 θ' 和 ϕ' 在式(A.4b)和式(A.2)中定义。没有考虑波束模式和反射率场会导致风模拟的偏差,因为雷达观测到的风往往来自低于波束中心位置所预期的高度。

为了使用模型场模拟雷达所观察的量,一般需要从质量或者数浓度推断反射率,因为模式通常不计算反射率。在补充材料 eA.2 中提供了一些将反射率与其他感兴趣的气象量相关联的近似。请注意,无论采用的什么样的微物理关系,这些都是相对简单的近似,会引入显著的误差,误差也具有较长的相关距离,因为形成降水演变的微物理和动力过程在空中也是相关的。这些误差及其空间相关性也必须在观测误差协方差矩阵中做些考虑。

A. 2　反射率数据运算

由于历史和实际的原因,反射率数据通常以 dBZ 或对数单位存档,而不是以 mm^6/m^3 或线性单位;Z_{dr} 和 LDR 也是如此。因此,一旦读回数据,以对数单位处理和使用反射率数据的诱惑就很大。在许多情况下,这不是一个好主意,但有一些是可以的。

要理解为什么会出现这种情况,必须首先注意以对数单位完成的操作给出的答案与线性单位不同。例如,如果我们考虑平均 M_s 反射率测量,

$$\overline{Z} = \frac{1}{M_s} \sum_{j=1}^{M_s} Z_j \geqslant \left(\prod_{j=1}^{M_s} Z_j \right)^{1/M_s} = 10^{\overline{\log_{10} Z}} \tag{A.9}$$

用线性单位平均计算得到算术平均值,而以对数或 dB 为单位进行平均则计算得到几何平均值,除非所有样本具有相同的值,否则两者产生不同的结果。例如,0 dBZ 回波($1\ mm^6/m^3$)和 20 dBZ 回波($100\ mm^6/m^3$)的平均值导致 10 dBZ($10\ mm^6/m^3$)几何平均值和 17 dBZ($50.5\ mm^6/m^3$)算术平均值。几何平均值小于通常的算术平均值,随着要平均的值的分布变得更宽,两者之间的差异变得更大。同时,当计算与平均值的偏差时,减去两个数,通常会获得线性和对数运算之间结果的更大差异。因此,对诸如平均和减法等数学运算结果的任何定量使用都必须考虑这些结果差异的影响。虽然以线性单位对反射率进行平均和相减可能具有一些物理意义,但通常以对数单位运算不是这样。

此外,水凝物的反射率测量范围可以从 0 到数百万 mm^6/m^3,0 是最常见的值。使用对数单位时面临的挑战是如何表示和处理 log0。显然,$-\infty$ 不是一个有用的选择,因为任何涉及 $-\infty$ 的平均都会导致 $-\infty$ 的结果,严重限制了可以从数据处理中获得的信息。关于这个问题的一个解决方法是设置反射率的最小值,通常选择为 0 dBZ。但由于反射率场的很大一部分具有零值,因此大多数数据处理的最终结果对于该最小值的选择变得非常敏感,也即对没有科学价值的任意参数是非常敏感的。

建议使用 dBZ 单位的罕见情形之一是进行相关计算,例如用于从一幅雷达的反射率图像追踪到下一幅雷达的反射率图像。当要关联的量遵循正态分布时,相关计算效果最好并且具有定量意义。在这方面,以 dBZ 为单位处理反射率数据要优于线性单位(图 A.4):反射率倾向于呈指数分布,计算的相关性主要由几个最强的反射率值决定。在对数单位中,反射率通常遵循正态分布,必须为零值添加非常强的次级峰值。如果可以从这种相关中排除零值,则使用 dBZ 值的相关计算应该能够提供最佳结果。对于具有类似强度分布的其他变量,如雨强和降水量,情况也是如此。

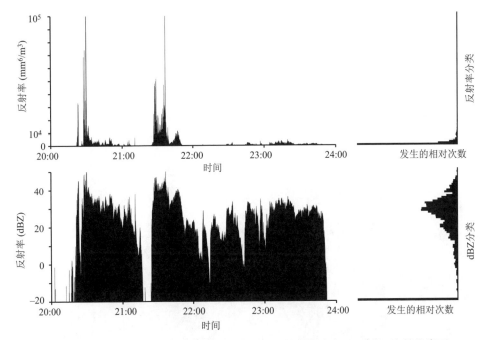

图 A.4 左图：使用线性反射率标尺（顶部）和对数反射率标尺（底部）绘制的降雨事件反射率时间序列。右图：显示了不同反射率的相关直方图。反射率的直方图通常类似于指数分布，而反射率的对数看起来更像正态分布，其中反射率值为零时加入了一个次峰

A.3 回归和映射函数

A.3.1 背景

我们经常需要从观测量中推断出未测量的量。雷达气象学的一个经典例子是试图通过反射率测量来估算降雨量。为了得出这两个量之间的关系，我们经常需要计算它们之间的回归。

由于回归的需求在研究中非常普遍，因此已经开发了许多类型的回归。它们根据使用的函数关系（例如，线性、多项式和幂律）及试图最小化以计算回归的量（最小二乘与绝对值，一个或两个因变量，有无误差权重等）而变化。每种类型的回归都会以不同的方式优化不同的东西，这些选择会对最终得到的结果产生影响。因此，大多数统计书籍会专门针对该主题编写几章，许多在线资源概述了可用的各种可能性。因此，我就不去解释所有这些变化了。相反，我将说明使用一组方法而不是另一组方法所做出的一些选择的含义。由于雷达气象学中的传统回归问题涉及在跨

越几个数量级的变量之间推导出幂律关系,因此这部分说明的是讨论中涉及的背景信息。

A.3.2 深入理解幂律回归试验

考虑以下模拟:我们从 1 h 降水累积图开始(图 A.5,左图),假设这张图是我们想要获得的真值。将该图向东移动 2 km,并假设这是我们所拥有的测量值。由于

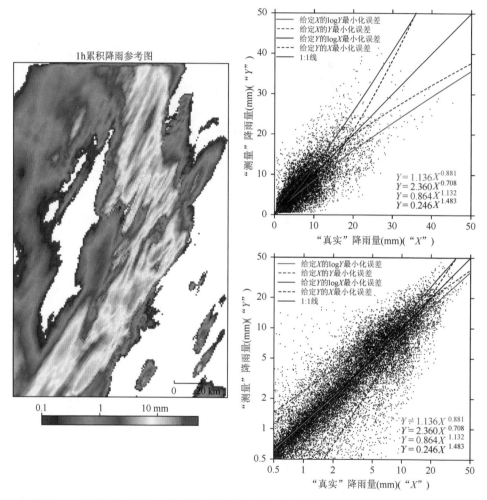

图 A.5 左图:用于回归实验的降雨累积图。右图:相同观测的散点图与真实降雨量的比较,但绘制在两组坐标轴上,上部为线性坐标轴,底部为对数坐标轴。叠加在图上的是四种幂律回归结果,其对要最小化的量使用了不同假设(Y 的误差用红色表示,X 的误差用蓝色表示)和误差的函数依赖性(虚线表示的恒定幅度误差和实线表示的恒定分数误差)

"真实"和"测量"之间的位置不匹配,每次测量都有误差。实际上,在该特定示例中产生的误差幅度与在比较雷达和雨量计得到的累积所观察到的非常相似。真实和测量值均超过 0.5 mm 的每对"测量-真值"像素绘制在图 A.5 的右侧,并将用于回归计算。右边的图显示了两张散点图,一个使用线性坐标轴,一个使用对数坐标轴,而每张散点图提供了不同的视角。最后,在这两个数据集上计算四个幂律回归,以便从一个变量导出另外一个变量,并将这些变量绘制在两个散点图上。这些回归都假设有一个因变量 Y 和一个独立变量 X(大多数回归算法中使用的默认模型);变化的内容是假定哪个变量是独立变量,并且是否假设每个"测量-真值对"的最小化误差与降雨量或与一个常数成正比。

四个回归函数 f 均试图最小化不同的量,理解这些差异很重要。数学上,在幂律回归约束下,绘制为红色实线的函数使 $\log Y$ 和 $\log f(X)$ 之间的方差(或差值的平方)最小化;较暗的红色虚线同样使 Y 和 $f(X)$ 之间的方差最小化;蓝色实线最小化 $\log X$ 和 $\log f^{-1}(Y)$ 之间的差异;最后,较暗的蓝色虚线使 X 和 $f^{-1}(Y)$ 之间的方差最小化。为了帮助可视化这代表什么,上面的图形对应于以下内容:红色实线使其自身与底部图中垂直方向上的点之间的距离最小化,深红色虚线在顶部图中与此相同;蓝色实线使其自身与底部图中水平方向上的点之间的距离最小化,深蓝色虚线在顶部图中与此相同。

这个练习的一个关键结果是得到的回归的差异,幂律中的指数变化了 2 倍。这仅仅是由于改变了哪个数量被优化而产生。如果目标是根据测量的降雨量预测真实降雨量,则应使用其中一条蓝色曲线,具体取决于我们是否需要一种能够实现不同降雨累积(虚线)达到最佳相对精度的关系,或者是达到最佳无偏降雨总量(实线)的关系。注意到:①在这个简单的练习中,回归中 b 值的范围与文献中 Z-R 关系的值相当;②使用 R 作为自变量的诱惑很大,因为这一关系经常被写成 $Z = f(R)$,即使 R 是我们试图预测的量。鉴于所使用的回归的确切细节在简短的科学出版物中很少出现,我们可能永远也不会知道已公布的 Z-R 关系有多少观察到的变化仅仅是由于不同的误差最小化方法造成的。

那么,一对一的线性 $Y＝X$ 怎么样?假定 X 和 Y 来自同一数据集,虽然我们可能期望找到这种关系,但它并不能将从一个数据集到另一个数据集的总误差方差最小化,这是传统回归的设计目标。换句话说,在尝试预测从给定的 X 预测 Y 时,它不会提供总体上最小的误差。然而,$Y＝X$ 是唯一保留不同降雨率的动态范围和发生概率的函数,例如灾难性事件的概率。要获得保持罕见事件概率的关系,必须使用不同类型的回归,例如总体最小二乘回归。

A.3.3　优化关系的一些危险性

这一讨论提出了一个经常被忽略的复杂问题:在导出两个变量之间的关系时,需要正确定义我们想要优化的内容。回归都是关于在给定一组约束条件下获得最佳的结果,例如在给定幂律关系的情况下使得误差的平均标准偏差最小化。通常,这种优化将以未特别提及的每一个其他特性为代价。

我们经常有相互矛盾的要求,并且会犯只指定其中一个子集的错误。对于大多数应用,测量内容与我们想要的内容之间的最佳关系是具有最小化误差的关系。但我们也经常希望保留分布的宽度和罕见事件的可能性,因为这些是有待正确测量或预测的重要事件。此外,X 和 Y 之间的最佳关系可能不会导致给定 X 的最佳导出量 $f(Y)$。如果我们真正想要的是 $f(Y)$,那么在回归中应该最小化的误差应该是针对 $f(Y)$,而不是 Y。

例如,为了获得最佳的每小时累积降雨,被优化的 Z-R 关系不是那个用来提供最佳瞬时降雨率的关系,也不是为提供最佳的 6 h 累积降雨。一般而言,随着预期回归线周围的相对变化增加,通常通过具有较小斜率的回归误差较小:这种回归减小了预测值的范围并避免了通常会受到严重惩罚的异常值。但是当我们试图获得可靠的长期累积时,范围缩小的降雨率不会产生良好的结果,特别是如果这些积累异常的高或低。为了获得最佳积累,较好地保留了极值的 Z-R 关系将表现得更好。

可以使用其他关系进行类似的练习,例如使用反射率的垂直剖面从高空的反射率测量得到地面的反射率:如果观察到的不同高空回波强度产生多个剖面,则地面处的导出反射率将根据剖面的不同而变化:是否导出的廓线可以最小化瞬时反射率估计的误差,可以最小化 1 h 累积降雨误差,或是能够保持高空或地面降水的动态范围。

这个讨论的关键结论是两个变量之间没有总是表现最优的单一关系。因此,在推导出这种关系时,至关重要的是要反思我们想要优化的内容,因为获得的结果可能不是我们真正想要的结果。

A. 4　方差、协方差和自相关

A. 4. 1　两个数据集之间的相关

考虑图 A. 6 中测量的两个时间序列。由于它们连续的最大值和最小值没有明确的周期性或结构,它们具有类似于许多大气和地球物理场的统计特征。在这个例子中,它们是从垂直指向的雷达数据中获得的,这些雷达数据采样的是风暴事件的一个子集,但是像这样的图也可能是由各种大气传感器制成的,看起来非常相似。对于两个样本,我们可以由下式计算其采样平均 $\overline{Z}$ 及采样方差 σ_s^2:

$$\sigma_s^2 = \frac{1}{M_s - 1} \sum_{j=1}^{M_s} (Z_j - \overline{Z})^2 = \frac{1}{M_s - 1} \left[\left(\sum_{j=1}^{M} Z_j^2 \right) - \frac{1}{M} \left(\sum_{j=1}^{M} Z_j \right)^2 \right]$$

(A. 10)

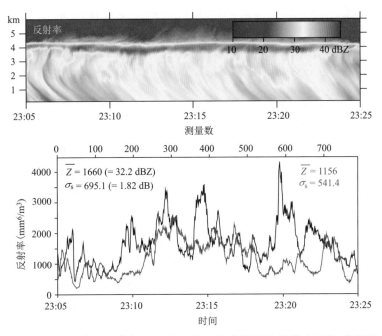

图 A.6 上图:一次降雨事件期间由垂直指向雷达测量的反射率时间-高度图。下图:1.7 km(黑色)和 0.3 km(红色)高度的反射率时间序列,以线性单位绘制,20 min 内进行了 790 次测量

式中,M_s 是样本中的测量数。由式(A.10),可以计算样本标准偏差 σ_s。对于图 A.6 中以黑色绘制的样本,$\overline{Z}$ 接近 1660,而 σ_s 为 695.1。如果我们选择对两者都以 dB 为单位表示,则平均值只需按常规方式转换($10\log_{10}Z$),而标准偏差必须使用式(A.11)转换对于给定的其他单位计算另一个单位的不确定性或标准差:

$$\sigma_s\left[f(X)\right] = \left[\frac{\partial f}{\partial X}\right]_{\overline{X}} \sigma_s(X) \tag{A.11}$$

式中,转换函数 f 相对于原始变量 X 的偏导数,这里是反射率,用 X 的平均值进行评估。在我们的例子中,得到:

$$\sigma_s\left[f(Z) = 10\log_{10}Z\right] = \frac{10}{Z\log_e 10}\sigma_s(Z) \tag{A.12}$$

通过这个过程,转换的样本标准差可以描述以 dB 为单位的反射率值变化程度。

　　这两个时间序列是不同海拔高度的反射率,但是针对的是同一个事件。因此,我们期望它们是相关的:也就是说,期望一个样本中反射率的最大值通常对应于另一个样本中的最大值,并且对于最小值也有类似结果。为了量化这种相关性,必须首先估计这两组样本 X 和 Y 之间的协方差:

$$\text{cov}_{X,Y} = \frac{1}{M_s - 1} \sum_{j=1}^{M_s} (X_i - \overline{X})(Y_i - \overline{Y}) \tag{A.13}$$

注意,如果样本 X 和 Y 相同,则 $\text{cov}_{X,Y}$ 是 $\text{cov}_{X,X}$,并且简化成 $\sigma_s(X)^2$,即 X 的方差。还要注意式(A.13)是在假设两个样本之间存在线性关系的条件下测试协方差;如果这两个样本共同变化但是基于更为复杂的关系,则该协方差计算将不会产生有意义的结果。样本协方差的范数 $|\text{cov}_{X,Y}|$ 受样本 X 和 Y 标准偏差的乘积 $\sigma_s(X)$ $\sigma_s(Y)$ 所约束。协方差与 $\sigma_s(X)\sigma_s(Y)$ 的比率是样本线性相关系数 $\rho_{X,Y}$。因此,

$$\rho_{X,Y} = \frac{\text{cov}_{X,Y}}{\sigma_s(X)\sigma_s(Y)} = \frac{\sum_{j=1}^{M_s} (X_i - \overline{X})(Y_i - \overline{Y})}{\sqrt{\sum_{j=1}^{M_s} (X_i - \overline{X})^2 \sum_{j=1}^{M_s} (Y_i - \overline{Y})^2}} \tag{A.14}$$

两个样本之间的高度正相关或负相关表明:给定一个样本的测量值,可以用某种技巧预测第二个样本。这对于某些应用(例如数据同化)尤其重要,因为我们必须依赖于某些场(如降雨和水平风)的测量或约束来获取未观测场(如垂直风、温度和湿度)的信息。给定一组样本以预测另一组样本的可能性也构成了回归和映射函数的基础。

A.4.2　滞后相关

在图 A.6 的雷达图像上,我们可以看到降水轨迹是倾斜的。因此,当两个时间序列叠加时,反射率观测值在 1.7 km 和 0.3 km 处的最佳相关是观测不到的,而当一个与另一个相比被移位或滞后则可以看到其相关性。这样我们可以计算滞后样本协方差,其中一个时间序列被移位 l 个点:

$$\text{cov}_{X,Y}[l] = \begin{cases} \dfrac{1}{M_s - l - 1} \sum_{j=1}^{M_s - l} (X_i - \overline{X})(Y_{i+l} - \overline{Y}) & (l \geqslant 0) \\[2mm] \dfrac{1}{M_s + l - 1} \sum_{j=1-l}^{M_s} (X_{i-l} - \overline{X})(Y_i - \overline{Y}) & (l < 0) \end{cases} \tag{A.15}$$

并且,根据这些滞后样本协方差,可以使用 $\rho_{X,Y}[l] = \text{cov}_{X,Y}[l] [\sigma_s(X)\sigma_s(Y)]$ 计算滞后相关性。要注意,当滞后 $|l|$ 的范数接近测量的个数 M_s 时,协方差和相关性的估计变得不再可靠。使用线性和对数单位从图 A.6 中所示的两个反射率时间序列计算出滞后相关性,并绘制在图 A.7 中。在分别滞后 42 个点(对于线性 Z)和 44 个点(对于对数 Z)将得到滞后相关的峰值,在这种情况下,对应于两个时间序列之间滞后略大于 1 min。

刚刚使用垂直指向雷达数据在 1D 中完成的工作可以使用在 2D 或 3D 中完成的扫描雷达数据。如果相隔 5 min 的两幅图像相关,则发生峰值相关的滞后或位移对应于这 5 min 内天气回波的位移;然后,这些就可以用于推断风暴运动并对未来的风

暴位置做出超短期预报(第 10 章)。

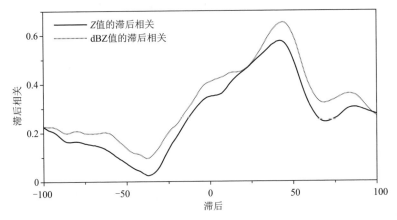

图 A.7 图 A.6 中两个时间序列之间的滞后相关性

A.4.3 滞后自相关

虽然式(A.15)中的滞后协方差通常是根据两个不同的样本计算的,但没有什么能阻止我们使用相同的样本来计算滞后自协方差:

$$\mathrm{cov}_{X,X}[l]=\begin{cases}\dfrac{1}{M_{s}-l-1}\sum_{j=1}^{M_{s}-l}(X_{i}-\overline{X})(X_{i+l}-\overline{X}) & (l\geqslant 0)\\[3mm]\dfrac{1}{M_{s}+l-1}\sum_{j=1-l}^{M_{s}}(X_{i-l}-\overline{X})(X_{i}-\overline{X}) & (l<0)\end{cases} \qquad (\mathrm{A}.16)$$

正如使用协方差所做的那样,可以从自协方差计算自相关。滞后为 0 处,自协方差变为样本方差 $\sigma_{s}(X)^{2}$,而自相关 $\rho_{X,X}[0]=\mathrm{cov}_{X,X}[0]/[\sigma_{s}^{2}(X)]$ 简化为 1。但是研究自相关如何随滞后变化特别有趣,因为它可以教给我们关于样本的内容。

图 A.8 显示了在 1.7 km 处,自相关与反射率时间序列滞后 l 的函数关系。该图中有三个特别有趣的区域:滞后 0 两点间的自相关值,滞后 2 和 20 之间接近指数衰减的区域,以及曲线的其余部分。首先关注中间区域,自相关的减少率可用于确定研究领域中模式的相关距离或时间。对于这里使用的反射率时间序列,对应于相关性降低到 1/e 或约 0.37 点的相关距离,本例中,约为 25 点或 40 s。滞后更大时,曲线通常会有复杂的形状,如图 A.8 所示,这也提醒我们假设指数相关函数的局限性,如同估计相关距离。接近滞后 0 处,自相关通常偏离它在较高滞后时假设的指数函数。如果如同本例,自相关函数是凸起的,则表明附近点之间发生了一些平滑;本例就是如此,因为即使在测量之间没有时间重叠,波束宽度不为 0 也会导致在连续测量中某些目标被观测两次,从而导致空间中采样体积的有效重叠。如果自相关呈凹陷状,且在 0 附近显示出尖锐的峰值,则表明测量结果是有噪声的;然后,可以通过使用较高滞后处的自相关外推在滞后 0 与 1 之间(图 A.8 中的虚线)的差值来估计噪声对自相关的贡献,该值是期望的完美相关。这种差异被称为 nugget,较高的正的 nugget 与噪声或者代表性较小的数据相关联。

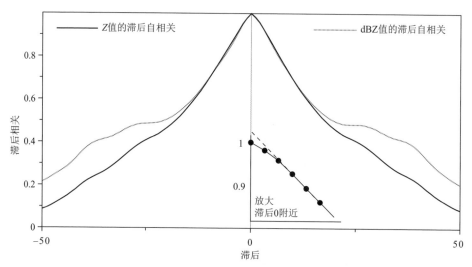

图 A.8　自相关作为测量滞后的函数/图 A.6 所示 1.7 km 时间序列。在图底部附近图中,将滞后 0 和 5 之间的反射率值自相关放大显示,同时显示滞后 2 和 5 之间值的回归,将其延伸到滞后 0 并绘制为虚线

A.4.4　从样本到总体统计:挑战

在上面的所有讨论中,我都试图小心并限定所有计算的统计数据都是我们测量的样本。为了学习一些有用的现象,需要使用这些样本推断出我们试图研究的总体属性。这两者之间的关键区别在于样本是被测量总体的一部分,而总体是我们想要研究的整个事件或现象。感兴趣的属性包括总体的均值或期望值,以及其标准偏差 σ。统计的工具和基础基于我们可以使用从样本中获得的信息来确定总体属性,并估计用于确定这些属性的不确定性。但是具有不寻常结构的地球物理场使这种推理变得很困难。

地球物理场通常具有彼此嵌入的不同尺度的结构。例如,我们之前曾提到过,对于风,大的湍流结构总是会嵌入较小的结构;对于降水,我们熟悉那些倾向于存在于云团内的单体,而其自身又处于大气系统中。如果我们尝试将这些模式分解为来自不同尺度的贡献,例如使用傅里叶变换,我们将意识到模式的尺度增加或波数 ω 减小,其幅度将增加(波数 ω 定义为 $2\pi/L$,其中 L 是所考虑尺度的波长)。如果测量与每个尺度或波数模式相关联的能量功率谱来表征大气场,我们经常可以看到功率谱 E_{ω} 与 ω^q 成正比,其中指数 q 为负数。对于风来说,q 为 $-5/3$,而对于中尺度降水，q 约为 -1.4。在波数上具有负指数的幂律能量谱是在所有尺度上具有相关性场的共同特征。

要想表述在所有尺度上具有相关性的场的特征是具有挑战性的。大多数简单的统计工具都假设要分析和组合的事件或测量是不相关的。为了说明这一事实，考虑图 A.9 中所示的五个 2D 随机场，从白噪声（在任何尺度上都没有相关性，$q=0$）到布朗噪声（$q=-2$）。这些例子涵盖了在大气场中观测到的各种结构；例如，$q=-1.5$ 的场具有在单个雷达上观测到的降水模式的外观和感觉。所有 1024×1024 点的五个场都具有同样的均值 μ 和标准偏差 σ。作为练习，我们将尝试在这些场中使用不同的样本并测量它们的均值和样本标准偏差 σ_s，以尝试估计 μ 和 σ。这些样本的大小也将在 2^2 到 256^2 之间变化，期望的是随着样本量的增加，我们估计 μ 和 σ 的尝试应该逐渐变得更好。该模拟练习的结果显示在图 A.9 的中间和右侧。

如果首先关注白噪声的例子，我们可以看到均值和标准偏差的估计是无偏的，并且随着样本量的增加而迅速改善。事实上，均值和标准偏差的不确定性与 $\sigma/M_s^{-1/2}$ 成正比，M_s 是所测量的数量（图 A.9 中从 2^2 到 256^2）。然而，随着 q 减小，出现了两个关键的现象：朝向正确结果的收敛速度迅速减小，并且对于小样本，标准偏差的估计偏低。当 q 达到 -1 时，所有样本量的标准偏差均偏低；当 q 达到 -2 时，即使样本量增加，样本均值也不能收敛到均值。因此，对于一般的地球物理场，特别是中尺度的大气现象，要估计观测到的场的性质的均值和标准偏差，即使不是不可能，也是极其困难的。

可以通过重新考察图 A.6—A.8 来进一步说明该问题。我们看到图 A.7 和 A.8 中的滞后相关是根据绘制在图 A.6 中的反射率时间序列计算的。但该时间序列实际上只是图 A.4 中绘制的一小部分。如果研究图 A.4，我们意识到图 A.6 中的时间序列对应于较长时间序列在 23:05 和 23:25 之间的相对平坦部分。如果将时间序列扩展到 22:00—24:00，很多结果都会发生变化：不仅均值和方差不同，而且去相关的平均时间也会不同，因为它现在主要取决于大约 20 min 的起伏而不是 40 s 之前短暂波动的情况。通过略微扩展所使用的数据集，从中得出的结论发生了巨大变化。

虽然这种讨论可能听起来很深奥，但其重要性不容小觑。定义和概括描述大气结构或模式的能力最终取决于我们定义均值和标准偏差的能力。如果无法计算均值和标准差，那么描述天气模式的努力就会变得徒劳无功。这在一定程度上解释了为什么每个大气事件看起来如此不同但在某种程度上又与另一个相似，以及为什么个例与个例之间变化的程度如此之大，以至于对我们从短历时个例研究中对事件进行分类和概括得出结论的能力提出挑战。本练习还表明，如果研究的模式具有在大气场中常常观察到的那种结构，即在较大结构中比较大的中等峰值区域内有小的极大值，那么样本通常将低估总体标准偏差。因此，可以从样本估计罕见事件的

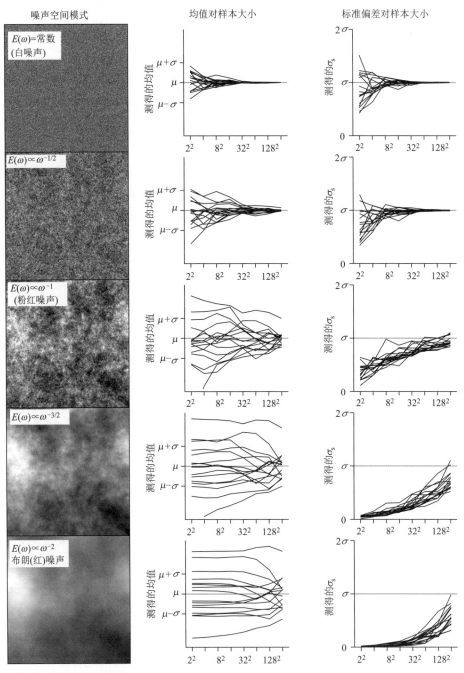

图 A.9　估计相关结构场的均值 μ 和总体标准偏差 σ 具有挑战性的图示。左侧,示出了五个随机 2D 场,其在较小波数 ω(或较大尺度)处变化增大。然后尝试估计尺寸逐渐增加的 16 个不同样本的 μ(中间图)和 σ(右侧图)

可能性通常是低估了现实。同时,增加的样本收敛到正确结果的速率总是慢于我们所期望的统计规律,这些规律假定是基于不相关事件的。这是一个令人警醒的结果,例如,考虑到社会需要描述破坏性的大气和地球物理现象的可能性。

A.5　基本雷达信号处理

一旦来自接收机的信号被数字化,就必须对其进行处理,以获得雷达测量的估计,如接收功率或平均多普勒速度。被数字化的信号是如图 13.4 所示的中频信号。所有单极化(译者注:"极化"也称"偏振",后同)雷达测量都是从一个这样的信号中导出的,通常是在水平极化下发射获得的水平极化回波。双极化测量是通过组合这些信号的两个或多个信号来进行的,如 HH(发射和接收水平极化),VV(发射和接收垂直极化),有时甚至 VH(发射垂直极化,接收水平极化)。所有这些信号围绕对应于中频 f_{IF} 的主频率振荡。

由于后文才会看得更清楚的原因,使用复数代数对振荡信号进行计算要简单得多,也更清楚。因此,所有雷达信号处理算法和关于该主题的文献将该信号视为复数的时间序列。为了解释信号处理,因此需要快速复习复数和它们的一些属性。

A.5.1　复数的简单运算

复数 z 具有实部 a 和虚部 b。数学上,可表示为 $z=a+ib$,其中 $i=\sqrt{-1}$(数学家和物理学家通常使用 i 来表示 -1 的平方根,而工程师使用 j;这里我选择使用数学约定)。在图形上,复数通常被表示为 2D 平面上的矢量,横坐标对应于实部,纵坐标对应于虚部(图 A.10)。复数 $z=a+ib$ 具有:

—实部:$\mathrm{Re}\{z\}=a$,

—虚部:$\mathrm{Im}\{z\}=b$,其中 b 自身是实数,

—模:$|z|=\sqrt{a^2+b^2}$,也是实数,

—复共轭:$z^*=a-ib$。

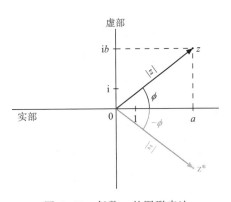

图 A.10　复数 z 的图形表达

复数的算术运算与实数相似。有用的例子包括:

$$z_1+z_2=(a_1+ib_1)+(a_2+ib_2)=(a_1+a_2)+i(b_1+b_2)$$

$$i^2=-1$$

$$z_1z_2=(a_1+ib_1)(a_2+ib_2)=(a_1a_2-b_1b_2)+i(a_2b_1+a_1b_2)$$

$$z_1z_1^*=(a_1+ib_1)(a_1-ib_1)=a_1^2+b_1^2=|z_1|^2$$

$$\frac{z_1}{z_2} = \frac{(a_1 + ib_1)}{(a_2 + ib_2)} = \frac{(a_1 + ib_1)(a_2 - ib_2)}{(a_2 + ib_2)(a_2 - ib_2)} = \frac{(a_1a_2 + b_1b_2) + i(a_2b_1 - a_1b_2)}{a_2^2 + b_2^2}$$

$$= \frac{z_1 z_2^*}{|z_2|^2}$$

(A.17)

除了通常的 $z = a + ib$ 之外,还有另外两种非常有用的表达 z 的方法,特别是在振荡信号的情况下。它们是极坐标形式和复数的指数形式。极坐标形式将复数表示为模 $|z|$ 和一个角度,辐角 φ_z 的组合。具体来说,

$$z = |z| \frac{a + ib}{\sqrt{a^2 + b^2}} = |z|(\cos\varphi_z + i\sin\varphi_z)$$

(A.18)

$$\varphi_z = \arg z = \arctan_2(b, a)$$

式中,$\arctan_2(b, a)$ 是反正切的双参数版本。

$$\arctan_2(b, a) = \begin{cases} \arctan\left(\dfrac{b}{a}\right) & (a > 0) \\ \pi + \arctan\left(\dfrac{b}{a}\right) & (a < 0) \\ \pi/2 & (a > 0 \text{ 且 } b > 0) \\ -\pi/2 & (a > 0 \text{ 且 } b < 0) \end{cases}$$

(A.19)

指数形式基于应用于复数的指数函数的定义:

$$\exp z = \exp(a + ib) = \exp a \exp(ib) = \exp a(\cos b + i\sin b)$$

(A.20)

因此,

$$z = |z|(\cos\varphi_z + i\sin\varphi_z) = |z| e^{i\varphi_z}$$

(A.21)

复数相乘采用指数形式非常方便,同时也便于将它们增加到给定幂次,复数的指数函数的性质类似于实数。

A.5.2 雷达信号作为一个复数时间序列

来自中频附近接收机的数字化原始信号(图 13.4)难以直接解释:每个独立的测量源自幅度变化的信号,该信号乘以近似一个正弦函数,其频率以 $f_{IF} = f - f_{LO}$ 为中心,可能会因接收机的带宽而波动。根据这样的信号,如何确定信号的幅度或特别是其相位并不是很明显。

假设信号具有一个已知的预期中心频率 f_{IF},我们可以利用这一信息计算信号相对于频率 f_{IF} 的已知参考信号的相移(图 13.4)。这种计算是在 f_{IF} 的多个 M_λ 个波长短间隔内完成的。考虑雷达信号和具有单位幅度频率为 f_{IF} 的已知信号。如果我们假设雷达信号局部具有固定的频率 $f - f_{LO}$,且相对于频率为 f_{IF} 的参考信号的初始相移为 φ,则雷达信号与 f_{IF} 的 M_λ 个波长的已知参考信号之间的乘积的积分是 $M_\lambda cI/f_{IF}$。

$$\frac{M_\lambda c}{f_{IF}}I = \int_0^{M_\lambda c/f_{IF}} A\sin\left[2\pi(f-f_{LO})t+\varphi\right]\sin(2\pi f_{IF}t)\mathrm{d}t$$

$$= \frac{A}{2}\left\{\int_0^{M_\lambda c/f_{IF}}\cos\left[2\pi(f-f_{LO}-f_{IF})t+\varphi\right]-\cos\left[2\pi(f-f_{LO}+f_{IF})t+\varphi\right]\mathrm{d}t\right\}$$

$$\approx \frac{A}{2}\left\{\int_0^{M_\lambda c/f_{IF}}\cos\varphi-\cos(4\pi f_{IFt}+\varphi)\mathrm{d}t\right\}=\frac{M_\lambda c}{f_{IF}}A\cos\varphi$$

$$\tag{A.22}$$

式(A.22)中,第三行的近似利用了 $f-f_{LO}\approx f_{IF}$ 这一事实。如果我们进行相同类型的计算,但参考频率与之前的相位相差 $90°$,我们得到的量为 $M_\lambda c Q/f_{IF}$。

$$\frac{M_\lambda c}{f_{IF}}Q = \int_0^{M_\lambda c/f_{IF}} A\sin\left[2\pi(f-f_{LO})t+\varphi\right]\sin\left(2\pi f_{IF}t+\frac{\pi}{2}\right)\mathrm{d}t$$

$$= \frac{A}{2}\left\{\int_0^{M_\lambda c/f_{IF}}\sin\left[2\pi(f-f_{LO}-f_{IF})t+\varphi\right]+\sin\left[2\pi(f-f_{LO}+f_{IF})t+\varphi\right]\mathrm{d}t\right\}$$

$$\approx \frac{M_\lambda c}{f_{IF}}A\sin\varphi$$

$$\tag{A.23}$$

因此,这些导出量 I 和 Q 分别是信号幅度与相位余弦及正弦的乘积。然后,使用 I 和 Q 来确定信号幅度 A 和相位 φ(它们是距离和时间的函数)就变得很简单。如果我们选择使用复数形式表示 (I,Q),使 $z=I+\mathrm{i}Q$,则 $|z|=A$,$\arg z=\varphi$。

雷达信号的 (I,Q) 或复数表示具有一些很好的特性。例如,如果信号来自单个目标,如果照亮该目标的功率是恒定的,则 $|z|=A$ 也是恒定的,并且只有 $\arg z$ 随路径属性(r 和 n)的微小变化而变化。来自多个目标的信号如何相互干扰可以表示为复数或二维向量之和而不是振荡信号之和(图 A.11),得到的模和辐角即是最终组合信号的振幅和相位。

A.5.3　复数时间序列协方差

在固定距离处,如发出多个脉冲,对于被数字化的每个偏振组合可以得到时间序列 (I,Q)。然后就可以通过计算这些时间序列的协方差来导出大多数雷达测量参量。

两个复数数据集 z_j 和 ζ_j 之间滞后为 l 的协方差是:

$$\mathrm{cov}_{z,\zeta}[l]=\begin{cases}\dfrac{1}{M_s-l-1}\displaystyle\sum_{j=1}^{M_s-1}(z_j-\overline{z})^*(\zeta_{j+l}-\overline{\zeta}) & (l\geqslant 0)\\[3mm]\dfrac{1}{M_s+l-1}\displaystyle\sum_{j=1-l}^{M_s}(z_{j-l}-\overline{z})^*(\zeta_j-\overline{\zeta}) & (l<0)\end{cases}\tag{A.24}$$

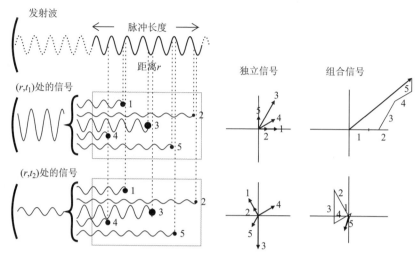

图 A.11　如图 2.15(左)所示振荡信号所示来自多个目标的
信号干扰与右侧矢量或复数相比较

如果目标在采样体积内随机分布,则 $-\pi$ 和 π 之间的所有目标相位是等概率的。同时,噪声具有随机相位。鉴于所有相位对于信号和噪声都是等概率的,所以 z_j 和 ζ_j 的所有变量也是等概率的。这样,雷达信号的时间序列均值为 0 且无需由样本估计。因此,对于雷达信号,两个时间序列之间的协方差简化为:

$$\mathrm{cov}_{z,\zeta}[l] = \begin{cases} \dfrac{1}{M_s - l} \displaystyle\sum_{j=1}^{M_s-1} z_j^* \zeta_{j+l} & (l \geqslant 0) \\[4mm] \dfrac{1}{M_s + l} \displaystyle\sum_{j=1-l}^{M_s} z_{j-l}^* \zeta_j & (l < 0) \end{cases} \tag{A.25}$$

由于其直观简洁,式(A.25)令人惊讶地强大。为了说明其价值,为简单起见,只考虑正的滞后,我们可以用指数形式表示每个复数,得到:

$$\mathrm{cov}_{z,\zeta}[l] = \frac{1}{M_s - l} \sum_{j=1}^{M_s-1} z_j^* \zeta_{j+l} = \frac{1}{M_s - l} \sum_{j=1}^{M_s-1} |z_j \zeta_{j+l}| \exp[\mathrm{i}(\varphi_{\zeta_{j+l}} - \varphi_{z_j})]$$

$$\tag{A.26}$$

式(A.26)表明复数雷达信号的协方差,其最终的模具有功率(或幅度平方)单位,辐角是两个时间序列之间平均相位差的函数。

在将式(A.25)应用到雷达时间序列之前,我们给出复数时间序列滞后相关系数的定义:

$$\rho_{z,\zeta}[l] = \frac{\mathrm{cov}_{z,\zeta}[l]}{|\sigma_s(z)||\sigma_s(\zeta)|} = \frac{\mathrm{cov}_{z,\zeta}[l]}{|\sigma_s(z)||\sigma_s(\zeta)|} \exp\{\mathrm{iarg}[\mathrm{cov}_{z,\zeta}[l]]\}$$

$$\tag{A.27}$$

其中，

$$\sigma_s(z) = \sqrt{\frac{1}{M_s - l} \sum_{j=1}^{M_s-1} z_j^2} \ \text{且} \ \sigma_s(\zeta) = \sqrt{\frac{1}{M_s - l} \sum_{j=l+1}^{M_s-1} \zeta_j^2} \qquad (A.28)$$

对于正的 l，并且给定两个时间序列的均值为 0，因此相关就是复杂自身；其辐角为复数协方差，而其模为协方差的模与两个时间序列标准差模的乘积之比。一般而言，当在雷达时间序列的上下文中使用术语"相关性"时，它仅指复相关的模。对相关的这一定义结果是，对于实数，$-1 \leqslant \rho_{X,Y} \leqslant 1$，对于复数，我们有 $0 \leqslant |\rho_{z,\zeta}| \leqslant 1$。相关函数的这种微小差异将对低相关性产生影响：两个去相关的实数时间序列的平均相关性为 0，而意外相关的时间序列可以补偿其他意外反相关的时间序列，两个独立复数时间序列相关性的平均模很小，但不为 0。尝试补偿在相关估计中由噪声引入的偏差时，这一点很重要。

A.5.4　时域的雷达可测量

A.5.4.1　自相关、反射率及多普勒速度

对于单偏振雷达，在每个距离只有一个时间序列的 (I, Q) 数据可用。我们将每个观测量 $(I_j + \mathrm{i}Q_j)$ 分解成其信号分量 S_j 及其噪声分量 N_j。首先，考虑信号非常强而噪声可以忽略的情况。如果我们计算由信号支配的 (I, Q) 时间序列的滞后 0 和 1 的自协方差，可以得到：

$$\mathrm{cov}_{s,s}[0] = \frac{1}{M_s} \sum_{j=1}^{M_s} S_j^* S_j = |\overline{S}|^2 \qquad (A.29)$$

和

$$\mathrm{cov}_{s,s}[1] = \frac{1}{M_s - 1} \sum_{j=1}^{M_s-1} S_j^* S_{j+1} = \frac{1}{M_s - 1} \sum_{j=1}^{M_s-1} |S_j S_{j+1}| \exp[\mathrm{i}(\varphi_{S_{j+1}} - \varphi_{S_j})] \qquad (A.30)$$

信号的 0 滞后自协方差是对应于该信号平均功率的实数，并且与雷达接收的信号功率 P_r 成正比。然后由式（3.2）使用该信号功率来计算反射率。滞后 1 自协方差是一个复数，其辐角是连续脉冲之间的平均功率加权相移。从具有脉冲重复频率 f_r 的连续脉冲之间的平均相移，可以使用式（5.7）导出平均径向速度。使用 (I, Q) 数据，可以依靠所谓的脉冲对算法计算式（A.31）：

$$S_j^* S_{j+1} = (I_{S_j} - \mathrm{i}Q_{S_j})(I_{S_{j+1}} - \mathrm{i}Q_{S_{j+1}}) \qquad (A.31)$$
$$= (I_{S_j} I_{S_{j+1}} + Q_{S_j} Q_{S_{j+1}}) + \mathrm{i}(I_{S_j} Q_{S_{j+1}} - Q_{S_j} I_{S_{j+1}})$$

如果记得 $I = A\cos\varphi$ 和 $Q = A\sin\varphi$，我们可以看出式（A.31）中熟悉的几何关系：$\cos(X-Y) = \cos X \cos Y + \sin X \sin Y$ 为实部和 $\sin(X-Y) = \sin X \cos Y - \cos X \sin Y$ 的虚部。最后，基于式（A.27），$|\mathrm{cov}_{s,s}[1]|$ 和 $|\mathrm{cov}_{s,s}[0]|$ 的比是信号的滞后 1 自相关幅度。如果我们回想起信号去相关是由目标之间的相对运动引起的，那么 $|\mathrm{cov}_{s,s}$

$[1]|/|\text{cov}_{s,s}[0]|$ 可由式（A.32）用于获得速度谱宽 σ_v：

$$\sigma_V = \frac{cf_r}{4\pi fn}\sqrt{-2\log[\,|\text{cov}_{s,s}[1]|/\text{cov}_{s,s}[0]\,]} \tag{A.32}$$

式中，f 是雷达发射频率，f_r 是脉冲重复频率，n 是空气的折射率。

当必须考虑噪声时比较复杂。在这种情况下，滞后 0 和滞后 1 自协方差变为：

$$\text{cov}_{s+N,s+N}[0] = \frac{1}{M_s}\sum_{j=1}^{M_s}(S_j^* + N_j^*)(S_j + N_j) = \overline{|\,S+N\,|^2} \tag{A.33}$$

$$= \overline{|\,S\,|^2} + \overline{|\,N\,|^2} + \text{cov}_{s,N}[0] + \text{cov}_{N,s}[0]$$

和

$$\text{cov}_{s+N,s+N}[1] = \frac{1}{M_s-1}\sum_{j=1}^{M_s-1}(S_j^* + N_j^*)(S_{j+1} + N_{j+1}) \tag{A.34}$$

$$= \text{cov}_{s,s}[1] + \text{cov}_{N,N}[1] + \text{cov}_{s,N}[1] + \text{cov}_{N,s}[1]$$

滞后 0 自协方差现在测量信号与噪声之和的功率。因此，如果要正确量化信号强度，则需要对噪声功率进行适当的估计。因为噪声和信号是去相关的，所以信号和噪声之间的样本协方差以及不同于 0 滞后的噪声自协方差通常很小。然而，当信号非常弱时，即使噪声功率完全已知，由于噪声和信号之间样本协方差未知，信号功率的估计将具有额外的不确定性。

滞后 0 自协方差是由信号和噪声引起的，而滞后 1 自相关的模则主要是由信号的自协方差决定，除了 $|S|\ll|N|$。因此，如果预期信号的去相关很小，则滞后 1 自协方差的模就成为信号功率的一个很好的估计，并且有时被称为相干功率。受噪声影响最大的是谱宽的估计，因为它现在依赖于由信号支配的滞后 1 自协方差与具有信号和噪声的滞后 0 自协方差的比率；为了正确估计谱宽，必须首先从滞后 0 自协方差中去除噪声功率。同时，由于滞后 1 与滞后 0 自协方差的较小比率通常与较不准确的估计相关，因此该比率通常被用作信号质量指数。

A.5.4.2 协方差和双偏振估计

对于双偏振雷达，至少有两个时间序列可用。Z_{dr} 是水平和垂直偏振功率的简单比率，可以使用基于滞后 0 或滞后 1 自协方差在 H 和 V 估计的功率比来计算得到。其他观测量是从在 H 和 V 接收信号的协方差导出的：

$$\text{cov}_{V,H}[l] = \frac{1}{M_s-l}\sum_{j=1}^{M_s-l}V_j^* H_{j+1} = \frac{1}{M_s-l}\sum_{j=1}^{M_s-l}|V_j H_{j+l}|\exp[i(\varphi_{H_{j+l}} - \varphi_{V_j})]$$

$$\tag{A.35}$$

式中，H_j 和 V_j 分别是水平和垂直偏振的 (I,Q) 时间序列元素。在滞后 0 处，协方差的辐角是水平和垂直偏振时间序列之间的平均相移，且对应于 ψ_{dp}，使用式（6.1）可从 ψ_{dp} 导出 Φ_{DP}。对于 ρ_{co}，可使用任意滞后 l 用下式估计：

$$\rho_{CO}[l]=\rho_{V,H}[l]=\frac{|\,\mathrm{cov}_{V,H}[l]\,|}{\sqrt{|\,\mathrm{cov}_{H,H}[l]\,||\,\mathrm{cov}_{V,V}[l]\,|}} \tag{A.36}$$

滞后 l 给出了对噪声最不敏感的结果(尽管不是完全不敏感),这是一个重要的特性,因为噪声对 ρ_{co} 的小的污染可能足以改变 ρ_{co} 从气象目标的预期值到非气象目标的预期值。但是,对于强的目标和预期高谱宽的目标,滞后 0 估计更为精确。

A.5.5　多普勒谱

如上所述,传统的时域方法严重依赖于协方差计算来估计反射率、多普勒速度和谱宽。另一种可能性是使用所谓的频域方法,利用该方法对 (I,Q) 数据的时间序列首先进行不同频率正弦函数信号的分解。

A.5.5.1　傅里叶级数和变换

将傅里叶级数应用于复数背后的思想是,在宽度 L 区间上具有周期性的任何(合理的)复数函数 $f(X)$ 可以被分解为周期函数乘以权重的和:

$$f(X)=\sum_{j=-\infty}^{\infty}c_j\exp\left(\mathrm{i}\,\frac{2\pi jX}{L}\right)$$
$$c_j=\frac{1}{L}\int_{-L/2}^{L/2}f(X)\exp\left(-\mathrm{i}\,\frac{2\pi jX}{L}\right)\mathrm{d}X \tag{A.37}$$

式中,j 是整数和 c_j 是一组复数,表示应用于指数基函数的权重。函数 $\exp(\mathrm{i}2\pi jx/L)$ 可以用于这样的分解,因为它们满足以下正交条件:

$$\int_{-\pi}^{\pi}\exp(\mathrm{i}j_1X)\exp(-\mathrm{i}j_2X)\mathrm{d}X=\begin{cases}0 & (j_1\neq j_2)\\2\pi & (j_1=j_2)\end{cases} \tag{A.38}$$

傅里叶变换的一个显著特性是如果在 c_j 中有足够的项,就可以逼近任何合理的函数,甚至对于那些我们没有期望可通过平滑基函数再现的函数(图 A.12)。

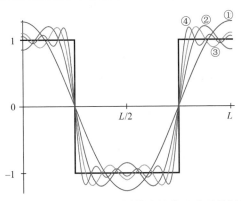

图 A.12　使用式(A.37)中定义的不同数量的傅里叶项分解周期性方波:
$j\leqslant1$(线条①),$j\leqslant3$(线条②),$j\leqslant5$(线条③),$j\leqslant9$(线条④)

傅里叶变换是极限 $L \to \infty$ 的傅里叶级数的推广。当发生这种情况时,有很多基函数使其成为连续函数。如果用一个连续的 $F(\omega)\mathrm{d}\omega$ 替换离散的 c_j,同时让 $n/L \to \omega$,并将求和变为积分,我们得到:

$$f(X) \equiv \mathscr{F}^{-1}[F(\omega)] = \int_{-\infty}^{\infty} F(\omega)\exp(\mathrm{i}2\pi\omega X)\mathrm{d}\omega$$

$$F(\omega) \equiv \mathscr{F}[f(X)] = \int_{-\infty}^{\infty} f(X)\exp(-\mathrm{i}2\pi\omega X)\mathrm{d}X \tag{A.39}$$

这里 $\mathscr{F}[f(X)]$ 描述了让我们可以从 $f(X)$ 到 $F(\omega)$ 的正向傅里叶变换,而 $\mathscr{F}^{-1}[F(\omega)]$ 则是傅里叶逆变换(从 $F(\omega)$ 到 $f(X)$)。傅里叶变换表示频率空间中的函数分解。

A.5.5.2 离散傅里叶变换和功率谱

如果不是连续函数 $f(X)$,而是在离散的点数 M_s 处定义的函数,使得 $f_j = f(jL/M_s)$,其中 $j = 0, \ldots, M_s - 1$,则可以将该函数分解为 M_s 个离散傅里叶项 F_ω,其中 $\omega = 0, \ldots, M_s - 1$(或 $\omega = -M_s/2, \ldots, M_s/2 - 1$)使得:

$$F_\omega = \sum_{j=0}^{M_s-1} f_j \exp\left(-\mathrm{i}\frac{2\pi\omega j}{M_s}\right)$$

$$f_j = \frac{1}{M_s}\sum_{j=0}^{M_s-1} F_\omega \exp\left(\mathrm{i}\frac{2\pi\omega j}{M_s}\right) \tag{A.40}$$

离散傅里叶变换非常有用,因为它们揭示了输入数据的周期性以及任何周期性分量的相对强度。为了进一步研究这些周期性的强度或功率,我们通常使用功率谱:

$$E_\omega = F_\omega F_\omega^* \tag{A.41}$$

功率谱用于众多的数据分析和信号处理任务。例如,复杂的雷达信号可以分解为傅里叶分量,从中可以确定功率谱。然后,该功率谱可以揭示信号功率的哪个部分以什么样速度运动(如图 5.3)。根据不同速度的功率分布,可以确定信号功率、噪声功率、平均多普勒速度和谱宽。功率谱也可用于识别并滤除不需要的地面回波,这些回波可在零多普勒速度下被识别为异常峰值。